中国海洋大学教材建设基金资助

Function of Real Variable

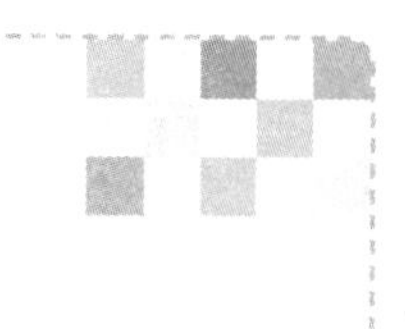

实变函数

卢同善　王学锋　赵元章　编著

中国海洋大学出版社

·青岛·

图书在版编目(CIP)数据

实变函数/卢同善,王学锋,赵元章编著.—青岛:中国海洋大学出版社,2013.2(2025.2 重印)

ISBN978—7—5670—0227—2

Ⅰ.①实… Ⅱ.①卢…②王…③赵… Ⅲ.①实变函数 Ⅳ.①O174.1

中国版本图书馆 CIP 数据核字(2013)第 020810 号

出版发行 中国海洋大学出版社

社　　址 青岛市香港东路 23 号　　　　邮政编码 266071

出 版 人 杨立敏

网　　址 http://pub.ouc.edu.cn

电子信箱 coupljz@126.com

订购电话 0532—82032573(传真)

责任编辑 李建筑　　　　电　　话 0532—85902505

印　　制 日照报业印刷有限公司

版　　次 2013 年 2 月第 1 版

印　　次 2025 年 2 月第 4 次印刷

成品尺寸 170 mm×230 mm

印　　张 16.75

字　　数 310 千字

定　　价 49.80 元

前　言

一、本课程的目的

“实变函数”这一课程的最终目的是建立一种新的(对于已有的 Riemann 积分而言)积分理论——Lebesgue 积分理论。

既然已经有了 Riemann 积分，并且这一积分已经得到了成功、广泛的应用，那么，为什么还要建立 Lebesgue 积分呢？在学习 Lebesgue 积分之前，我们有必要简要地讲述一下这个问题。

1. Riemann 积分存在着其自身不可克服的缺陷

19 世纪后期，Riemann 积分日趋成熟，其应用日趋广泛和深入；但同时，Riemann 积分本身所存在的严重缺陷，也逐渐暴露出来，逐渐被人们所认识。这些缺陷主要有以下三个方面。

首先，Riemann 积分的可积函数范围过于狭窄。例如，像 Dirichlet 函数这么简单的函数：

$$D(x)=\begin{cases}1, & x\text{ 为}[0,1]\text{上的有理数}\\0, & x\text{ 为}[0,1]\text{上的无理数}\end{cases}$$

对 Riemann 积分来说，都是不可积函数。这一缺陷，是由 Riemann 积分的定义所直接产生的。按 Riemann 积分之定义，一个函数的 Riemann 可积性本身就已经包含着对该函数的这样一个要求：该函数不能“太不连续”(这一“太不连续”的确切含义，只有到 Lebesgue 积分建立之后才能严格地描绘清楚)。也就

是说，事实上，Riemann 积分基本上是为连续函数“服务”的积分理论。而随着数学和其他自然科学的发展，提出了大量的不连续函数，这时，Riemann 积分的可积函数范围过于狭窄这一缺陷，也就更为突出了。

第二，Riemann 积分的运算不够灵活，不够方便。例如，对于积分与极限运算次序的交换、级数的逐项积分和累次积分的积分次序的交换等运算，Riemann 积分都要求很强的条件。但在许多问题中，这些条件根本就不具备，有时即使具备，验证起来也常常十分困难。因此，人们深深地感到，Riemann 积分在运算上不够灵活、不够方便。

第三，对于积分理论体系本身，Riemann 积分也有一些不尽如人意之处。比如，作为微积分学中枢的微积分基本定理的条件过强，又如可积函数空间的不完备性等等。

2. Lebesgue 积分的产生及其在理论上和应用上的重要意义

正由于 Riemann 积分的上述缺陷，到 19 世纪末，许多数学家都意识到，Riemann 积分应该被发展、被推广，并且都在为创立一种其应用范围更加广泛、运算更加灵活方便并且其理论体系也更加完善的新的积分理论而努力。其中比较著名的数学家有 Jordan(1838—1922)，Borel(1871—1956) 和 Lebesgue (1875—1941)等，而以 Lebesgue 的工作最为成功。20 世纪初，在集合论诞生的基础上，一种新的被人们以 Lebesgue 的名字命名的积分——Lebesgue 积分应运而生。在 Lebesgue 之后有许多数学家，如 Riesz(1880—1956)，Radon (1887—1956)等对新的积分理论又作了进一步的发展和改进。

Lebesgue 积分在很大程度上克服了 Riemann 积分的缺陷，它的应用范围大大扩展(像 Dirichlet 函数等大量的 Riemann 不可积函数，均已属 Lebesgue 可积函数之列)；前面所提到的种种运算，都将方便灵活得多；Lebesgue 积分的理论体系也更加完善。因而当这种新的积分理论或者说积分工具产生之后，立即在数学的许多分支中得到了广泛的应用，产生了深远的影响。例如，它促进了泛函分析这一重要的数学学科的诞生；它的概念、理论和方法被广泛应用于微分方程、积分方程和计算数学等学科；Fourier 分析、逼近论等学科也和实变函数论有紧密的联系。在这里我们要特别提到的是，实变函数论与概率论这门数学学科之间的密切联系。实变函数论或者说 Lebesgue 积分理论产生之后，立即成为概率论的理论基础。概率论中的一些基本概念，如概率、随机变量

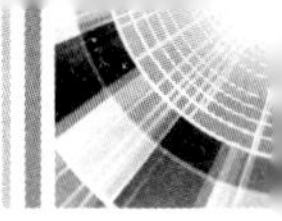

及其数学期望都只不过分别是概率测度空间中的测度、可测函数和积分。由于概率论和实变函数论在其基本概念之间的这种令人意想不到的相似性，人们甚至可以说，概率论就是概率测度空间上的实变函数论。总之，Lebesgue 积分的广泛而深刻的应用说明，实变函数论已成为现代数学的重要分支，它在各个数学学科中的应用，已成为现代数学的一个特征。

二、本课程的特点

与其他一些数学课程相比较，本课程有以下三个明显的特点：

(1) 本课程中基本上没有计算问题，整个内容就是由概念和定理（以及引理、推论等）所组成，其中的习题也是某些定理、结论的证明。

(2) 本课程中的概念有较高的抽象性，即使背过其定义，也未必能真正理解其本质含义。

(3) 本课程呈现出较强的逻辑性，其整个内容就是由严密的逻辑性将所有的概念和定理联系在一起所构成的一个理论体系。本课程中的许多定理的证明过程较长，技巧性较强，难度较大，其中的不少习题也有较高的难度和技巧性。因此可以说，本课程是训练提高学生的逻辑思维能力的最好的课程之一。

正由于本课程的以上特点，使得本课程成为（学习该课程的）学生感到难度最大、最为难学的课程之一。正如一本实变函数教科书的前言中所说："然而不幸的是，这门课程似乎名声欠佳。不少学过实变函数的学生除了留下'抽象、诲涩'的印象之外，收获不多。一种为分析数学带来如此巨大简化的理论，竟被当做一种复杂得令人难以接受的东西！这值得数学家们深思。"（参考文献[6]）

三、本教材的编写目的及其实施途径

针对"实变函数"的上述课程特点，在广采已有教材之长，在取材适宜、先进，体系完美，逻辑严谨和论述精练等一般编写目的的基础上，本教材以降低本课程的接受难度、提高教学质量为主要编写目的，以加强基本技能的训练和采用简洁明了的阐述方式为实施途径。与已有其他实变函数教材比较，本教材的这一编写目的及其实施途径，具有鲜明特色。

1. 本教材加强了本课程基本技能的训练，如

(1) 在概念方面：本教材在介绍了一个概念的定义之后，不是立即转入定

理的证明,而是尽可能先对这一概念本身作一些探讨,其内容诸如对此概念的简单解释,此概念的简单性质,其充分条件和必要条件等。通过这些探讨,一方面可从不同的侧面反映此概念的本质含义,使学生在刚开始接受这一概念时,就对它有一个全面深刻的认识(这无疑对整个课程的学习是有益的);另一方面,这些探讨也常常正是对后面的定理证明在基本技能方面的准备,为其铺平了道路。

(2) 在定理证明方面:对于一些证明过程较长、难度较大的定理,在证明这一定理之前,尽量为这一定理作一些基本技能上的准备工作。比如,在对课程内容深入研究的基础上,将该定理证明中的部分结论(这常常是一些基础性、工具性的基本结论)在该定理前面的有关章节中预先得到解决(有时编为习题)。因为此时仅解决一两个部分结论,学生不会感到困难。这样,在证明这一定理本身时,学生已具备了证明这一定理的某些技能和方法,因而大大降低了这一定理接受上的难度。

(3) 在第一章集合论和第二章点集论中,本教材为以后内容做了更多的基本技能方面的准备工作,从而大大降低后面不少难点的难度。

这些基本技能的训练,不仅对概念的认识更加深入、透彻,使疑难定理的证明思路自然、顺畅,使其证明过程简明、清晰,更重要的是为本课程中的难点预先做了充分的准备和铺垫,使学生在学习这一难点之前在概念上、在论证技巧上就具有了更多的解决这一难点的能力,能力提高了,自然会感到“难点不难”,因而有效地降低了课程的接受难度。并且这些训练主要由学生自行完成,从而激发了学生的学习兴趣,促进了学生的独立工作能力的培养和提高,提高了教学质量。

2. 本教材在采用简洁明了的阐述形式方面所做的工作,除了使论述严谨、精练,步骤、层次更加清晰、分明外,特别采用了以逻辑符号“⇒”分步列出定理的证明步骤及证明依据的论证形式。与一般的文字阐述形式相比较,这种形式使定理的证明步骤、方法技巧以及证明依据和所用工具都以形象化的形式,清清楚楚、一目了然地展现在读者面前,既加深了定理的理解,又便于记忆。因而也有效地降低了课程内容的接受难度,促进了教学质量的提高。第一版使用中学生对这种论证形式反映很好。

四、关于本教材内容及阐述格式上的几点说明

本教材共六章，另有两个附录，详见目录或正文。下面对本教材内容作三点说明：

(1) 本教材没有包括不少实变函数教材中所包含的关于 L^p 空间的内容。因为这一内容在泛函分析中阐述更为恰当，在作者所编《泛函分析基础及应用》一书中已作了论述。

(2) 本教材附录一对抽象测度和抽象积分理论作了简单的阐述。由于本教材所采用的 Lebesgue 测度和 Lebesgue 积分的建立方式都很易于向抽象测度和抽象积分推广，所以虽然附录一篇幅不长，但是，通过其内容的学习，读者可对抽象测度和抽象积分理论有一个初步的认识，以满足某些应用上的需要。同时，该附录内容的学习，对于在高观点之下，进一步加深读者对 Lebesgue 测度和 Lebesgue 积分的理解，也是有益的。

(3) 本教材第五章对 Lebesgue 积分的建立，采用了从非负简单函数的积分到非负可测函数的积分，最后到一般可测函数的积分的方式。事实上，Lebesgue 积分的建立尚有多种方式，比如，有以 Riemann 积分的“分割，求和，取极限”的思想方法为基础(当然和 Riemann 积分有本质的不同之处)的建立方式。国内部分教材即采用这一方式。这两种方式相比，前者论述简捷，且更易于向抽象积分推广。因此，近年来这一方式为许多中外实变函数著作所采用。但是，不能不看到，这一方式在一定程度上掩盖了 Lebesgue 积分和 Riemann 积分在积分的基本思想上的本质差别，不能使人们直接看到在积分的基本思想上，Lebesgue 积分对 Riemann 积分的改进之处、高明之处。因此，本教材附录二阐述了 Lebesgue 积分的后一建立方式。作者希望这一附录能有助于读者进一步加深对 Lebesuge 积分的认识。

对于本教材的阐述格式，作以下说明：

(1) 本教材中常用如下阐述格式：

“命题 A $\Longrightarrow$ 命题 B　　　　(定理 C)”

或

“式 A＝式 B　　　　(定理 C)”

上面各式右端括号中之定理(或推论等)即为左端逻辑式或等式之依据。

(2) 在对充要条件的证明中，记号“证‘$\Longrightarrow$’:”即表示必要条件的证明，记号“证‘$\Longleftarrow$’:”即表示充分条件的证明。

(3) 在对两集 A 和 B 的相等关系“$A=B$”的证明中，记号“证‘$\subset$’:”即表示包含关系“$A\subset B$”的证明，记号“证‘$\supset$’:”即表示包含关系“$A\supset B$”的证明。

为阅读方便，本教材末附有符号索引和名词索引。

本教材是 2001 年版的修订版。2001 年版是在作者为 10 多届学生讲授实变函数课讲稿的基础上，经认真整理而成。此次出版对 2001 年版某些内容作了修改或调整，使得更加有利于课堂教学，更有利于学生自学，更有利于教学质量的提高。

由于水平所限，本教材中定有错误和不当之处，敬请专家和读者不吝指正。

作　者

2012 年 10 月

目 录

集　合

研究集合的一般性质的数学分支称为集合论。这一数学分支是由德国数学家Cantor于19世纪末创立的。集合论被创立之后，其基本概念和方法很快渗透到数学的各个领域中去，并成为整个数学的基础。实变函数论即是在集合论的观点和方法渗入数学分析的过程中所产生，并且其本身就是建立于集合论的基础之上的。

本章分集合的运算和集合的基数两部分。§1.1 研究集合的运算。在这一节中，除了集合运算的基本内容外，也包括了集合运算的一些更加深入的结果，为以后各章的某些重要内容做好准备，打下宽广坚实的基础。这一节对于学好本课程十分重要，读者必须给予足够的重视。可以这样说，这个课程中的不少难点，就难在集合运算上。本章§1.2，§1.3 和§1.4 建立集合的"基数"概念及其性质。所谓"基数"，即是有限集的"元素个数"这一概念在无限集合上的推广，这一概念也是本课程的重要基础之一。

§1.1　集合及其运算

一、集合的概念

1. 集合概念及其表示法

"集合"和"元素"是集合论乃至整个数学的基础概念。这两个概念不能进行定义。在实变函数论中，对这两概念，我们将满足于如下朴素的描述：

所谓**集合**，就是具有某些特殊性质的事物的全体。集合中的事物即称为该集合的**元素**。以后也简称集合为**集**。

我们将用大写字母 A,B,X,Y 等表示集合，用小写 a,b,x,y 等表示其元素。

设 A 是一个集合，x 是一个事物，若 x 是 A 的元素，则称 x **属于** A，记为 $x\in A$；若 x 不是 A 的元素，则称 x **不属于** A，记为 $x\overline{\in} A$。

注 1　任一集合 A 和任一事物 x 之间，$x\in A$ 和 $x\overline{\in} A$ 二者必居其一且仅居其一。

通常，集合的表示法有以下两种：

(i) **列举法**，即把一个集合，比如集合 A 的所有元素 $a,b,c,\cdots$ 全部列举出来，表示为

$$A=\{a,b,c,\cdots\}。$$

(ii) **描述法**，即用一集合 A 的元素所必须且只需满足的条件 P 来描述，表示为

$$A=\{x:x\text{ 满足条件 }P\}。$$

例 1　由四个自然数 1,2,3 和 4 所构成的集合 A 可表示为

$$A=\{1,2,3,4\}。$$

例 2　自然数的全体所成之集，以后记为 $\mathbf{N}$，可表示为

$$\mathbf{N}=\{1,2,3,\cdots\}。$$

例 3　实数全体所成之集，以后记为 $\mathbf{R}^1$，即表示为

$$\mathbf{R}^1=\{x:x\in(-\infty,+\infty)\}。$$

例 4　方程 $x^2-1=0$ 的解 x 的全体所成之集即表示为

$$\{x:x^2-1=0\}。$$

例 5　设 E 为一集合，$f(x)$ 是定义于 E 的一个实值函数，a 为一实常数，则我们用记号

$$E[x:f(x)>a]$$

表示 E 中使 $f(x)$ 的值大于 a 的那些 x 的全体所成之集，即

$$E[x:f(x)>a]=\{x:x\in E,f(x)>a\}。$$

以后我们也将记号 $E[x:f(x)>a]$ 简记为 $E[f>a]$。类似可定义 $E[f\geqslant a]$，$E[f<a]$ 和 $E[f\leqslant a]$ 等。

下面我们引入空集、单元素集、集族和集列的概念。

不含任何元素的集合，称为**空集**，记为 $\varnothing$。

仅含一个元素的集合，称为**单元素集**。比如：$\{a\}$ 即表示仅含一个元素 a 的单元素集。因而，$\{a\}\neq a$。

定义 1.1.1　设 Λ 为一集合。若 $\forall\lambda\in\Lambda$，均给定一集合 A_λ，那么，即给定了一个以诸集合 A_λ 为元素的集合，称该集合为一个**集族**，记为 $\{A_\lambda:\lambda\in\Lambda\}$，并称集合 Λ 为其**号标集**。本教材中集族也用一黑体字表示，如 $\mathbf{A}=\{A_\lambda:\lambda\in\Lambda\}$。

定义 1.1.2　若一集族的号标集 Λ 为 $\mathbf{N}$ 时，则称该集族为一**集列**，记为 $\{A_n:n$

$=1,2,\cdots\}$ 或简记为$\{A_n\}$。

2. 集合之间的关系

定义 1.1.3 若集合 A 和 B 所包含的元素相同,则称 A 和 B **相等**,记为 $A=B$。

例如:$\{x:x^2-1=0\}=\{1,-1\}$。

定义 1.1.4 若属于 A 的元素均属于 B,则称 A 是 B 的**子集**或 A **包含于** B,记为 $A\subset B$。此时也称 B **包含** A,而记为 $B\supset A$。

定义 1.1.5 若 $A\subset B$,而 B 中确有元素不属于 A,则称 A 是 B 的**真子集**,或 A **真包含于** B。

集合间相等和包含关系显然有以下性质:

定理 1.1.1 $A=B\Longleftrightarrow A\subset B$ 且 $B\subset A$。

该定理是我们证明两集相等的最基本的方法。

定理 1.1.2

(i) $A\subset A$;

(ii) $A\subset B$ 且 $B\subset C\Longrightarrow A\subset C$。

注 2 空集是任何集合的子集,即对任何集合 A,均有 $\varnothing\subset A$。

下面我们引入两种集列概念。称满足条件

$$A_1\subset A_2\subset\cdots\subset A_n\subset\cdots$$

的集列为**递增集列**;称满足条件

$$A_1\supset A_2\supset\cdots\supset A_n\supset\cdots$$

的集列为**递减集列**。

二、集合的运算

1. 并集运算

定义 1.1.6 由集合 A 和 B 的元素合在一起所组成的集合,称为集合 A 和 B 的**并集**,或简称为 A 和 B **之并**,记为 $A\cup B$。

由定义知:

$$A\cup B=\{x:x\in A\text{ 或 }x\in B\}。$$

类似可定义多个集合之并。设有集族$\{A_\lambda:\lambda\in\Lambda\}$,则有

$$\bigcup_{\lambda\in\Lambda}A_\lambda=\{x:\exists\lambda\in\Lambda,\text{使 }x\in A_\lambda\}。$$

应熟记以下结论(其中 $\lambda\in\Lambda$):

$$\boxed{\begin{array}{l} x\in\bigcup\limits_{\lambda\in\Lambda}A_\lambda \Longleftrightarrow x\in\text{某一 }A_\lambda \\ x\overline{\in}\bigcup\limits_{\lambda\in\Lambda}A_\lambda \Longleftrightarrow x\overline{\in}\text{任一 }A_\lambda \end{array}} \tag{1}$$

例 6 设

$$A_k=[-1+\frac{1}{k},1-\frac{1}{k}],\quad k=1,2,\cdots,$$

则

$$\bigcup_{k=1}^{n}A_k=[-1+\frac{1}{n},1-\frac{1}{n}],\quad \forall n\in\mathbf{N},$$

$$\bigcup_{k=1}^{\infty}A_k=(-1,1)。$$

例 7 设

$$A_n=(n-1,n],\quad n=1,2,\cdots,$$

则

$$\bigcup_{n=1}^{\infty}A_n=(0,+\infty)。$$

注 3 在作并集运算时，同时是两个或两个以上的集合所共有的元素，在其并集中只算作一个元素。

易证并集运算有以下简单性质：

定理 1.1.3

(i) $A\cup B\supset A, A\cup B\supset B$；

(ii) 幂等律：$A\cup A=A$；

(iii) 交换律：$A\cup B=B\cup A$；

(iv) 结合律：$(A\cup B)\cup C=A\cup(B\cup C)$；

(v) 吸收律：$A\cup B=A\Longleftrightarrow B\subset A$；

(vi) $A_\lambda\subset B_\lambda, \forall\lambda\in\Lambda\Longrightarrow\bigcup\limits_{\lambda\in\Lambda}A_\lambda\subset\bigcup\limits_{\lambda\in\Lambda}B_\lambda$。

2. 交集运算

定义 1.1.7 由集合 A 和 B 的公共元素的全体所成之集，称为集合 A 和 B 的**交集**，或简称为 A 和 B 之**交**，记为 $A\cap B$。

由定义知：

$$A\cap B=\{x:x\in A \text{ 且 } x\in B\}。$$

类似可定义多个集合之交。设有集族$\{A_\lambda:\lambda\in\Lambda\}$，则有

$$\bigcap_{\lambda\in\Lambda}A_\lambda=\{x:\forall\lambda\in\Lambda,\text{均有 }x\in A_\lambda\}。$$

应熟记以下结论(其中 $\lambda\in\Lambda$)：

$$\boxed{\begin{array}{l} x\in\bigcap\limits_{\lambda\in\Lambda}A_\lambda \Longleftrightarrow x\in\text{任一 }A_\lambda \\ x\overline{\in}\bigcap\limits_{\lambda\in\Lambda}A_\lambda \Longleftrightarrow x\overline{\in}\text{某一 }A_\lambda \end{array}} \tag{2}$$

若 $A\cap B=\varnothing$，则称集 A 与 B **不相交**。对于集族 $\{A_\lambda:\lambda\in\Lambda\}$，若对任意不同的 $\lambda,\lambda'\in\Lambda$，均有 $A_\lambda\cap A_{\lambda'}=\varnothing$，则称该集族中诸集合**两两不交或互不相交**。

例 8 设

$$A_k=(-1-\frac{1}{k},1+\frac{1}{k}),\quad k=1,2,\cdots,$$

则

$$\bigcap_{k=1}^{n}A_k=(-1-\frac{1}{n},1+\frac{1}{n}),\quad \forall n\in\mathbf{N},$$

$$\bigcap_{k=1}^{\infty}A_k=[-1,1]。$$

易证交集运算有以下简单性质：

定理 1.1.4

(i) $A\cap B\subset A,A\cap B\subset B$；

(ii) 幂等律：$A\cap A=A$；

(iii) 交换律：$A\cap B=B\cap A$；

(iv) 结合律：$(A\cap B)\cap C=A\cap(B\cap C)$；

(v) 吸收律：$A\cap B=A\Longleftrightarrow A\subset B$；

(vi) $A_\lambda\subset B_\lambda,\forall\lambda\in\Lambda\Longrightarrow\bigcap\limits_{\lambda\in\Lambda}A_\lambda\subset\bigcap\limits_{\lambda\in\Lambda}B_\lambda$。

3. 差集运算

定义 1.1.8 属于集合 A 而不属于集合 B 的元素全体所成之集，称为集合 A 和 B 的**差集**，或简称为 A,B **之差**，记为 $A\backslash B$。

由定义知：

$$A\backslash B=\{x:x\in A\text{ 且 }x\overline{\in}B\}。$$

故

$$x\in A\backslash B\Longleftrightarrow x\in A\text{ 且 }x\overline{\in}B。$$

注 4 在差集运算 $A\backslash B$ 中，并不要求 $A\supset B$。

例 9 设 $A=\{1,2,3,4\}$。

若 $B=\{3,4\}$，则 $A\backslash B=\{1,2\}$；

若 $B=\{3,4,5,6\}$，则仍有 $A\backslash B=\{1,2\}$；

若 $B=\{5,6,7,8\}$，则 $A\backslash B=A$。

易证差集运算有以下简单性质：

定理 1.1.5

(i) $A\setminus B\subset A, (A\setminus B)\cap B=\varnothing$；

(ii) $A\setminus A=\varnothing$；

(iii) $A\setminus B=A \Longleftrightarrow A\cap B=\varnothing$；

(iv) 设 S 为一集合，则

$$S\supset A \Longleftrightarrow (S\setminus A)\cup A=S。$$

4. 余集运算

定义 1.1.9 若集 $S\supset A$，则称 $S\setminus A$ 为集 A 相对于集 S 的**余集**(或**补集**)，记为 $\mathscr{C}_S A$，或简记为 $\mathscr{C}A$，或记为 A^C，称 S 为**基本集**。

在 $x\in S$ 的前提下，由定义知：

$$x\in\mathscr{C}A \Longleftrightarrow x\overline{\in}A,$$

$$x\overline{\in}\mathscr{C}A \Longleftrightarrow x\in A。$$

易证，余集运算有以下简单性质：

定理 1.1.6 设 S 为基本集，$A\subset S, B\subset S$，

(i) $\mathscr{C}S=\varnothing, \mathscr{C}\varnothing=S$；

(ii) $A\cup\mathscr{C}A=S, A\cap\mathscr{C}A=\varnothing$；

(iii) $\mathscr{C}(\mathscr{C}A)=A$；

(iv) $A\subset B \Longleftrightarrow \mathscr{C}A\supset\mathscr{C}B$；

(v) $A\setminus B=A\cap\mathscr{C}B$。

其中性质(v)非常重要，经常用到，其证明留作习题。望读者从一开始，即将其搞透、记熟。

三、运算规律

定理 1.1.7 分配律

(i) $A\cap(B\cup C)=(A\cap B)\cup(A\cap C)$；

(ii) $A\cap(B\setminus C)=(A\cap B)\setminus(A\cap C)$；

(iii) $A\cup(B\cap C)=(A\cup B)\cap(A\cup C)$；

(iv) $A\cap(\bigcup\limits_{\lambda\in\Lambda}B_\lambda)=\bigcup\limits_{\lambda\in\Lambda}(A\cap B_\lambda)$；

(v) $A\cup(\bigcap\limits_{\lambda\in\Lambda}B_\lambda)=\bigcap\limits_{\lambda\in\Lambda}(A\cup B_\lambda)$。

证明 我们仅证明结论(iv)，其他结论的证明均留作练习。

证(iv)： $x\in A\cap(\bigcup\limits_{\lambda\in\Lambda}B_\lambda)$

$\Longleftrightarrow x \in A$ 且 $x \in \bigcup_{\lambda \in \Lambda} B_\lambda$

$\Longleftrightarrow x \in A$ 且 $\exists \lambda_0 \in \Lambda$，使 $x \in B_{\lambda_0}$

$\Longleftrightarrow \exists \lambda_0 \in \Lambda$ 使 $x \in A \cap B_{\lambda_0}$

$\Longleftrightarrow x \in \bigcup_{\lambda \in \Lambda} (A \cap B_\lambda)$。

定理 1.1.8 对偶定理(或称 De Morgan 法则)

设 S 为基本集，$A, B \subset S$，则有：

(i) $\mathscr{C}(A \cup B) = \mathscr{C}A \cap \mathscr{C}B$;

(ii) $\mathscr{C}(A \cap B) = \mathscr{C}A \cup \mathscr{C}B$;

(iii) $\mathscr{C}(\bigcup_{\lambda \in \Lambda} A_\lambda) = \bigcap_{\lambda \in \Lambda} \mathscr{C}A_\lambda$;

(iv) $\mathscr{C}(\bigcap_{\lambda \in \Lambda} A_\lambda) = \bigcup_{\lambda \in \Lambda} \mathscr{C}A_\lambda$。

这些性质可以简述为

并集的余集 = 其余集的交 交集的余集 = 其余集的并	(3)

证明 我们仅证明结论(iii)，其他结论的证明均留作练习。

证(iii)： $x \in \mathscr{C}(\bigcup_{\lambda \in \Lambda} A_\lambda)$

$\Longleftrightarrow x \overline{\in} \bigcup_{\lambda \in \Lambda} A_\lambda$

$\Longleftrightarrow \forall \lambda \in \Lambda$，均有 $x \overline{\in} A_\lambda$

$\Longleftrightarrow \forall \lambda \in \Lambda$，均有 $x \in \mathscr{C}A_\lambda$

$\Longleftrightarrow x \in \bigcap_{\lambda \in \Lambda} \mathscr{C}A_\lambda$。

四、某些有用的结论

在本段中，我们提出有关集合运算的一些结论。一方面，这些结论可使我们进一步加深对并、交、差、余四种基本集合运算的认识；另一方面，这些结论也是我们掌握下面第五、六两段内容的基础，也是我们以后经常要用的工具。我们仅证明定理 1.1.12，其余均作为习题，由读者自行证明。

以下 A, B 均为任意集合，$\{A_n : n = 1, 2, \cdots\}$ 为任一集列，余集运算均以集合 S 为其基本集。

定理 1.1.9

$A = (A \cap B) \cup (A \cap \mathscr{C}B)$。

定理 1.1.10

(i) $A \cup B = A \cup (B \setminus A)$;

(ii) $A\cap B = A\backslash(A\backslash B) = A\backslash\mathscr{C}B = B\backslash\mathscr{C}A$。

定理 1.1.11

(i) $(A\cup B)\backslash B = A\backslash B$,

$(A\cup B)\backslash B = A \Longleftrightarrow A\cap B = \varnothing$;

(ii) $(A\backslash B)\cup B = A\cup B$,

$(A\backslash B)\cup B = A \Longleftrightarrow B\subset A$。

定理 1.1.12 设$\{A_n\}$为任一集列,令

$$A_1^* = A_1,$$
$$A_n^* = A_n\backslash\bigcup_{k=1}^{n-1}A_k,\quad n = 2,3,\cdots, \tag{4}$$

则

(i) 诸 A_n^*两两不交;

(ii) $\forall m$,有 $\bigcup\limits_{n=1}^{m} A_n = \bigcup\limits_{n=1}^{m} A_n^*$;

(iii) $\bigcup\limits_{n=1}^{\infty} A_n = \bigcup\limits_{n=1}^{\infty} A_n^*$。 (5)

这一定理的目的是将一个一般的并集化为诸集间两两不交的并集,这一方法以后经常用到。为简便起见,我们将这一方法简称为“将相交并化为不交并”。

证明 仅证(i)和(iii),(ii)之证明与(iii)之证明类似。

首先注意,$\forall n\in\mathbf{N}$,有

$$A_n^*\subset A_n, \tag{6}$$
$$A_n^*\cap A_k = \varnothing, k = 1,2,\cdots,n-1。 \tag{7}$$

证(i):$\forall n,m\in\mathbf{N}, n\neq m$。不妨设 $1\leqslant n< m$,由式(4)有:

$$A_n^* = A_n\backslash\bigcup_{k=1}^{n-1}A_k,$$
$$A_m^* = A_m\backslash\bigcup_{k=1}^{m-1}A_k,$$

故由式(7)有:

$$A_m^*\cap A_n = \varnothing,$$

由式(6)即知:

$$A_m^*\cap A_n^* = \varnothing。$$

结论(i)证毕。

证(iii):

证“$\subset$”:$\forall x\in\bigcup\limits_{n=1}^{\infty}A_n$,则 $x\in$某些 A_n,令

$$n_0 = \min\{n: x\in A_n\}。$$

以下分 $n_0=1$ 和 $n_0>1$ 两种情形。

$$n_0=1 \Longrightarrow x\in A_1 \Longrightarrow x\in A_1^* \Longrightarrow x\in \bigcup_{n=1}^{\infty} A_n^*。$$

$$\begin{aligned} n_0>1 &\Longrightarrow x\in A_{n_0} \text{ 且 } x\overline{\in} A_k, k=1,2,\cdots,n_0-1 \\ &\Longrightarrow x\in A_{n_0}\setminus \bigcup_{k=1}^{n_0-1} A_k \\ &\Longrightarrow x\in A_{n_0}^* \\ &\Longrightarrow x\in \bigcup_{n=1}^{\infty} A_n^*。\end{aligned}$$

"$\subset$"证毕。

证"$\supset$":由式(6),"$\supset$"显然成立。

结论(iii)证毕。定理证毕。

定理 1.1.13 设$\{A_n\}$为递增集列,则有

$$\bigcup_{n=1}^{\infty} A_n = A_1\cup(A_2\setminus A_1)\cup(A_3\setminus A_2)\cup\cdots\cup(A_{n+1}\setminus A_n)\cup\cdots。$$

这一结论是定理 1.1.12 的直接推论。

五、上限集与下限集

在第五、六两段中,n,N,k 均表示自然数。

1. 上限集

定义 1.1.10 设$\{A_n\}$为一集列,则称集合

$$\bigcap_{N=1}^{\infty}\bigcup_{n=N}^{\infty} A_n$$

为集列$\{A_n\}$的**上限集**,记为$\overline{\lim\limits_{n\to\infty}} A_n$。

注 5 我们看到,集列$\{A_n\}$的上限集$\overline{\lim\limits_{n\to\infty}} A_n$是由两重集合运算符号所构成。从运算次序上看,第一重是并集$\bigcup\limits_{n=N}^{\infty} A_n$,第二重是交集$\bigcap\limits_{N=1}^{\infty}(\bigcup\limits_{n=N}^{\infty} A_n)$。若令

$$B_N=\bigcup_{n=N}^{\infty} A_n, \quad N=1,2,\cdots,$$

则

$$\overline{\lim_{n\to\infty}} A_n=\bigcap_{N=1}^{\infty} B_N,$$

且

$$B_1\supset B_2\supset\cdots\supset B_N\supset\cdots。$$

故$\overline{\lim\limits_{n\to\infty}} A_n$ 是一递减集列$\{B_N\}$之交。

定理 1.1.14

$$x\in\overline{\lim_{n\to\infty}}A_n \Longleftrightarrow \text{(i)}\ \forall N,\exists n_N\geqslant N,\text{使 } x\in A_{n_N}$$

$$\Longleftrightarrow \text{(ii)}\ \exists\{n_i\}(\text{自然数列的子列}),\text{使 } x\in A_{n_i},\quad i=1,2,\cdots$$

$$\Longleftrightarrow \text{(iii)}\ x\in\text{无穷多个 } A_n\text{。}$$

证明 容易看出，命题(i)，(ii)和(iii)之间是等价的，故我们仅需证明其中的一个等价关系成立即可。下面仅证明第一个等价关系成立。

按照注 5 中我们已经看到的上限集 $\overline{\lim\limits_{n\to\infty}}A_n$ 的构造，用关于交集运算和并集运算应熟记的结论式(1)和式(2)，等价条件(i)很容易即可得出：

$$x\in\overline{\lim_{n\to\infty}}A_n\Longleftrightarrow\forall N,\text{有 } x\in\bigcup_{n=N}^{\infty}A_n$$

$$\Longleftrightarrow\forall N,\exists n_N\geqslant N,\text{使 } x\in A_{n_N}\text{。}$$

定理证毕。

注 6 从上述证明我们看出，该定理中之第一个等价条件的结论，事实上可以从上限集的定义，或者说上限集的构造，按照交集和并集运算的结论直接读出。结论中的"$\forall N$"，即是由交集符号"$\bigcap\limits_{N=1}^{\infty}$"读出的；结论中的"$\exists n_N\geqslant N$，使 $x\in A_{n_N}$"即是由并集符号"$\bigcup\limits_{n=N}^{\infty}A_n$"读出的。我们学习上限集这一段，在掌握有关概念和结论的同时，就应该学会对多重集合运算符号所构成的集合的这种"直读"的技能。有了这种技能，对以后将会遇到的更复杂的集合，比如由三重集合运算符号所构成的集合，也会很容易地读出其中的元素所应具有的性质，这对于我们以后学习更深刻的内容，将会带来很大的帮助。

2. 下限集

定义 1.1.11 设$\{A_n\}$为一集列，则称集合

$$\bigcup_{N=1}^{\infty}\bigcap_{n=N}^{\infty}A_n$$

为集列$\{A_n\}$的**下限集**，记为$\underline{\lim\limits_{n\to\infty}}A_n$。

注 7 集列$\{A_n\}$的下限集$\underline{\lim\limits_{n\to\infty}}A_n$，也是由两重集合运算符号所构成。从运算次序上看，第一重是交集 $\bigcap\limits_{n=N}^{\infty}A_n$，第二重是并集 $\bigcup\limits_{N=1}^{\infty}\left(\bigcap\limits_{n=N}^{\infty}A_n\right)$。若令

$$C_N=\bigcap_{n=N}^{\infty}A_n,\quad N=1,2,\cdots,$$

则

$$C_1\subset C_2\subset\cdots\subset C_N\subset\cdots,$$

且

$$\underline{\lim_{n\to\infty}} A_n = \bigcup_{N=1}^{\infty} C_N。$$

故$\underline{\lim\limits_{n\to\infty}} A_n$ 是一递增集列$\{C_N\}$之并。

定理 1.1.15

$$x\in \underline{\lim_{n\to\infty}} A_n \Longleftrightarrow \text{(i)}\ \exists N(x),\text{使}\ \forall n\geqslant N(x),\text{有}\ x\in A_n$$

$$\Longleftrightarrow \text{(ii)}\,x\in\text{当}\ n\ \text{充分大之后的所有}\ A_n$$

$$\Longleftrightarrow \text{(iii)}\,x\in\text{除有限个}\ A_n\ \text{之外的所有}\ A_n。$$

证明 容易看出，命题(i)，(ii)和(iii)之间也是等价的，故我们也仅需证其中的一个等价关系成立即可。下面仅证明第一个等价关系成立。

用在上限集中我们已学过的直读技能，很容易即可证得这一充要条件。

$$x\in \underline{\lim_{n\to\infty}} A_n \Longleftrightarrow \exists N(x),\text{使}\ x\in \bigcap_{n=N(x)}^{\infty} A_n$$

$$\Longleftrightarrow \exists N(x),\text{使}\ \forall n\geqslant N(x),\text{有}\ x\in A_n。$$

3. 上、下限集的关系

定理 1.1.16 $\underline{\lim\limits_{n\to\infty}} A_n \subset \overline{\lim\limits_{n\to\infty}} A_n$。

这一结论可直接从定理 1.1.14 的第三个等价条件和定理 1.1.15 的第二个等价条件得出。

定理 1.1.17

(i) $\mathscr{C}(\overline{\lim\limits_{n\to\infty}} A_n) = \underline{\lim\limits_{n\to\infty}} \mathscr{C}A_n$；

(ii) $\mathscr{C}(\underline{\lim\limits_{n\to\infty}} A_n) = \overline{\lim\limits_{n\to\infty}} \mathscr{C}A_n$。

这一定理可直接由上、下限集的定义和对偶定理(定理 1.1.8)得出。

定义 1.1.12 设有集列$\{A_n\}$，若

$$\underline{\lim_{n\to\infty}} A_n = \overline{\lim_{n\to\infty}} A_n,$$

则称该集列是**收敛**的，且称$\underline{\lim\limits_{n\to\infty}} A_n$(或$\overline{\lim\limits_{n\to\infty}} A_n$)为该集列$\{A_n\}$的**极限**，记为$\lim\limits_{n\to\infty} A_n$。

4. 例

例 10 设集列$\{A_n\}$为递增集列，则

$$\underline{\lim_{n\to\infty}} A_n = \overline{\lim_{n\to\infty}} A_n = \bigcup_{n=1}^{\infty} A_n,$$

即集列$\{A_n\}$收敛，且

$$\lim_{n\to\infty} A_n = \bigcup_{n=1}^{\infty} A_n。$$

证明　因$\{A_n\}$为递增集列，由并集运算的吸收律可知，$\forall N\in\mathbf{N}$，有

$$\bigcup_{n=N}^{\infty} A_n = (\bigcup_{n=1}^{N-1} A_n)\cup(\bigcup_{n=N}^{\infty} A_n),$$

故得

$$\overline{\lim_{n\to\infty}} A_n = \bigcap_{N=1}^{\infty}\bigcup_{n=N}^{\infty} A_n = \bigcap_{N=1}^{\infty}[(\bigcup_{n=1}^{N-1} A_n)\cup(\bigcup_{n=N}^{\infty} A_n)]$$

$$= \bigcap_{N=1}^{\infty}(\bigcup_{n=1}^{\infty} A_n) = \bigcup_{n=1}^{\infty} A_n。$$

再由$\{A_n\}$为递增集列，用交集运算的吸收律可知，$\forall N\in\mathbf{N}$，有

$$\bigcap_{n=N}^{\infty} A_n = A_N,$$

故得

$$\underline{\lim_{n\to\infty}} A_n = \bigcup_{N=1}^{\infty}(\bigcap_{n=N}^{\infty} A_n) = \bigcup_{N=1}^{\infty} A_N = \bigcup_{n=1}^{\infty} A_n。$$

例 11　设$\{A_n\}$为递减集列，则

$$\underline{\lim_{n\to\infty}} A_n = \overline{\lim_{n\to\infty}} A_n = \bigcap_{n=1}^{\infty} A_n,$$

即集列$\{A_n\}$收敛，且

$$\lim_{n\to\infty} A_n = \bigcap_{n=1}^{\infty} A_n。$$

其证明留作习题。

六、函数与集

在本段中，利用我们已有的集合论知识，为以后所学内容做一些准备工作，以培养和掌握实变函数论所必需的某些重要的基本技能。

1. 形如 $E[f>a]$，$E[f\geqslant a]$ 等集合的简单关系

设 $E\subset\mathbf{R}^n$，$f(x)$ 为定义于 E 的实值函数，a 为一实常数。下面，我们研究形如 $E[f>a]$，$E[f\geqslant a]$，$E[f<a]$ 和 $E[f\leqslant a]$ 等集合的简单关系和性质。我们仅证明其中的两个结论，其余均留作习题。以下之余集运算均以 E 为其基本集。

定理 1.1.18

(i) $E[f\geqslant a]\cup E[f<a]=E$，$\mathscr{C}(E[f\geqslant a])=E[f<a]$；

(ii) 设 a,b 均为实数，$a<b$，则

$$E[f>a]\cap E[f<b]=E[a<f<b];$$

(iii) 设 $\varepsilon_1,\varepsilon_2$ 为任意实数，$\varepsilon_1>\varepsilon_2$，则

$$E[f \geqslant \varepsilon_1] \subset E[f \geqslant \varepsilon_2]。$$

定理 1.1.19

(i) $E[f > a] = \bigcup_{k=1}^{\infty} E[f \geqslant a + \frac{1}{k}]$；

(ii) $E[f \geqslant a] = \bigcap_{k=1}^{\infty} E[f > a - \frac{1}{k}]$；

(iii) $E[f < a] = \bigcup_{k=1}^{\infty} E[f \leqslant a - \frac{1}{k}]$；

(iv) $E[f \leqslant a] = \bigcap_{k=1}^{\infty} E[f < a + \frac{1}{k}]$。

定理 1.1.20 设$\{f_n(x)\}$为集合 E 上的一列实值函数，又设

$$g(x) = \sup_{n \geqslant 1}\{f_n(x)\},$$

$$h(x) = \inf_{n \geqslant 1}\{f_n(x)\},$$

则$\forall a \in \mathbf{R}^1$，均有

$$E[g > a] = \bigcup_{n=1}^{\infty} E[f_n > a], \tag{8}$$

$$E[h < a] = \bigcup_{n=1}^{\infty} E[f_n < a]。 \tag{9}$$

证定理 1.1.19(ii)(以下之 $k \in \mathbf{N}$)：

证明

证“$\subset$”： $\forall x \in E[f \geqslant a]$

$\Longrightarrow f(x) \geqslant a$

$\Longrightarrow \forall k$，有 $f(x) > a - \frac{1}{k}$

$\Longrightarrow \forall k$，有 $x \in E[f > a - \frac{1}{k}]$

$\Longrightarrow x \in \bigcap_{k=1}^{\infty} E[f > a - \frac{1}{k}]$。

证“$\supset$”： $\forall x \in \bigcap_{k=1}^{\infty} E[f > a - \frac{1}{k}]$

$\Longrightarrow \forall k$，有 $f(x) > a - \frac{1}{k}$

$\Longrightarrow f(x) \geqslant a$ （令 $k \to \infty$ 即得）

$\Longrightarrow x \in E[f \geqslant a]$。

定理 1.1.19(ii)证毕。

证定理 1.1.20 之式(8)：

证明 $x \in E[g > a]$

$$\Longleftrightarrow g(x) = \sup_{n \geqslant 1}\{f_n(x)\} > a$$

$$\Longleftrightarrow \exists n_0 \in N,\text{使 } f_{n_0}(x) > a \qquad (\text{上确界性质})$$

$$\Longleftrightarrow \exists n_0 \in N,\text{使 } x \in E[f_{n_0} > a]$$

$$\Longleftrightarrow x \in \bigcup_{n=1}^{\infty} E[f_n > a]$$

定理 1.1.20 之式(8)证毕。

2. 函数列的收敛点和发散点的集合表示

设 $f(x), f_n(x)(n = 1,2,\cdots)$ 均为集 E 上的实值函数。我们引入两个集合符号 $E[f_n \to f]$ 和 $E[f_n \nrightarrow f]$：

$E[f_n \to f] = E$ 上使 $f_n(x)$ 收敛于 $f(x)$ 的元素 x 的全体所成之集；

$E[f_n \nrightarrow f] = E$ 上使 $f_n(x)$ 不收敛于 $f(x)$ 的元素 x 的全体所成之集。

本段的目的即是研究这两个集合的性质和集合运算表达式。

首先，显然有

$$E[f_n \to f] \cup E[f_n \nrightarrow f] = E, \tag{10}$$

$$E[f_n \to f] = \mathscr{C}E[f_n \nrightarrow f]。\tag{11}$$

根据数学分析知识，可知：

命题 1.1.1

$$x \in E[f_n \to f]$$

$$\Longleftrightarrow \forall k, \exists N,\text{使} \forall n \geqslant N,\text{有} |f_n(x) - f(x)| < \frac{1}{k}。$$

命题 1.1.2

$$x \in E[f_n \nrightarrow f]$$

$$\Longleftrightarrow \exists k_0,\text{使 } \forall N, \exists n_N \geqslant N,\text{使} |f_{n_N}(x) - f(x)| \geqslant \frac{1}{k_0}$$

$$\Longleftrightarrow \exists k_0 \text{ 及自然数列的一个子列}\{n_i\},\text{使} |f_{n_i}(x) - f(x)| \geqslant \frac{1}{k_0},$$

$$i = 1,2,\cdots。$$

由此，可得以下两重要结论：

定理 1.1.21

$$E[f_n \nrightarrow f] = \bigcup_{k=1}^{\infty}\bigcap_{N=1}^{\infty}\bigcup_{n=N}^{\infty} E\left[|f_n - f| \geqslant \frac{1}{k}\right]。\tag{12}$$

证明 用本节第五段我们所学的对多重集合运算符号所构造成的集合的“直读”技能，很容易即可得出：

$$x\in\bigcup_{k=1}^{\infty}\bigcap_{N=1}^{\infty}\bigcup_{n=N}^{\infty}E\left[|f_n-f|\geqslant\frac{1}{k}\right]$$

$$\Longleftrightarrow \exists k_0, \text{使} \forall N, \exists n_N\geqslant N, \text{使} |f_{n_N}(x)-f(x)|\geqslant\frac{1}{k_0}。$$

再由命题 1.1.2,即得式(12)。证毕。

由上限集之定义,式(12)也可表示为

$$E[f_n \nrightarrow f]=\bigcup_{k=1}^{\infty}\left(\overline{\lim_{n\to\infty}}E\left[|f_n-f|\geqslant\frac{1}{k}\right]\right)。\tag{13}$$

定理 1.1.22

$$E[f_n\to f]=\bigcap_{k=1}^{\infty}\bigcup_{N=1}^{\infty}\bigcap_{n=N}^{\infty}E\left[|f_n-f|<\frac{1}{k}\right]。$$

证明 或直接由命题 1.1.1 证之,或作为定理 1.1.21 之推论(用 $E[f_n \nrightarrow f]$ 和 $E[f_n\to f]$ 的余集关系和对偶定理)。

下面的定理给出了对于集合 $E[f_n \nrightarrow f]$ 的研究非常有用的结果。

定理 1.1.23 令

$$T=\bigcap_{N=1}^{\infty}\bigcup_{n=N}^{\infty}E\left[|f_n-f|\geqslant\frac{1}{n}\right]\quad\left(=\overline{\lim_{n\to\infty}}E\left[|f_n-f|\geqslant\frac{1}{n}\right]\right),\tag{14}$$

则 $E[f_n \nrightarrow f]\subset T$。

证明

只需证 $\mathscr{C}T\subset E[f_n\to f]$ 即可。

由对偶定理

$$\mathscr{C}T=\bigcup_{N=1}^{\infty}\bigcap_{n=N}^{\infty}E\left[|f_n-f|<\frac{1}{n}\right]。$$

故 $\forall x\in\mathscr{C}T, \exists N$,对 $\forall n\geqslant N$,有

$$|f_n(x)-f(x)|<\frac{1}{n}。$$

因而 $f_n(x)\to f(x)$,即 $x\in E[f_n\to f]$。

定理证毕。

§1.2 映射 集合间的对等关系

本节的主要任务是建立“集合间的对等关系”概念。这一概念是本章下面将要建立的重要概念“集合的基数”的基础。为阐述清楚,我们必须从映射概念的建立开始。尽管映射是读者已熟悉的概念,但对本节中映射这一段,读者必须予

以足够的重视。

一、映射

1. 映射概念

定义 1.2.1 设A,B为两非空集合,若存在对应关系φ,使得$\forall x\in A$,按φ均存在唯一的$y\in B$与之对应,则称φ为由A到B(中)的**映射**,记为$\varphi: A\to B$。

假若$y\in B$,$x\in A$,在φ之下y与x对应,则称y为x的**像**,记为$y=\varphi(x)$或$y=\varphi x$,或$\varphi: x\mapsto y$,或$x\overset{\varphi}{\to}y$。

对于任一固定的$y\in B$,称集

$$\{x: x\in A,\varphi(x)=y\}$$

为y的**原像**,记为$\varphi^{-1}(y)$。

设$A_1\subset A$,称A_1中元素的像的全体为A_1的像,记为$\varphi(A_1)$,即

$$\begin{aligned}\varphi(A_1)&=\{y: y\in B,\exists x\in A_1,\text{使 }\varphi(x)=y\}\\&=\{\varphi(x): x\in A_1\}。\end{aligned}$$

设$B_1\subset B$,称其像在B_1中的元素x的全体为B_1的原像,记为$\varphi^{-1}(B_1)$,即

$$\varphi^{-1}(B_1)=\{x: x\in A,\varphi(x)\in B_1\}。$$

称A为映射φ的**定义域**,记为$\mathscr{D}(\varphi)$。称A的像$\varphi(A)$为φ的**值域**,记为$\mathscr{R}(\varphi)$。

2. 映射的分类

定义 1.2.2 设有映射$\varphi: A\to B$。

若$\varphi(A)=B$,即$\mathscr{R}(\varphi)=B$,则称φ为由A到B的**满射**,或由A到B**上的映射**。

若$\forall y\in\varphi(A)$,A中仅有唯一的x,满足$y=\varphi(x)$,则称φ为由A到B的**单射**。

若映射φ既是满射,又是单射,则称φ为由A到B的**双射**,或由A到B的**一一对应的映射**。

注 1 设有映射$\varphi: A\to B$。按上述定义,有以下结论:

(i) φ为由A到B的满射

$\Longleftrightarrow\forall y\in B,\exists x\in A$,使$y=\varphi(x)$。

(ii) φ为由A到B的单射

$\Longleftrightarrow\forall x_1,x_2\in A$,且$x_1\neq x_2$,则$\varphi(x_1)\neq\varphi(x_2)$。

(iii) φ为由A到B的双射

$\Longleftrightarrow$ 以下两命题同时成立:

$\forall x\in A$,在B中满足$y=\varphi(x)$的y存在唯一;

$\forall y\in B$,在A中满足$y=\varphi(x)$的x存在唯一。

定义 1.2.3 设有双射 $\varphi: A \to B$,令 $\varphi^{-1}: B \to A$ 表示下述映射:$\forall y \in B$,若 $y = \varphi(x), x \in A$,则 $\varphi^{-1}(y) = x$,称映射 φ^{-1} 为映射 φ 的**逆映射**。

显然,双射 φ 的逆映射 φ^{-1} 也是双射。

3. 例

例 1 设 $A = B = (-\infty, +\infty)$,令

$$\varphi(x) = \begin{cases} 1, & x > 0, \\ 0, & x = 0, \\ -1, & x < 0 \end{cases}$$

则 φ 是由 A 到 B 中的一个映射。

若此时令 $B = \{-1, 0, 1\}$,则 φ 是由 A 到 B 的满射,但不是单射,当然也不是双射。

例 2 设 $A = \mathbf{N}$,B 为正偶数的全体,令

$$\varphi(n) = 2n, \quad \forall n \in A,$$

则 φ 是由 A 到 B 的双射。

二、集合间的对等关系

1. 对等关系概念

定义 1.2.4 设 A,B 为两非空集合,若存在由 A 到 B 的双射 φ,则称集合 A 和 B 是**一一对应**的,或**对等**的,记为 $A \overset{\varphi}{\sim} B$,或简记为 $A \sim B$。

注 2 欲证 $A \sim B$,通常按以下三步进行:

(i) 建立映射 $\varphi: A \to B$;

(ii) 证 φ 为满射,即证 $\forall y \in B, \exists x \in A$,使 $\varphi(x) = y$;

(iii) 证 φ 为单射,即证 $\forall x_1, x_2 \in A, x_1 \neq x_2$,则必有 $\varphi(x_1) \neq \varphi(x_2)$。

注 3 易证以下两结论成立:

(i) 若 $A \overset{\varphi}{\sim} B, A_1 \subset A, B_1 \subset B, A_1 \overset{\varphi}{\sim} B_1$,则 $(A \backslash A_1) \overset{\varphi}{\sim} (B \backslash B_1)$。

(ii) 设 $A \overset{\varphi}{\sim} B, A_1, A_2 \subset A, A_1 \overset{\varphi}{\sim} B_1, A_2 \overset{\varphi}{\sim} B_2$。此时,若 A_1 与 A_2 不相交,则 B_1 与 B_2 也不相交。

2. 对等关系的例

例 3 设 A 为正整数全体,B 为负整数全体,则 $A \sim B$,其中双射 $\varphi: A \to B$ 为 $\varphi(n) = -n, \quad n = 1, 2, \cdots$。

例 4 设 $A = \mathbf{N}$,B 为正偶数全体,则 $A \sim B$,其中双射 $\varphi: A \to B$ 为 $\varphi(n) = 2n$,$n = 1, 2, \cdots$。

例 5 设 A,B 均含于$(-\infty,+\infty)$，由 A 到 B 存在严格单调增（或减）函数 $\varphi(x)$，使 $\varphi(A)=B$，则 $A\sim B$。

由注 2，这三例的结论显然成立。例 5 对于证明实数集之间的对等关系是有用的工具。

例 6 由例 5，易知 $\mathbf{R}^1$ 中下述集合间的对等关系（以下 $b>a,d>c$）：

(i) 任何有限开区间(a,b)和(c,d)之间均对等。

(ii) 任何有限闭区间$[a,b]$和$[c,d]$之间均对等。

(iii) $(-\frac{\pi}{2},\frac{\pi}{2})\sim(-\infty,+\infty)$，

$(-\infty,+\infty)\sim(0,+\infty)$，

$(0,+\infty)\sim(-\infty,0)$，

$(a,+\infty)\sim(0,\infty)$，$\forall a\in\mathbf{R}^1$，

$(-\infty,a)\sim(-\infty,0)$，$\forall a\in\mathbf{R}^1$。

各对等关系中之双射，由读者给出。

3. 对等关系的基本性质

易证对等关系有以下基本性质：

定理 1.2.1 设 A,B,C 为任意集合，则

(i) 自反性：$A\sim A$；

(ii) 对称性：若 $A\sim B$，则 $B\sim A$；

(iii) 传递性：若 $A\sim B$ 且 $B\sim C$，则 $A\sim C$。

4. 证明对等关系的工具性定理

以下三个定理是证明集合间对等关系的重要工具。

定理 1.2.2（两集列之并的对等定理） 设$\{A_n\}$，$\{B_n\}$为两集列，满足：

1° 诸 A_n 两两不交；

2° 诸 B_n 两两不交；

3° $A_n\sim B_n$， $n=1,2,\cdots$。

则

(i) $\bigcup\limits_{n=1}^{m}A_n\sim\bigcup\limits_{n=1}^{m}B_n$， $m=1,2,\cdots$；

(ii) $\bigcup\limits_{n=1}^{\infty}A_n\sim\bigcup\limits_{n=1}^{\infty}B_n$。

证明 仅略证结论(ii)，望读者将此定理之证明详细作出。

由条件 3°，存在一列双射 $\varphi_n:A_n\to B_n$， $n=1,2,\cdots$。

作映射 φ：$\bigcup_{n=1}^{\infty} A_n \to \bigcup_{n=1}^{\infty} B_n$：

$$\forall x \in \bigcup_{n=1}^{\infty} A_n\text{，存在唯一的 } n_0 \in \mathbf{N}\text{，使 } x \in A_{n_0}\text{，}$$

则令

$$\varphi(x) = \varphi_{n_0}(x) \in B_{n_0} \subset \bigcup_{n=1}^{\infty} B_n\text{。}$$

易证 φ 为一双射，即 $\bigcup_{n=1}^{\infty} A_n \sim \bigcup_{n=1}^{\infty} B_n$。

定理 1.2.3（Bernstein 定理）　设 A,B 为两集合，若

$$A \sim B_0 \subset B \text{ 且 } B \sim A_0 \subset A,$$

则 $A \sim B$。

证明　设 $A \overset{\varphi}{\sim} B_0$，$B \overset{\psi}{\sim} A_0$。

（Ⅰ）按下述方法构造两集列$\{A_1, A_2, \cdots\}$和$\{B_1, B_2, \cdots\}$。为清楚起见，将 A，A_0 和 B，B_0 也一并列出。

$$\begin{array}{ll} A, & B, \\ A_0 = \psi(B), & B_0 = \varphi(A), \\ A_1 = A \backslash A_0, & B_1 = \varphi(A_1), \\ A_2 = \psi(B_1), & B_2 = \varphi(A_2), \\ \vdots & \vdots \\ A_{n+1} = \psi(B_n), & B_{n+1} = \varphi(A_{n+1}), \\ \vdots & \vdots \end{array}$$

参见图 1.1。

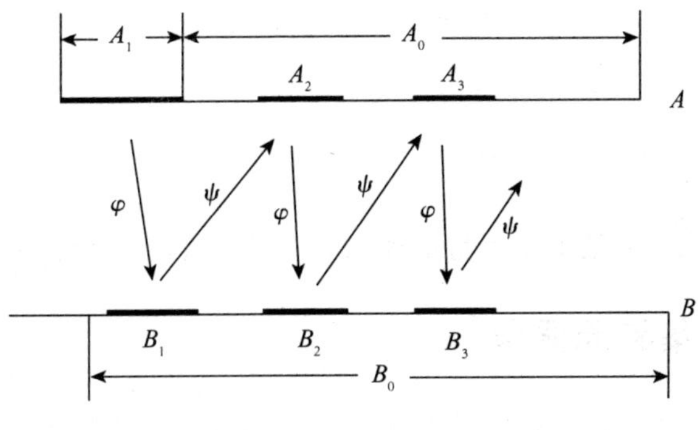

图 1.1

（Ⅱ）因 φ 和 ψ 均为双射，A_0 与 A_1 不交，用注 3 之结论(ii)不难证得：

诸 A_n，　$n = 1, 2, \cdots$ 两两不交；

诸 B_n，　$n=1,2,\cdots$ 两两不交。

由$\{A_n:n=1,2,\cdots\}$和$\{B_n:n=1,2,\cdots\}$的造法，有

$$A_n\overset{\varphi}{\sim}B_n,\quad n=1,2,\cdots;$$

$$B_n\overset{\psi}{\sim}A_{n+1},\quad n=1,2,\cdots。$$

故由定理 1.2.2，可得

$$\bigcup_{n=1}^{\infty}A_n\overset{\varphi}{\sim}\bigcup_{n=1}^{\infty}B_n,\tag{1}$$

$$\bigcup_{n=1}^{\infty}B_n\overset{\psi}{\sim}\bigcup_{n=2}^{\infty}A_n。\tag{2}$$

(Ⅲ) 由 $B\overset{\psi}{\sim}A_0$ 及式(2)，用注 3 之结论(i)，可知

$$(B\setminus\bigcup_{n=1}^{\infty}B_n)\overset{\psi}{\sim}(A_0\setminus\bigcup_{n=2}^{\infty}A_n),$$

而易证

$$A_0\setminus\bigcup_{n=2}^{\infty}A_n=A\setminus\bigcup_{n=1}^{\infty}A_n,$$

故得

$$(B\setminus\bigcup_{n=1}^{\infty}B_n)\overset{\psi}{\sim}(A\setminus\bigcup_{n=1}^{\infty}A_n)。\tag{3}$$

(Ⅳ) 由

$$A=(A\setminus\bigcup_{n=1}^{\infty}A_n)\cup(\bigcup_{n=1}^{\infty}A_n),$$

$$B=(B\setminus\bigcup_{n=1}^{\infty}B_n)\cup(\bigcup_{n=1}^{\infty}B_n),$$

及式(1)和(3)，用定理 1.2.2，即得 $A\sim B$。证毕。

定理 1.2.4　设 A,B,C 为三集合，若

$$A\subset B\subset C \text{ 且 } A\sim C,$$

则

$$A\sim B\sim C。$$

证明留作习题。

注 4　事实上，定理 1.2.3 与定理 1.2.4 是等价的。其证明也留作习题。

三、有限集和无限集

有了集合之间的对等概念，我们即可将有限集和无限集概念说得更清楚些。

设集合 A 为空集或存在自然数 n，使 $A\sim\{1,2,\cdots,n\}$，则称 A 为**有限集**。若一集合不是有限集，则称为**无限集**，或**无穷集**。

由此，有限集之间对等之充要条件为：其元素个数相同。有限集不可能与其真

子集对等。由例 2 看出，无限集有可能与其某真子集对等。在§1.3 中我们将会看到，“能与其某真子集对等”是无限集之特征性质。

§1.3 可数集与不可数集

在对等关系的基础上，本节将研究在理论上和应用上都十分重要的一类集合，即可与自然数全体 **N** 对等的集合，人们称其为可数集。本节最后也将简述不是可数集的所谓“不可数集”。

一、可数集概念

1. 可数集定义

定义 1.3.1 称可与自然数全体 **N** 对等的集合为**可数集**或**可列集**。

注 1 由可数集之定义和对等关系的基本性质，易知：

(i) 任何有限集均不是可数集，可数集为一无限集；

(ii) 任何可数集之间均对等；

(iii) 与可数集对等的集合也是可数集。

由定义知，自然数全体 **N**、正偶数全体和负偶数全体均为可数集。

2. 可数集的等价定义

定理 1.3.1 集合 A 为可数集

$\Longleftrightarrow A$ 的元素可排成无穷序列的形式，即

$$A=\{a_1,a_2,\cdots,a_n,\cdots\}。\tag{1}$$

证明 证“$\Longrightarrow$”：设 A 为可数集，则 $A\overset{\varphi}{\sim}\mathbf{N}$，将 A 中与自然数 n 相对应的元素记为 a_n，然后按其下标从小到大的顺序排列起来，则 A 即被排列成形如式(1)的无穷序列的形式。

证“$\Longleftarrow$”：显然。

用可数集的这一等价定义来证明一集合的可数性可带来很大方便。

以后，“集 A 可排成无穷序列的形式”，“集 A 可用自然数全体 **N** 编号”以及“集 A 中有可数多个元素”都是集 A 为可数集的等价语言。

3. 可数集的简单性质

定理 1.3.2 任何无限集均有可数子集。

证明 设集 A 为一无限集，从 A 中任取一元素，记为 a_1。因 A 为无限集，故

$A\backslash\{a_1\}\neq\varnothing$，故可取 $a_2\in A\backslash\{a_1\}$，显然 $a_2\neq a_1$。同理可取 $a_3\in A\backslash\{a_1,a_2\}$，$a_3\neq a_1$，$a_3\neq a_2$。如此下去，用数学归纳法不难证明，可以得到 A 中的一个彼此不同的元素序列 $a_1,a_2,\cdots,a_n,\cdots$，则 $A_0=\{a_1,a_2,\cdots,a_n,\cdots\}$ 即为 A 的一可数子集。

由此结论，我们可以说，可数集是"最小"的无限集。

定理 1.3.3 可数集的无限子集也必为可数集。

证明 设 A 为可数集，A_1 为 A 之无限子集。由定理 1.3.2，存在 A_1 的可数子集 A_2，由注 1(ii)，$A\sim A_2$。由定理 1.2.4，即知 $A\sim A_1\sim A_2$，从而 A_1 也是可数集。

因此，可数集的子集只能是有限集或可数集。我们将有限集和可数集统称为**至多可数集**。

二、可数集的运算性质

定理 1.3.4(可数集的并集性质)

(i) 有限个或可数个可数集之并仍为可数集；

(ii) 有限个或可数个至多可数集之并仍为至多可数集。若这些集合中至少有一个为可数集，或该并集为无限集则其并为可数集。

证明 我们先证明两个引理，然后证明结论(i)，结论(ii)由读者自证。

引理 1 设 $\{A_n:n=1,2,\cdots\}$ 为可数个可数集，且两两不交，则 $\bigcup\limits_{n=1}^{\infty}A_n$ 为可数集。

证明 因诸 A_n 可数，故均可排成无穷序列的形式：

$$
\begin{array}{l}
A_1=\{a_{11},a_{12},a_{13},\cdots,a_{1m},\cdots\}\\
\qquad\qquad\swarrow\quad\swarrow\\
A_2=\{a_{21},a_{22},a_{23},\cdots,a_{2m},\cdots\}\\
\qquad\qquad\swarrow\\
A_3=\{a_{31},a_{32},a_{33},\cdots,a_{3m},\cdots\}\\
\cdots\cdots\\
A_n=\{a_{n1},a_{n2},a_{n3},\cdots,a_{nm},\cdots\}\\
\cdots\cdots
\end{array}
$$

我们称 $n+m$ 为 a_{nm} 的下标和。将 $\bigcup\limits_{n=1}^{\infty}A_n$ 的元素按以下原则进行排列：① 其下标和小者在前；② 其下标和相同者，第一下标 n 小者在前。则 $\bigcup\limits_{n=1}^{\infty}A_n$ 可被排成以下无穷序列的形式：

$$\bigcup_{n=1}^{\infty}A_n=\{a_{11},a_{12},a_{21},a_{13},a_{22},a_{31},\cdots\}。\tag{2}$$

（因诸 A_n 两两不交，故该序列中不会有重复元素出现。）故知 $\bigcup_{n=1}^{\infty} A_n$ 为一可数集。

引理 2 设$\{A_n: n=1,2,\cdots\}$为可数个至多可数集，至少其一为可数集，且两两不交，则 $\bigcup_{n=1}^{\infty} A_n$ 仍为可数集。

证明 先将诸 A_n 排成有限或无穷序列的形式，然后按照引理1证明中同样的排列原则，将 $\bigcup_{n=1}^{\infty} A_n$ 中的元素排成一序列的形式，只不过此时所得到的序列与式(2)比较，将有许多“空位”，故知 $\bigcup_{n=1}^{\infty} A_n$ 必至多可数。而由已知，$\bigcup_{n=1}^{\infty} A_n$ 必为无限集，故 $\bigcup_{n=1}^{\infty} A_n$ 必为可数集。

证结论(i)：

（Ⅰ）设$\{A_n: n=1,2,\cdots\}$为可数个可数集。用定理 1.1.12 中“将相交并化为不交并”的方法，构造集列$\{A_n^*: n=1,2,\cdots\}$：

$$A_1^* = A_1,$$

$$A_n^* = A_n \setminus \bigcup_{k=1}^{n-1} A_k, \quad n = 2,3,\cdots。$$

则$\{A_n^*: n=1,2,\cdots\}$为可数个至多可数集，至少其一可数(如 A_1^*必可数)，且两两不交，故 $\bigcup_{n=1}^{\infty} A_n^*$为可数集。而 $\bigcup_{n=1}^{\infty} A_n = \bigcup_{n=1}^{\infty} A_n^*$，故 $\bigcup_{n=1}^{\infty} A_n$ 为可数集。

（Ⅱ）设$\{A_n: n=1,2,\cdots,m\}$(m 为自然数)为有限个可数集，则 $\bigcup_{n=1}^{m} A_n$ 可视为可数个可数集之并的子集，故必至多可数。而显然此集必为无限集，故必为可数集。

结论(i)证毕。

对于最常用的两个集合之并的情形，我们给出以下直接推论：

推论 1 有限集与可数集之并仍为可数集。

推论 2 可数集与可数集之并仍为可数集。

定理 1.3.5 设 A 为一无限集，B 为一至多可数集，则

$$(A \cup B) \sim A。$$

证明 （Ⅰ）设 $A \cap B = \varnothing$。

因 A 为无限集，由定理 1.3.2，存在可数子集 $A^* \subset A$，故

$$A = (A \setminus A^*) \cup A^*。$$

从而

$$A \cup B = (A \setminus A^*) \cup (A^* \cup B),$$

且这两式右边均为互不相交的集合之并。

由推论 1 和推论 2,有

$$A^{*}\sim(A^{*}\cup B),$$

又显然

$$(A\backslash A^{*})\sim(A\backslash A^{*})。$$

故由两集列之并的对等定理(定理 1.2.2),即得$(A\cup B)\sim A$。证毕。

(Ⅱ)一般情形。

注意到

$$A\cup B=A\cup(B\backslash A),$$

其右端中,A 为无限集,$B\backslash A$ 为有限或可数集,而 $A\cap(B\backslash A)=\varnothing$,故由(Ⅰ)知

$$A\cup(B\backslash A)\sim A,$$

即

$$(A\cup B)\sim A。$$

证毕。

推论 3 $\mathbf{R}^1$ 上任何区间之间(包括 $\mathbf{R}^1$ 本身)都是对等的。

证明 只需注意到区间的分类:区间分为有限区间和无限区间。有限区间有以下四种(以下 a,b 均为实数,$a<b$):

$$(a,b),[a,b],(a,b],[a,b);$$

无限区间有以下五种:

$$(-\infty,+\infty),(a,+\infty),(-\infty,a),[a,+\infty),(-\infty,a]。$$

这样,由 §1.2 例 6(iii),用对等关系的传递性和定理 1.3.5,不难证得本推论。

定理 1.3.6 设 A 为无限集,B 为有限集,则

$$(A\backslash B)\sim A。$$

定理 1.3.7 设

(i) A 为无限集,B 为可数集;

(ii) $A\backslash B$ 为无限集,

则

$$(A\backslash B)\sim A。$$

此两定理之证明均留作习题。注意,若无条件(ii),则定理 1.3.7 不成立。

由定理 1.3.6,我们对无限集可有如下更进一步的认识:

推论 4 集合 A 为无限集$\Longleftrightarrow A$ 可与其某真子集对等。

证明

证“$\Longrightarrow$”:$\forall a\in A$,由定理 1.3.6 即知,A 与其真子集 $A\backslash\{a\}$ 对等。

证“$\Longleftarrow$”:因有限集不能与其真子集对等,故若 A 与其某真子集对等,则必为

无限集。

三、有理数全体所成之集的可数性

下面的定理给出一个非常重要的结论。

定理 1.3.8 有理数全体所成之集 **Q** 为可数集。

证明 令

$$A_n = \{\frac{1}{n}, \frac{2}{n}, \frac{3}{n}, \cdots\}, \quad n = 1, 2, \cdots,$$

则 A_n 均为可数集，$n = 1, 2, \cdots$。

令 $\mathbf{Q}^+$ 表示正有理数全体，则显然

$$\mathbf{Q}^+ = \bigcup_{n=1}^{\infty} A_n。$$

故由定理 1.3.4 知，$\mathbf{Q}^+$ 为可数集。从而负有理数全体 $\mathbf{Q}^-$ 也是可数集。又

$$\mathbf{Q} = \mathbf{Q}^+ \cup \mathbf{Q}^- \cup \{0\},$$

再用定理 1.3.4，即得 **Q** 之可数性。证毕。

注 2 在数学分析中，我们已经知道，有理数全体 **Q** 在实数轴上有稠密性，即任何两不同实数之间均存在有理数。读者将会看到，有理数集 **Q** 所具有的稠密性和可数性是我们研究许多问题时的有力工具。

四、编号定理

1. 编号定理

引理 3 设 S 为由有限个自然数所组成的有序数组的全体所成之集，则 S 为可数集。

证明 设 S_1 是由一个自然数所组成的有序数组的全体：

$$1, 2, 3, \cdots。$$

设 S_2 为由两个自然数所组成的有序数组的全体：

$$(1,1), (1,2), (1,3), \cdots,$$
$$(2,1), (2,2), (2,3), \cdots,$$
$$(3,1), (3,2), (3,3), \cdots,$$
$$\cdots\cdots$$

设 S_3 为由三个自然数所组成的有序数组的全体：

$$\begin{cases}(1,1,1),(1,1,2),(1,1,3),\cdots,\\(1,2,1),(1,2,2),(1,2,3),\cdots,\\\cdots\cdots\end{cases}$$

$$\begin{cases}(2,1,1),(2,1,2),(2,1,3),\cdots,\\(2,2,1),(2,2,2),(2,2,3),\cdots,\\\cdots\cdots\end{cases}$$

$$\cdots\cdots$$

这样一直下去，我们可以定义由 n 个自然数所组成的有序数组的全体 S_n，$n=1,2,\cdots$。

由定理 1.3.4 知，每一 $S_n(n=1,2,\cdots)$ 均为可数集，而显然

$$S=\bigcup_{n=1}^{\infty}S_n。$$

再用定理 1.3.4，即得 S 之可数性。

定理 1.3.9 若集 $A\sim S_0\subset S$，则 A 必为至多可数集。

这一定理的成立是显然的。

因该定理的条件“$A\sim S_0$”也可表述为“A 可用由有限个自然数所组成的有序数组编号”，故称该定理为“编号定理”。

在证明集合的可数性时，与使用可数集的并集性质(定理 1.3.4)相比较，使用编号定理常常可使论证过程更加简捷。

2. 编号定理的用法

用编号定理证明集合 A 的可数性时，可用以下两个步骤：

(Ⅰ) 证：按某种对应关系 φ，$\forall a\in A$，a 均可与某个由有限个自然数所组成的有序数组相对应。

(Ⅱ) 证：$\forall a_1,a_2\in A$，$a_1\neq a_2$，则 a_1 和 a_2 所对应的数组也不相同。

此时，若令 $S_0=\varphi(A)$，则 $S_0\subset S$ 且 $A\sim S_0$。因此，在完成第(Ⅰ)和(Ⅱ)两步之后，即可得结论：A 为一至多可数集。

注 3 在第(Ⅰ)步中，A 中不同元素所对应的数组中所含自然数的个数，可不尽相同(当然必须是有限个)。下面我们用例子说明这一点。

3. 应用举例

例 1 证明：平面上其坐标为正整数的点的全体 $\mathbf{K}$ 为一可数集。

证明

(Ⅰ) $\forall P\in\mathbf{K}$，设 P 的坐标为 (n,m)，$n,m\in\mathbf{N}$，则令 P 与数组 (n,m) 对应。

(Ⅱ) 设 $P'\in\mathbf{K}$，其坐标为 (n',m')，$P'\neq P$。则其坐标也不相同，即数组

$(n',m') \neq (n,m)$。

故由编号定理,即知 **K** 至多可数。而已知 **K** 为一无限集,故 **K** 必为可数集,证毕。

例 2 证明:空间中其坐标为正整数的点的全体为可数集。

证明方法与例 1 完全相同。

例 3 证明:正整数系数多项式全体 M 为可数集。

证明

(Ⅰ) $\forall f(x) = n_0 + n_1 x + \cdots + n_{m-1} x^{m-1} \in M$,其中 $n_0, n_1 \cdots, n_{m-1}$ 及 m 均为正整数,则令 f 与数组$(n_0, n_1, \cdots, n_{m-1})$相对应。

(Ⅱ) 设 $f_1(x) = n_0' + n_1' x + \cdots + n_{m'-1}' x^{m'-1} \in M$,其中 $n_0', n_1', \cdots, n_{m'-1}'$ 及 m' 均为正整数(有可能 $m' \neq m$),$f_1(x) \neq f(x)$,则 $f_1(x)$ 和 $f(x)$ 的系数必不全相同,故数组$(n_0', n_1', \cdots, n_{m'-1}') \neq (n_0, n_1, \cdots, n_{m-1})$。

由编号定理,即知 M 至多可数,而已知 M 为无限集,故 M 必为可数集。

在此例中,我们看到,次数不同的多项式所对应的数组中所含的自然数的个数是不同的。

例 4 证明:平面上坐标为有理数的点的全体 **L** 为可数集。

证明 因有理数全体 **Q** 为可数集,故可排成无穷序列的形式:

$$\mathbf{Q} = \{r_1, r_2, \cdots, r_n, \cdots\}。$$

(Ⅰ) $\forall P \in \mathbf{L}$,设其坐标为(r_n, r_m),其中 $r_n, r_m \in \mathbf{Q}$,则令 P 与数组(n,m)对应。

(Ⅱ) 设 $P' \in \mathbf{L}$,其坐标为$(r_{n'}, r_{m'})$,$P' \neq P$,则 P' 与 P 的坐标也不相同,即数组$(n',m') \neq (n,m)$。

故由编号定理,可知 **L** 至多可数。而显然 **L** 为一无限集,故 **L** 必为可数集。

五、不可数集

上面我们讨论了可数集的概念、性质和许多例子。读者很自然会提出这样的问题:是否任何无限集均是可数集?下面的定理告诉我们,对这一问题的回答是否定的。以下我们用 I 表示区间,用 $|I|$ 表示其长度。

定理 1.3.10 实数区间$[0,1]$不是可数集。

证明 用反证法。设$[0,1]$为一可数集,则

$$[0,1] = \{x_1, x_2, \cdots, x_n, \cdots\},$$

记$[0,1]$为 I_0。此时可作闭区间 $I_1 \subset I_0$,使 $|I_1| < \dfrac{1}{2}$ 且 $x_1 \overline{\in} I_1$。

同样可作闭区间 $I_2\subset I_1$，使 $|I_2|<\frac{1}{3}$ 且 $x_2\overline{\in}I_2$。

用数学归纳法不难证明，此程序可一直进行下去。故可得一列闭区间 $\{I_n\}$，满足：

(i) $I_0\supset I_1\supset I_2\cdots\supset I_n\supset\cdots$；

(ii) $|I_n|<\frac{1}{n+1},\quad n=1,2,\cdots$；

(iii) $x_n\overline{\in}I_n,\quad n=1,2,\cdots$。

由(i)，(ii)和区间套定理，可知 $\exists\, x_0\in[0,1]$，$x_0\in I_n$，$n=1,2,\cdots$。因而由(iii)可知 $x_0\neq x_n$，$n=1,2,\cdots$，即 $x_0\overline{\in}\{x_1,x_2,\cdots\}=[0,1]$。从而得出矛盾。故[0,1]必不是可数集。

此定理告诉我们，不是可数集的无限集合是存在的。

定义 1.3.2 称不是可数集的无限集合为**不可数集**。

由本节推论 3，我们进一步看到，任何区间，包括实数全体 $\mathbf{R}^1$，均是不可数集。

由此，我们也看到了一个重要事实：同是无限集，但彼此间也有对等与不对等之分。这一事实正是我们下节将要建立的"集合的基数"概念的基础和出发点。

§1.4 集合的基数

本节中我们讨论集合中"所含元素的多少"这一问题。事实上，在§1.2和§1.3中我们已开始了对这一问题的讨论。集合间的对等概念的建立，对有限集和无限集、可数集和不可数集的研究，实际上都是在研究集合中"所含元素的多少"这一问题。本节中，我们将在已有概念和结果的基础上，建立集合的所谓"基数"概念及其某些重要结论。

对于有限集来说，这个问题非常简单，每个有限集都有所含元素的"个数"这样一条性质，不同集合间存在这种性质上的异同，这种异同从对等与否中反映出来，即

所含元素个数相同 $\Longleftrightarrow$ 彼此对等，

所含元素个数不同 $\Longleftrightarrow$ 彼此不对等。

对于无限集来说，我们在§1.3中已看到，尽管它们所含元素个数都是无限多，但是，它们彼此间也有对等与不对等之分。因此，无限集在其元素个数为无限多的同时，还是有类似于有限集的"元素个数多与少"这样一条性质，彼此间这种

性质有异同。这种异同也是从对等与否中反映出来的。但是,我们清楚地看到,适用于有限集的“元素个数”这一概念已不能反映无限集的这种性质。对于无限集的这种性质以及这种性质上的差异,必须建立新的概念进行描述。人们把无限集的这种性质称为集合的“基数”。下面我们所建立的“基数”概念对无限集和有限集均适用。对于有限集,它就是其所含元素的个数。

一、基数概念

对一切集合进行划分,凡彼此对等者归于同一族,彼此不对等者归于不同的族。对这每一集族赋予一个记号,称该记号为该集族中每一集合的**基数**或**势**。记集 A 的基数为 $\overline{\overline{A}}$。

规定:

(i) 空集的基数为 0,即 $\overline{\overline{\varnothing}} = 0$。

(ii) 有限集的基数即为所含元素个数,比如:集 A 为含 n 个元素的有限集,则 $\overline{\overline{A}} = n$。

(iii) 可数集的基数均记为 $\aleph_0$(字母“$\aleph$”,读为“阿列夫”)或 a,称为**可数基数**。

(iv) 可与 $[0,1]$ 对等的集合归为一族,其基数记为 $\aleph$ 或 c,称为**连续基数**。

由基数概念可知:对集合 A 和 B,有

$$\overline{\overline{A}} = \overline{\overline{B}} \Longleftrightarrow A \sim B。$$

注 1 由上所述,“基数”是彼此对等的集合的共同属性,是有限集的“元素个数”概念的推广。

二、基数的大小

定义 1.4.1 若集 A 和 B 不对等,但 A 可与 B 的某真子集 B_0 对等,则称集 A 的基数小于集 B 的基数,或 B 的基数大于 A 的基数,记为

$$\overline{\overline{A}} < \overline{\overline{B}} \text{ 或 } \overline{\overline{B}} > \overline{\overline{A}}。$$

注 2

(i) 规定:对空集的基数 0 和任意有限集的基数 n,均有

$$0 < n。$$

(ii) 按基数大小之定义,基数 n,a 和 c 之间显然有关系:

$$n < a < c。 \tag{1}$$

(iii) 若仅知 $A\sim B_0\subset B$,则此时有两种可能:或 $\overline{\overline{A}}=\overline{\overline{B}}$ 或 $\overline{\overline{A}}<\overline{\overline{B}}$,可记为 $\overline{\overline{A}}\leqslant\overline{\overline{B}}$,即

$$A\sim B_0\subset B\Longleftrightarrow\overline{\overline{A}}\leqslant\overline{\overline{B}}。\tag{2}$$

(iv) 由式(2)我们又有

$$A\subset B\Longrightarrow\overline{\overline{A}}\leqslant\overline{\overline{B}}。\tag{3}$$

注 3

(i) Bernstein 定理可表述为以下基数形式:

$$\overline{\overline{A}}\leqslant\overline{\overline{B}}\text{ 且 }\overline{\overline{B}}\leqslant\overline{\overline{A}}\Longrightarrow\overline{\overline{A}}=\overline{\overline{B}}。$$

(ii) 定理 1.3.5,1.3.6 和 1.3.7 也可表达为基数形式:

定理 1.3.5 一无限集并上一有限集或可数集,其基数不变。

定理 1.3.6 一无限集减去一有限集,其基数不变。

定理 1.3.7 一无限集减去一可数集,若仍为一无限集,则其基数不变。

注 4 基数大小关系具有合理性,即

$$\overline{\overline{A}}=\overline{\overline{B}},\quad\overline{\overline{A}}<\overline{\overline{B}},\quad\overline{\overline{A}}>\overline{\overline{B}}$$

三者:1) 仅居其一;2) 必居其一。

对于结论 1),用 Bernstein 定理即可证得。对于结论 2) 的证明,需用到较深的集合论知识,在此从略(参阅参考文献[1]第十四章)。

三、n 维空间 $\mathbf{R}^n$ 的基数

1. $\mathbf{R}^1$ 及 $\mathbf{R}^1$ 上的任何区间的基数

由 $\overline{\overline{[0,1]}}=c$,再由 §1.3 推论 3,我们有:

定理 1.4.1 $\mathbf{R}^1$ 及 $\mathbf{R}^1$ 上的任何区间的基数均为 c。

2. $\mathbf{R}^n(n=2,3,\cdots)$ 的基数

为研究 $n(n=2,3,\cdots)$ 维空间 $\mathbf{R}^n$ 的基数,我们先建立以下结论:

定理 1.4.2 记实数列的全体为 $\mathbf{R}^\infty$,则

$$\overline{\overline{\mathbf{R}^\infty}}=c。$$

证明 我们分两步进行。

(Ⅰ) 令

$$B=\{\{\xi_1,\xi_2,\cdots,\xi_n,\cdots\}:\xi_n\text{ 为实数},0<\xi_n<1,n=1,2,\cdots\}$$

下面证明:$\overline{\overline{B}}=c$。为此只需证明:$B\sim(0,1)$。

(i) $\forall x\in(0,1)$,令 x 与 B 中的元素

$$\{x,x,\cdots,x,\cdots\}$$

相对应，则易知$(0,1)$与B的一子集对等。

(ii) $\forall \xi=\{\xi_1,\xi_2,\cdots,\xi_n,\cdots\}\in B$，将每一$\xi_n$均表示为十进位无限小数形式：

$$\xi_1 = 0.\xi_{11}\xi_{12}\cdots\xi_{1n}\cdots,$$
$$\xi_2 = 0.\xi_{21}\xi_{22}\cdots\xi_{2n}\cdots,$$
$$\cdots\cdots$$
$$\xi_n = 0.\xi_{n1}\xi_{n2}\cdots\xi_{nn}\cdots,$$
$$\cdots\cdots$$

然后作十进位小数$\varphi(\xi)$（类似于§1.3引理1中的做法）：

$$\varphi(\xi)=0.\xi_{11}\xi_{12}\xi_{21}\cdots\xi_{1n}\xi_{2,n-1}\cdots\xi_{n1}\cdots。$$

显然$\varphi(\xi)\in(0,1)$，且当$\eta\in B,\eta\neq\xi$时，必有$\varphi(\eta)\neq\varphi(\xi)$。故知$B$与$(0,1)$的一个子集对等。

结合(i)和(ii)，由Bernstein定理即知$B\sim(0,1)$，即$\overline{\overline{B}}=\overline{\overline{(0,1)}}=c$。

(Ⅱ) 证：$\overline{\overline{B}}=\overline{\overline{\mathbf{R}^\infty}}$，即证$B\sim\mathbf{R}^\infty$。

作映射$\psi:B\to\mathbf{R}^\infty$：$\forall\xi=\{\xi_1,\xi_2,\cdots,\xi_n,\cdots\}\in B$，定义

$$\psi(\xi)=\{\tan(\xi_1-\frac{1}{2})\pi,\cdots,\tan(\xi_n-\frac{1}{2})\pi,\cdots\}。$$

显然，ψ是由B到$\mathbf{R}^\infty$的双射，即$B\sim\mathbf{R}^\infty$。

由以上两结论，即知$\overline{\overline{\mathbf{R}^\infty}}=c$。

定理 1.4.3 $\overline{\overline{\mathbf{R}^n}}=c,n=1,2,\cdots$。

证明 我们已知$\overline{\overline{\mathbf{R}^1}}=c$，故仅需证：当$n\geqslant 2$时，$\overline{\overline{\mathbf{R}^n}}=c$即可。

(Ⅰ) $\forall x\in\mathbf{R}^1$，令x与$\mathbf{R}^n$中的元素$(x,0,0,\cdots,0)$相对应，则显然$\mathbf{R}^1$可与$\mathbf{R}^n$的一子集对等，故$\overline{\overline{\mathbf{R}^n}}\geqslant\overline{\overline{\mathbf{R}^1}}=c$。

(Ⅱ) $\forall\xi=(\xi_1,\xi_2,\cdots,\xi_n)\in\mathbf{R}^n$，令其与$\mathbf{R}^\infty$中的元素$\{\xi_1,\xi_2,\cdots,\xi_n,0,0,\cdots\}$相对应，则显然$\mathbf{R}^n$可与$\mathbf{R}^\infty$的一子集对等，故$\overline{\overline{\mathbf{R}^n}}\leqslant\overline{\overline{\mathbf{R}^\infty}}=c$。

结合(Ⅰ)和(Ⅱ)，由Bernstein定理的基数形式，即知$\overline{\overline{\mathbf{R}^n}}=c,n=2,3,\cdots$。

四、三进位小数全体和二进位小数全体的基数

为给第二章内容作一些准备，本节我们讨论三进位小数全体和二进位小数全体的基数。

1. 三进位小数

定义 1.4.2 称形如

$$\sum_{n=1}^{\infty}\frac{a_n}{3^n}，其中\ a_n=0,1\text{或}2;n=1,2,\cdots$$

的数为**三进位小数**。

我们将三进位小数$\sum_{n=1}^{\infty}\frac{a_n}{3^n}$记为$0.a_1a_2\cdots a_n\cdots$；将三进位小数的全体记为$M_3$。

对于一个三进位小数

$$0.a_1a_2\cdots a_n\cdots,$$

若存在自然数n，使

$$a_k=0,\quad \forall k\geqslant n,$$

则称该三进位小数为三进位有限小数。三进位有限小数的全体记为$M_3^{(1)}$。

称非有限的三进位小数为三进位无限小数。三进位无限小数的全体记为$M_3^{(2)}$。

显然有

$$M_3=M_3^{(1)}\cup M_3^{(2)}。\tag{4}$$

称有理数集

$$A_3=\{\frac{m}{3^n}:m=1,2,\cdots,3^n-1;n=1,2,\cdots\}$$

为**三进位分点集**。显然，$A_3\subset(0,1)$，且易知A_3为可数集，即$\overline{\overline{A_3}}=a$。

2.[0,1] 中的数的三进位小数表示

定理 1.4.4 [0,1] 中的数均可表示为三进位小数，并有：

(i) $\forall x\in(0,1)\setminus A_3$，均可唯一地表示为三进位无限小数；

(ii) $\forall x\in A_3$，均可表示为三进位无限小数和有限小数两种形式；

(iii) 0 和 1 的三进位小数分别表示为

$$0=0.00\cdots,$$

$$1=0.22\cdots2\cdots。$$

证明

证(i)：$\forall x\in(0,1)\setminus A_3$。

第一步：将[0,1]等分为三个闭区间：

$$J_0^{(1)}=[0,\frac{1}{3}],\quad J_1^{(1)}=[\frac{1}{3},\frac{2}{3}],\quad J_2^{(1)}=[\frac{2}{3},1],$$

则x必唯一地属于其中之一，设为$J_{a_1}^{(1)}$($a_1=0,1$或2)，得数$x_1=\frac{a_1}{3}$。

第二步：将闭区间$J_{a_1}^{(1)}$等分为三个闭区间：$J_0^{(2)}$，$J_1^{(2)}$，$J_2^{(2)}$，则x必唯一地属于其中之一，设为$J_{a_2}^{(2)}$($a_2=0,1$或2)，得数$x_2=\frac{a_1}{3}+\frac{a_2}{3^2}$。

如此下去，得一数列$\{x_n\}$：

$$x_n = \frac{a_1}{3} + \frac{a_2}{3^2} + \cdots + \frac{a_n}{3^n},$$

其中 $a_k = 0,1$ 或 2； $k = 1,2,\cdots,n$； $n = 1,2,\cdots$。

显然有

$$x = \lim_{n\to\infty} x_n,$$

即

$$x = \sum_{n=1}^{\infty} \frac{a_n}{3^n} = 0.a_1a_2\cdots a_n\cdots。$$

这样，x 即被唯一地表示为三进位小数形式，且必为无限小数。

证(ii)：对此结论，我们不作详证，仅举几例说明之。

取 $x = \frac{1}{3} \in A_3$。

在第一步中，x 同时属于 $J_0^{(1)}$ 和 $J_1^{(1)}$。

若将$\frac{1}{3}$视为属于 $J_0^{(1)}$，则 $a_1 = 0$，这样，其后任一 a_n 均为 2，即此时$\frac{1}{3}$可表示为如下无限小数形式：

$$\frac{1}{3} = 0.022\cdots2\cdots。$$

若将$\frac{1}{3}$视为属于 $J_1^{(1)}$，则 $a_1 = 1$。这样，其后任一 a_n 均为 0，即此时$\frac{1}{3}$可表示为如下有限小数形式：

$$\frac{1}{3} = 0.100\cdots0\cdots。$$

再如 $x = \frac{2}{3}$ 和 $x = \frac{7}{9}$ 分别可有如下两种表示形式：

$$\frac{2}{3} = \begin{cases} 0.122\cdots2\cdots \\ 0.200\cdots0\cdots \end{cases},$$

$$\frac{7}{9} = \begin{cases} 0.2022\cdots2\cdots \\ 0.2100\cdots0\cdots \end{cases}。$$

一般地，$\forall x \in A_3$，均有这样无限小数和有限小数两种形式：

$$x = \begin{cases} 0.a_1a_2\cdots a_na_{n+1}22\cdots2\cdots \\ 0.a_1a_2\cdots a_n(a_{n+1}+1)00\cdots0\cdots \end{cases}$$

其中 $a_k = 0,1$ 或 2，$k = 1,2,\cdots,n$；$a_{n+1} = 0$ 或 1；$n = 1,2,\cdots$。

证(iii)：这是显然的事实。

3. 三进位小数全体 M_3 的基数

定理 1.4.5 三进位小数全体 M_3 的基数为 c。

证明

由三进位小数之定义 1.4.2，易知

$$\overline{\overline{M_3}} \leqslant \overline{\overline{[0,1]}} = c。$$

由定理 1.4.4 知，$\forall x \in (0,1]$ 均可唯一地表示为三进位无限小数，且显然，当 $x_1, x_2 \in (0,1]$，$x_1 \neq x_2$ 时，所表示为的三进位小数也不同，故

$$c = \overline{\overline{(0,1]}} \leqslant \overline{\overline{M_3^{(2)}}} \leqslant \overline{\overline{M_3}}。$$

由 Bernstein 定理，即得 $\overline{\overline{M_3}} = c$。证毕。

4. 二进位小数全体的基数

与三进位小数类似，我们有：

定义 1.4.3 称形如

$$\sum_{n=1}^{\infty} \frac{a_n}{2^n} = 0.a_1 a_2 \cdots a_n \cdots，其中\ a_n = 0\ 或\ 1;n = 1,2,\cdots$$

的数为二进位小数。

二进位小数的全体记为 M_2。类似可证：

定理 1.4.6 二进位小数全体的基数也为 c。

由该定理可直接推得下面的很有用的结论：

定理 1.4.7 由 0 和 1 两数字重复排列所成数列的全体所成之集的基数为 c。

五、Cantor 定理

学了第三段之后，读者很可能会提出这样一些问题：是否任一无限集的基数均小于或等于 c？或者说是否存在其基数比 c 还大的集合？是否存在最大的基数？本段下面所建立的定理很好地回答了这些问题. 我们从一集合的方幂集概念开始。

定义 1.4.4 称集 M 的一切子集的全体所成之集为集 M 的**方幂集**，记为 2^M。

注 5

(i) 设 $\mathbf{T}$ 为 M 的方幂集，则：

集 M 的每一子集均是 $\mathbf{T}$ 的一个元素，反之，$\mathbf{T}$ 的每一元素也均为 M 的一个子集。

这一事实虽然很简单，但对于下面定理的证明却是十分重要的。

(ii) 若 $M \neq \varnothing$，令 $\mathbf{T}_1$ 表示 M 的单元素子集的全体，则显然 $\mathbf{T}_1$ 为 $\mathbf{T}$ 之真子集，且 $M \sim \mathbf{T}_1$，即 M 可与 2^M 的一真子集对等。

(iii) 设 M 为一有限集，含有 n(n 为 0 或任意自然数) 个元素，即 $\overline{\overline{M}} = n$，则易知其方幂集 2^M 中含有 2^n 个元素，即

$$\overline{\overline{2^M}} = 2^n。\tag{5}$$

因 $n < 2^n, n = 0,1,2,\cdots$，故对有限集 M 来说，必有

$$\overline{\overline{M}} < \overline{\overline{2^M}}。$$

这一结果可推广到无限集，即有下面的重要定理：

定理 1.4.8(Cantor 定理)　设 M 为任一集合，则有

$$\overline{\overline{M}} < \overline{\overline{2^M}}。\tag{6}$$

证明　不妨设 $M \neq \varnothing$，仍将 2^M 简记为 $\mathbf{T}$，下面证明 $\overline{\overline{M}} < \overline{\overline{\mathbf{T}}}$。

(Ⅰ) 由注 5(ii)，已知 M 可与 $\mathbf{T}$ 的真子集 $\mathbf{T}_1$ 对等。

(Ⅱ) 证：M 不能与 $\mathbf{T}$ 对等。

用反证法。设 $M \overset{\varphi}{\sim} \mathbf{T}$。$\forall x \in M$，记 $\varphi(x)$ 为 M_x。因 M_x 为 M 的一个子集，故 $x \in M_x$ 和 $x \overline{\in} M_x$ 二者必居其一且仅居其一。

令

$$M^* = \{x : x \in M \text{ 且 } x \overline{\in} M_x\},$$

即 M^* 为 M 中不属于所对应的子集的元素全体。对 $\forall x \in M$，则 $x \in M^*$ 和 $x \overline{\in} M^*$ 二者必居其一且仅居其一，且易知 $M^* \neq \varnothing$。

因 $M^* \subset M$，故 $M^* \in \mathbf{T}$，因而 $\exists x^* \in M$，使 $M^* = \varphi(x^*)$，M^* 即为 x^* 所对应的子集。

此时，

(i) 若 $x^* \in M^* \Longrightarrow x^*$ 属于所对应的子集 $\underset{(\text{按}M^*\text{之定义})}{\Longrightarrow} x^* \overline{\in} M^*$。

得出矛盾，故 $x^* \in M^*$ 不可能。

(ii) 若 $x^* \overline{\in} M^* \Longrightarrow x^*$ 不属于所对应的子集 $\underset{(\text{按}M^*\text{之定义})}{\Longrightarrow} x^* \in M^*$。

也得出矛盾，故 $x^* \overline{\in} M^*$ 也不可能。

从而得出矛盾结果，这即证明：M 和 $\mathbf{T}$ 必不对等。

结合(Ⅰ)和(Ⅱ)，故得 $\overline{\overline{M}} < \overline{\overline{\mathbf{T}}}$。证毕。

注 6

(i) 若 $\overline{\overline{M}} = \mu$，则常将 M 的方幂集 2^M 的基数记为 2^μ。这样，定理 1.4.8 可表述于基数形式：

$$\mu < 2^\mu \quad (\mu \text{ 为任意基数})。$$

(ii) 确实存在基数 $\mu > c$，即确存在其基数比 c 大的集合，比如：

$$\overline{\overline{2^{[0,1]}}} = 2^c > c。$$

(iii) 不存在最大的基数。

(iv) 可以证明:对于可数基数 a 和连续基数 c,有关系式

$$2^a = c。$$

此结论的证明留作习题。

六、Cantor 连续统假设

读者必然也会提出这样一个问题:在可数基数 a 和连续基数 c 之间是否存在其他基数?即是否存在集合 A,使其基数 $\overline{\overline{A}}$ 满足

$$a < \overline{\overline{A}} < c?$$

集合论的创始人 Cantor 为解决此问题花了很大的精力,但没有能解决,后来他作了这样一个猜想:这种集合是不存在的,即在 a 和 c 之间无其他基数。这就是有名的所谓"Cantor 连续统假设"。

该假设提出之后,花费了很多数学家大量的精力,但都没有结果,成为数学中的难题之一。在 1900 年的巴黎国际数学会议上,著名数学家 Hilbert 提出了 23 个数学难题,该假设被列为其第一个难题。Hilbert 在会上说,尽管人们做了最勤奋的努力,但没有一个人获得成功。

直到 1963 年,人们证得:这一假设事实上与目前广泛采用的公理系统(即 ZFC 公理系统)是独立的,不可能用这一公理系统给予证明。这样,在这一公理系统之下,这一问题算是有了一个明确的解答。

习 题

第 1 ~ 8 题中,A,B,C 为任意集合,证明所列关系式。

1. $A\setminus B = A\cap \mathscr{C}B$。

2. $A\cap(B\cup C) = (A\cap B)\cup(A\cap C)$。

3. $A\cup(\bigcap\limits_{\lambda\in\Lambda} B_\lambda) = \bigcap\limits_{\lambda\in\Lambda}(A\cup B_\lambda)$。

4. $\mathscr{C}(\bigcap\limits_{\lambda\in\Lambda} A_\lambda) = \bigcup\limits_{\lambda\in\Lambda}\mathscr{C}A_\lambda$。

5. $(A\cup B)\setminus B = A\setminus B$。

6. $A\cap B = A\setminus\mathscr{C}B = B\setminus\mathscr{C}A$。

7. $(A\setminus B)\cup B = A\cup B$。

$(A\setminus B)\cup B=A\iff B\subset A$。

8. $(A\setminus B)\cup B=(A\cup B)\setminus B\iff B=\varnothing$。

第 9 ~ 11 题中，$f(x)$ 为 E 上的实函数，$a\in\mathbf{R}^1$ 为常数，证明所列关系式。

9. $E[f>a]=\bigcup\limits_{k=1}^{\infty}E[f\geqslant a+\frac{1}{k}]$。

10. $E[f<a]=\bigcup\limits_{k=1}^{\infty}E[f\leqslant a-\frac{1}{k}]$。

11. $E[f\leqslant a]=\bigcap\limits_{k=1}^{\infty}E[f<a+\frac{1}{k}]$。

12. 设$\{f_n(x)\}$为集 E 上的一列实函数，又设

$$h(x)=\inf_{n\geqslant 1}\{f_n(x)\},$$

证明：$\forall a\in\mathbf{R}^1$，有

$$E[h<a]=\bigcup_{n=1}^{\infty}E[f_n<a]。$$

13. 设实函数列$\{f_n(x)\}$在 E 上收敛于 $f(x)$，证明：$\forall a\in\mathbf{R}^1$，有

$$E[f\leqslant a]=\bigcap_{k=1}^{\infty}\bigcup_{N=1}^{\infty}\bigcap_{n=N}^{\infty}E[f_n<a+\frac{1}{k}]。$$

14. 设$\{A_n\}$为递减集列，证明

$$\varliminf_{n\to\infty}A_n=\varlimsup_{n\to\infty}A_n=\bigcap_{n=1}^{\infty}A_n。$$

15. 对于集 E 的子集 A，定义 A 的特征函数为 E 上的如下函数：$\forall x\in E$，

$$\chi_A(x)=\begin{cases}1, & \forall x\in A,\\ 0, & \forall x\overline{\in}A。\end{cases}$$

证明：若$\{A_n\}$为 E 的一列子集，则

$$\chi_{\varliminf\limits_{n\to\infty}A_n}(x)=\varliminf_{n\to\infty}\chi_{A_n}(x)。$$

16. 证明定理 1.2.4 与 Bernstein 定理的等价性。

17. 证明：若 $A\overset{\varphi}{\sim}B$，$A_1\subset A$，$B_1\subset B$，$A_1\overset{\varphi}{\sim}B_1$，则

$$(A\setminus A_1)\overset{\varphi}{\sim}(B\setminus B_1)。$$

并以反例说明：一般说来，命题“$A\sim B$，$A_1\subset A$，$B_1\subset B$，$A_1\sim B_1$，则 $(A\setminus A_1)\sim(B\setminus B_1)$”不成立。

18. 设 A 为无限集，B 为有限集，证明

$$(A\setminus B)\sim A。$$

19. 设 A 为无限集，B 为可数集，若 $A\setminus B$ 仍为无限集，证明

$$(A\backslash B)\sim A。$$

并举反例说明：若无"$A\backslash B$ 仍为无限集"这一条件，则该命题不成立。

20. 证明：空间中坐标为有理数的点的全体成一可数集。

21. 证明：$\mathbf{R}^1$ 上以互不相交的开区间为元素的集合为至多可数集。

22. 证明：$\mathbf{R}^1$ 上的单调函数的不连续点至多有可数多个。

23. 设 A 为一无限集，证明：必存在 $A^*\subset A$，使 $A^*\sim A$，且 $A\backslash A^*$ 为一可数集。

24. 设 A 为一可数集，证明：A 的所有有限子集的全体也成一可数集。

25. 设 A 为其长度不等于零的开区间所组成的不可数集。证明：$\exists\delta>0$，使 A 中有无限多个开区间的长度均大于 δ。

26. 证明：$[0,1]$ 上的无理数全体成一不可数集。

27. 称整数系数多项式的实根为代数数，称 $\mathbf{R}^1$ 中的非代数数为超越数。证明 $\mathbf{R}^1$ 中代数数的全体成一可数集，进而证明超越数的存在。

28. 证明：$2^a=c$，其中 a 为可数基数，c 为连续基数。

29. 证明：$[0,1]$ 上的连续函数的全体的基数为 c。

30. 证明：$[0,1]$ 上的单调函数的全体的基数为 c。

31. 证明：$[0,1]$ 上的实函数全体的基数为 2^c。

32. 设 $\overline{\overline{A\cup B}}=c$，证明：$\overline{\overline{A}}$ 和 $\overline{\overline{B}}$ 中至少其一为 c。

第二章 n维空间中的点集

在上一章所建立的一般集合论的基础上，本章研究 n 维空间 $\mathbf{R}^n$ 中的集合理论，即所谓 $\mathbf{R}^n$ 中的点集论，为下面建立 Lebesgue 测度和积分理论进一步做好准备工作。而 $\mathbf{R}^n$ 中的点集论本身在理论上和应用上都有重要意义。

§2.1 n 维空间 $\mathbf{R}^n$

为明确起见，在本节中，略提 n 维空间 $\mathbf{R}^n$ 以及 $\mathbf{R}^n$ 中的一些概念和结论。这些概念和结论在数学分析中一般都学过，故对所提结论均不予证明。

所谓 n 维空间 $\mathbf{R}^n$，就是由 n 个实数所组成的有序数组$(\xi_1,\xi_2,\cdots,\xi_n)$的全体所成之集。称 n 为 $\mathbf{R}^n$ 的**维数**，称 $\mathbf{R}^n$ 中的元素 $x=(\xi_1,\xi_2,\cdots,\xi_n)$为**点**，称 ξ_i 为 x 的第 i 个**坐标**$(i=1,2,\cdots,n)$，称点$(0,0,\cdots,0)$为 $\mathbf{R}^n$ 的**原点**，记为 θ。

下面引入 $\mathbf{R}^n$ 中的几个概念和相关的结论。

1. 区间

定义 2.1.1 设 $a_i,b_i\in\mathbf{R}^1$，$a_i<b_i$，$i=1,2,\cdots,n$。称 $\mathbf{R}^n$ 中的点集

$$I=\{x=(\xi_1,\xi_2,\cdots,\xi_n):a_i<\xi_i<b_i,i=1,2,\cdots,n\} \tag{1}$$

为**开区间**，记为$(a_1,b_1;a_2,b_2;\cdots;a_n,b_n)$。

若式(1)中的诸不等式均换成 $a_i\leqslant\xi_i\leqslant b_i$，$i=1,2,\cdots,n$，则称 I 为**闭区间**，记为$[a_1,b_1;\cdots;a_n,b_n]$。

若式(1)中的诸不等式均换成 $a_i<\xi_i\leqslant b_i$，$i=1,2,\cdots,n$，则称 I 为**左开右闭区间**，记为$(a_1,b_1;\cdots;a_n,b_n]$。

注 1 开区间、闭区间、左开右闭区间以及式(1)中的不等式中有等号出现时所定义的集合，统称为**区间**。

定义 2.1.2 对区间 I,称

$$|I| = \prod_{i=1}^{n}(b_i - a_i)$$

为区间 I 的**体积**。

此体积概念,在 $\mathbf{R}^1$ 中即为区间的长度,在 $\mathbf{R}^2$ 中即为区间的面积,在 $\mathbf{R}^3$ 中即为通常的体积。

注 2 数学分析中所定义之无限区间,如 $(a, +\infty)$(其中 $a \in \mathbf{R}^1$)(按定义 2.1.1,它们不是区间),我们仍称为无限区间。以后若无特别说明,所提到的区间,均是在定义 2.1.1 意义下。

2. 距离

定义 2.1.3 设 $x = (\xi_1, \cdots, \xi_n)$, $y = (\eta_1, \cdots, \eta_n)$ 均属于 $\mathbf{R}^n$,称

$$\left[\sum_{i=1}^{n}(\xi_i - \eta_i)^2\right]^{\frac{1}{2}} \tag{2}$$

为 x 和 y 的**欧几里德距离**,简称为**距离**,记为 $\rho(x,y)$。

距离有以下基本性质($x,y,z \in \mathbf{R}^n$):

(i) 非负性:$\rho(x,y) \geqslant 0$,且 $\rho(x,y) = 0 \Longleftrightarrow x = y$;

(ii) 对称性:$\rho(x,y) = \rho(y,x)$;

(iii) 三角不等式:$\rho(x,y) \leqslant \rho(x,z) + \rho(z,y)$。

由此可推得

$$\rho(x,y) \geqslant |\rho(x,z) - \rho(z,y)| \tag{3}$$

n 维空间 $\mathbf{R}^n$ 按式(2)定义距离之后,称为 ***n* 维欧几里德空间**,简称为 ***n* 维欧氏空间**。

3. 收敛

定义 2.1.4 设 $x, x_m \in \mathbf{R}^n (m = 1,2,\cdots)$,若

$$\rho(x_m, x) \to 0 \quad (m \to \infty),$$

则称点列 $\{x_m\}$ **收敛于** x,记为

$$\lim_{m\to\infty} x_m = x \quad 或 \quad x_m \to x(m \to \infty)。$$

称 $\{x_m\}$ 为**收敛点列**,x 为 $\{x_m\}$ 的**极限**。

按此收敛概念,有所谓"距离的连续性"成立(其证明留作习题)。

定理 2.1.1(距离的连续性)

$$x_m \to x \text{ 且 } y_m \to y \Longrightarrow \rho(x_m, y_m) \to \rho(x,y) \quad (m \to \infty)。$$

其特例为

$$x_m \to x \Longrightarrow \rho(x_m, y) \to \rho(x, y) \quad (y \in \mathbf{R}^n, m \to \infty)。$$

4. 邻域

定义 2.1.5 设 $x_0 \in \mathbf{R}^n, \delta > 0$,称

$$\{x : x \in \mathbf{R}^n, \rho(x, x_0) < \delta\}$$

为以 x_0 为中心、δ 为半径的**邻域**,或称为 x_0 的 δ **邻域**或简称为**邻域**,记为 $O(x_0, \delta)$。

我们称

$$\{x : x \in \mathbf{R}^n, \rho(x, x_0) \leqslant \delta\}$$

为以 x_0 为中心、以 δ 为半径的**闭邻域**,或与邻域 $O(x_0, \delta)$ 相应的**闭邻域**,或简称为**闭邻域**,记为 $\overline{O}(x_0, \delta)$。

邻域有以下简单性质:

(i) 设 $x_1 \in O(x_0, \delta)$ 则 $\exists \delta_1 > 0$,使

$$O(x_1, \delta_1) \subset O(x_0, \delta);$$

(ii) 设有 $O(x_0, \delta), x_1 \in \mathbf{R}^n$,若

$$0 < \delta_1 \leqslant \frac{\delta}{2} \text{ 且 } \rho(x_1, x_0) < \frac{\delta}{2},$$

则

$$O(x_1, \delta_1) \subset O(x_0, \delta);$$

(iii) 设有 $O(x_0, \delta), x_1 \in \mathbf{R}^n$,若

$$0 < \delta_1 \leqslant \frac{\delta}{2} \text{ 且 } \rho(x_1, x_0) < \delta_1,$$

则

$$x_0 \in O(x_1, \delta_1) \subset O(x_0, \delta);$$

(iv) 在邻域概念之下,点列的收敛性有以下等价定义:

$x_m \to x_0 \Longleftrightarrow \forall O(x_0, \delta)$,存在自然数 N,使当 $m \geqslant N$ 时,有 $x_m \in O(x_0, \delta)$。

5. 有界集

定义 2.1.6 设 $A \subset \mathbf{R}^n$,若 $\exists M > 0$,使 $\forall x = (\xi_1, \xi_2, \cdots, \xi_n) \in A$,均有

$$|\xi_i| \leqslant M, \quad i = 1, 2, \cdots, n,$$

则称 A 为**有界集**。

集合的有界性有以下等价定义:

A 为有界集 $\Longleftrightarrow \exists M' > 0$,使 $\forall x \in A$,有 $\rho(x, \theta) < M'$。

$\Longleftrightarrow A$ 可被包含于以原点 θ 为中心的某邻域中。

$\Longleftrightarrow A$ 可被包含于某开区间中。

对于有界集 A，我们称

$$\sup_{x,y\in A}\rho(x,y)$$

为集 A 的**直径**，记为 $\mathrm{diam}A$。

关于有界点列，在数学分析中已经知道有以下重要定理：

定理 2.1.2（Bolzano-Weierstrass 定理） $\mathbf{R}^n$ 中任何有界点列均存在收敛子列。

§2.2 与一点集有关的点和集

本节引入一个点集的内点、边界点、聚点和孤立点等点的概念以及边界、导集和闭包等集的概念，最后引入集合的稠密性和疏朗性以及孤立集和离散集等概念。这些概念都是点集论中重要的基础概念，必须熟练掌握。

以下均设：点集 $E\subset\mathbf{R}^n$，$x_0\in\mathbf{R}^n$。

一、内点和边界点

定义 2.2.1

(i) 若 $\exists O(x_0,\delta)\subset E$，则称 x_0 为 E 之**内点**；

(ii) 若 $\exists O(x_0,\delta)$，使 $O(x_0,\delta)\cap E=\varnothing$，则称 x_0 为 E 之**外点**；

(iii) 若 x_0 的任一邻域中均含属于 E 的点，也均含不属于 E 的点，则称 x_0 为 E 的**边界点**。

例 1 若将邻域 $O(x_0,\delta)$ 作为上述定义中的集 E，则有：

(i) 邻域中之每一点均为该邻域之内点；

(ii) 若 x 满足 $\rho(x,x_0)>\delta$，则 x 为邻域 $O(x_0,\delta)$ 之外点；

(iii) 若 x 满足 $\rho(x,x_0)=\delta$，则 x 为邻域 $O(x_0,\delta)$ 之边界点。

注 1

(i) E 之内点必属于 E，E 的外点必不属于 E，E 的边界点可能属于 E，也可能不属于 E。

(ii) 点集 E 的内点全体、外点全体和边界点全体三个集合两两不交且其并为整个 $\mathbf{R}^n$。

二、聚点和孤立点

定义 2.2.2 若 x_0 的任一邻域内均含 E 的无限多个点，则称 x_0 为 E 的**聚点**或

极限点。

定理 2.2.1 以下四命题等价：

(i) x_0 是 E 的聚点；

(ii) x_0 的任一邻域内，除 x_0 外，至少含 E 的一个点；

(iii) 存在 E 中的不等于 x_0 的点列 $\{x_n\}$ 收敛于 x_0；

(iv) 存在 E 中的互异的点列 $\{x_n\}$ 收敛于 x_0。

证明

证(i)$\Longrightarrow$(ii)：显然。

证(ii)$\Longrightarrow$(iii)：$\forall n\in\mathbf{N}$，$\exists x_n \neq x_0$，使 $x_n\in O(x_0,\dfrac{1}{n})\cap E$，则 $x_n \to x_0(n\to\infty)$。故点列 $\{x_n\}$ 即为所求。

证(iii)$\Longrightarrow$(iv)：设点列 $\{x_n\}\subset E$，$x_n \neq x_0$，$n=1,2,\cdots$，$x_n\to x_0$，则该点列必成一无限集。事实上，若 $\{x_n\}$ 构成一有限集，则必有一点 x 在其中重复无限次数，故必构成 $\{x_n\}$ 的一收敛于 x 的子列，而 $x\neq x_0$，即与整个点列 $\{x_n\}$ 收敛于 x_0 矛盾。因 $\{x_n\}$ 构成一无限集，故 $\{x_n\}$ 必有子列 $\{x_{n_k}\}$ 满足 $\{x_{n_k}\}\subset E$，诸 x_{n_k} 互异且 $x_{n_k}\to x_0$ $(k\to\infty)$。

证(iv)$\Longrightarrow$(i)：显然。

例 2 若在 $\mathbf{R}^1$ 中令

$$E=\{1,\frac{1}{2},\frac{1}{3},\cdots,\frac{1}{n},\cdots\},$$

则 E 有唯一的聚点 $x=0$。

注 2 由聚点之定义知：

(i) E 之聚点可属于 E，也可不属于 E；

(ii) 有限点集必无聚点；

(iii) x_0 不是 E 之聚点

$\Longleftrightarrow \exists O(x_0,\delta)$，使其中仅含 E 的有限多个点

$\Longleftrightarrow \exists O(x_0,\delta)$，使其中除 x_0 外，不含 E 的任何点。

§2.1 中的 Bolzano-Weierstrass 定理(定理 2.1.1) 可用聚点概念表述如下：

定理 2.2.2(Bolzano-Weierstrass 定理) $\mathbf{R}^n$ 中有界无限点集至少有一个聚点。

Bolzano-Weierstrass 定理的这两种形式的等价性证明，由读者自己作出。

定义 2.2.3 设 $x_0\in E$，且 $\exists O(x_0,\delta)$，使其中除 x_0 外，不含 E 的任何点，则称 x_0 为 E 的**孤立点**。

例 3　例 2 中的集 E 的每一点均为 E 之孤立点。

例 4　自然数的全体 $\mathbf{N}=\{1,2,\cdots\}$ 中的每一点均为 $\mathbf{N}$ 的孤立点。

注 3　E 的孤立点均属于 E。

三、内点、边界点、聚点和孤立点的关系

我们先看一例。

例 5　在 $\mathbf{R}^1$ 中,设

$$E=(0,1]\cup\{2\}。$$

则

(i) $(0,1)$ 中的每一点均为 E 之内点;

(ii) 点 0,1 和 2 均为 E 之边界点;

(iii) $[0,1]$ 中的每一点均为 E 之聚点;

(iv) 点 2 为 E 之孤立点。

定理 2.2.3

(i) E 中之点必为且仅为其内点和边界点二者之一;

(ii) E 中之点必为且仅为其聚点和孤立点二者之一;

(iii) E 之内点必为 E 之聚点,但反之不然;

(iv) E 之孤立点必为 E 之边界点,但反之不然。

结论(iii)和(iv)中之反例,可从例 5 中找到。

四、边界、导集和闭包

定义 2.2.4

(i) 称 E 的边界点的全体为 E 的**边界**,记为 ∂E;

(ii) 称 E 的聚点的全体为 E 的**导集**,记为 E';

(iii) 称 $E\cup E'$ 为 E 的**闭包**,记为 $\overline{E}$。

例 6　若 E 为有限点集,则 $E'=\varnothing$。

例 7　对于例 5 中的点集 E:

$\partial E=\{0,1,2\}$,

$E'=[0,1]$,

$\overline{E}=[0,1]\cup\{2\}$。

注 4　由导集之定义及定理 2.2.1 可知:

$x_0 \in E'$

$\Longleftrightarrow x_0$ 的任一邻域内必含 E 的无限多个点

$\Longleftrightarrow x_0$ 的任一邻域内除 x_0 外，至少含 E 的一个点

$\Longleftrightarrow$ 存在 E 中的不等于 x_0 的点列 $\{x_n\}$ 收敛于 x_0

$\Longleftrightarrow$ 存在 E 中的互异的点列 $\{x_n\}$ 收敛于 x_0。

注 5 由闭包的定义可知：

(i) $\overline{E} \supset E$；

(ii) $x_0 \in \overline{E} \Longleftrightarrow x_0$ 的任一邻域内均有 E 的点

$\Longleftrightarrow$ 存在 E 中的点列 $\{x_n\}$ 收敛于 x_0；

(iii) $x_0 \overline{\in} \overline{E} \Longleftrightarrow$ 存在 x_0 的一个邻域与 E 不相交。

例 8 任何邻域之闭包均为其相应的闭邻域，即

$$\overline{O(x_0,\delta)} = \{x : x \in \mathbf{R}^n, \rho(x,x_0) \leqslant \delta\} = \overline{O}(x_0,\delta)。$$

以后我们也将闭邻域记为 $\overline{O(x_0,\delta)}$。

注 5 和例 8 之结论的证明均留作习题。

定理 2.2.4 设 $A \subset \mathbf{R}^n, B \subset \mathbf{R}^n$，则

(i) $A \subset B \Longrightarrow A' \subset B'$；

(ii) $A \subset B \Longrightarrow \overline{A} \subset \overline{B}$。

这是注 4 和注 5 的直接结果。

定理 2.2.5 设 $A \subset \mathbf{R}^n, B \subset \mathbf{R}^n$，则

(i) $(A \cup B)' = A' \cup B'$； (1)

(ii) $\overline{A \cup B} = \overline{A} \cup \overline{B}$。

证明

证(i)：

证"$\supset$"：

$$A \subset A \cup B \Longrightarrow A' \subset (A \cup B)', \qquad (\text{定理 } 2.2.4)$$

$$B \subset A \cup B \Longrightarrow B' \subset (A \cup B)', \qquad (\text{同理})$$

从而得

$$A' \cup B' \subset (A \cup B)'。$$

证"$\subset$"：$\forall x_0 \in (A \cup B)'$，则 $\exists \{x_n\} \subset A \cup B$，互异，且 $x_n \to x_0$。

若 $\{x_n\}$ 中有无限多项属于 A，则 $\{x_n\}$ 中必有子列 $\{x_{n_k}\} \subset A$，互异，且 $x_{n_k} \to x_0$ $(k \to \infty)$。故 $x_0 \in A'$，从而 $x_0 \in A' \cup B'$。

若 $\{x_n\}$ 中仅有有限多项属于 A，则必有无限多项属于 B，同理，$x_0 \in B'$，也得 $x_0 \in A' \cup B'$。

故“$\subset$”成立。

两方面相结合，即得式(1)。结论(i)证毕。

结论(ii)之证明留作练习。

五、集合的稠密性和疏朗性

1. 稠密性

在数学分析中，我们已经知道，有理数全体 $\mathbf{Q}$ 在 $\mathbf{R}^1$ 中具有稠密性。现在我们在 $\mathbf{R}^n$ 中引入集合稠密性的定义。

定义 2.2.5 设 $E\subset\mathbf{R}^n$，若 $\mathbf{R}^n$ 中的任一点的任一邻域中均有 E 的点，则称 E 在 $\mathbf{R}^n$ 中是**稠密**的。

由该定义，像在数学分析中一样，我们也有：

例 9 有理数全体 $\mathbf{Q}$ 在 $\mathbf{R}^1$ 中稠密。

易证这一结论可推广至 $\mathbf{R}^n$，即有：

例 10 有理点(即其坐标全为有理数的点)的全体在 $\mathbf{R}^n$ 中稠密。

由注 5(ii)，显然有：

定理 2.2.6 E 在 $\mathbf{R}^n$ 中稠密 $\Longleftrightarrow \overline{E}=\mathbf{R}^n$。

2. 疏朗性

定义 2.2.6 设 $E\subset\mathbf{R}^n$，若 $\mathbf{R}^n$ 中任一点的任一邻域中均包含一子邻域与 E 不相交，则称 E 在 $\mathbf{R}^n$ 中是**疏朗**的或**无处稠密**的。

注 6 在 $\mathbf{R}^1$ 中，显然有：

E 是疏朗集

$\Longleftrightarrow$ 任一开区间中均有一子开区间与 E 不相交。

集合的疏朗性有多种等价定义，下面我们仅列出两个等价定义，以加深对这一概念的认识，其证明留作习题。

定理 2.2.7 以下三命题等价：

(i) E 是疏朗集；

(ii) $\overline{E}$ 中不含任何邻域；

(iii) $\mathscr{C}(\overline{E})$ 是稠密集。

注 7 由该定理，易证：

疏朗集之余集必是稠密集。

但是，稠密集之余集未必是疏朗集。读者自己作出反例。

注 8 非稠密集未必疏朗，非疏朗集也未必稠密。

读者只需造出一个既非稠密也非疏朗的集即可说明这一事实。

六、孤立集与离散集

定义 2.2.7 若一点集的每一点均为该集之孤立点，则称该集为**孤立集**。

定义 2.2.8 若 $E' = \varnothing$，则称 E 为**离散集**。

例 11 例 2 中的点集 E 为一孤立集，但不是离散集，因为它有一聚点 $x = 0$，故 $E' \neq \varnothing$。

例 12 自然数全体 $\mathbf{N}$ 为一离散集。

注 9 离散集必为孤立集，但反之不然。

定理 2.2.8 孤立集必为至多可数集。

证明留作习题。

§2.3 开集、闭集与完备集

本节研究 $\mathbf{R}^n$ 中的开集、闭集和完备集的概念与性质以及完备集的一个重要特例：Cantor 集。本节内容对于下一章中测度理论的建立有重要作用。

以下均设：$E \subset \mathbf{R}^n$，$F \subset \mathbf{R}^n$。

一、开集和闭集概念

定义 2.3.1 在 $\mathbf{R}^n$ 中，若 E 中的每一点均为 E 的内点，则称 E 为 $\mathbf{R}^n$ 中的**开集**。

注 1 若 E 为开集，则

$$x_0 \in E \Longleftrightarrow x_0 \text{ 为 } E \text{ 之内点。}$$

因而，若 x_0 不是 E 之内点，则必有 $x_0 \overline{\in} E$。

例 1

(i) 显然，$\mathbf{R}^n$ 和 $\varnothing$ 均为开集。

(ii) 由 §2.2 例 1(i) 可知：任何邻域均为开集。

(iii) $\mathbf{R}^1$ 中，任何开区间 (a,b) 均为开集。

(iv) 任何非空有限点集均不是开集。

定义 2.3.2 若 E 包含了它的所有聚点，则称 E 为**闭集**。

注 2 显然有

$$E \text{ 为闭集} \Longleftrightarrow E \supset E'\text{。}$$

例 2 由闭集之定义,易知:

(i) $\mathbf{R}^n$ 和 $\varnothing$ 均为闭集。

(ii) 显然,若 $E'=\varnothing$(即 E 为一离散集),则 E 为闭集。因此,由§2.2例6知,有限点集均为闭集。

二、开集和闭集的性质

1. 导集和闭包的闭集性

定理 2.3.1 对任何点集 $E\subset\mathbf{R}^n$,其导集 E' 和闭包 $\overline{E}$ 均为闭集。

证明

(Ⅰ)证 E' 为闭集。只需证

$$(E')'\subset E'。\tag{1}$$

任取 $x_0\in(E')'$,下面证明 $x_0\in E'$。

任取 x_0 的一个邻域 $O(x_0,\delta)$。由 $x_0\in(E')'$,故 $\exists\, x_1\neq x_0, x_1\in O(x_0,\delta)\cap E'$。由邻域的简单性质,$\exists\, O(x_1,\delta_1)\subset O(x_0,\delta)$,且可取 δ_1 充分小,使 $x_0\overline{\in} O(x_1,\delta_1)$。

由 $x_1\in E'$,$\exists\, x_2\in O(x_1,\delta_1)\cap E$。这样,$x_2\in O(x_0,\delta)\cap E$,且 $x_2\neq x_0$。这即说明,x_0 的任一邻域内除 x_0 外,至少含 E 的一个点 x_2,故 $x_0\in E'$。从而得式(1),即 E' 为闭集。

(Ⅱ)证 $\overline{E}$ 为闭集。

$$\begin{aligned}
&\overline{E}=E\cup E' \\
&\Longrightarrow(\overline{E})'=E'\cup(E')' &&(\text{定理 }2.2.5)。\\
&\Longrightarrow(\overline{E})'=E' &&((E')'\subset E'\text{ 及并集吸收律})。\\
&\Longrightarrow(\overline{E})'\subset\overline{E} &&(E'\subset\overline{E})\\
&\Longrightarrow\overline{E}\text{ 为闭集。}
\end{aligned}$$

由该定理及§2.2例8可知,任何闭邻域及 $\mathbf{R}^1$ 中的任何闭区间均为闭集。

2. 闭集的等价定义

定理 2.3.2 E 为闭集 $\Longleftrightarrow E=\overline{E}$。

证明 只需注意:

$$E=\overline{E}\Longleftrightarrow E=E\cup E'\Longleftrightarrow E\supset E'。\qquad(\text{并集吸收律})$$

推论 1 设 E 为闭集,若 $x_0\overline{\in}E$,则 $\exists\, O(x_0,\delta)$,使

$$O(x_0,\delta)\cap E=\varnothing。$$

这是定理2.3.2和§2.2注5(iii)的直接结果。

定理 2.3.3

E 为闭集 $\Longleftrightarrow E$ 中任何收敛点列的极限均属于 E。

证明

证"$\Longrightarrow$":设 $\{x_n\}\subset E, x_n \to x_0$。

若存在自然数 n_0,使 $x_{n_0} = x_0$,则 $x_0\in E$。

若对任何自然数 n,均有 $x_n \neq x_0$,则 $x_0\in E'$。而 E 为闭集,$E'\subset E$,故也有 $x_0\in E$。

证"$\Longleftarrow$":

$$\begin{aligned} &\text{任取 } x_0\in E' \\ \Longrightarrow\ &\exists\{x_n\}\subset E,\text{使 } x_n \to x_0 \qquad (\S 2.2\text{ 注 }4) \\ \Longrightarrow\ &x_0\in E。 \qquad (\text{已知条件}) \end{aligned}$$

由此即知 $E'\subset E$,即 E 为闭集。

3. 闭集的基本性质

定理 2.3.4

(i) $\mathbf{R}^n$ 和 $\varnothing$ 均为闭集;

(ii) 有限个闭集之并仍为闭集;

(iii) 任意多个闭集之交仍为闭集。

(结论(i) 在例 2 中已述,为保证闭集基本性质的完整性,在此作一重复。)

证明

证(ii):设 F_1 和 F_2 均为闭集,则

$$(F_1\cup F_2)' = F_1'\cup F_2'\subset F_1\cup F_2,$$

故 $F_1\cup F_2$ 为闭集。

用数学归纳法即可证得有限个闭集之并的情形。

证(iii):设 $F_\lambda,\lambda\in\Lambda$($\Lambda$ 为任一号标集)均为闭集。

由包含关系及定理 2.2.4 知

$$\begin{aligned} &\bigcap_{\lambda\in\Lambda}F_\lambda\subset F_\lambda, \quad \forall\lambda\in\Lambda \\ \Longrightarrow\ &(\bigcap_{\lambda\in\Lambda}F_\lambda)'\subset(F_\lambda)'\subset F_\lambda, \quad \forall\lambda\in\Lambda \\ \Longrightarrow\ &(\bigcap_{\lambda\in\Lambda}F_\lambda)'\subset\bigcap_{\lambda\in\Lambda}F_\lambda。 \end{aligned}$$

故知 $\bigcap\limits_{\lambda\in\Lambda}F_\lambda$ 为一闭集。

注 3 任意多个闭集之并不一定仍是闭集。

例如:§1.1 例 6 中

$$\bigcup_{k=1}^{\infty}\left[-1+\frac{1}{k},1-\frac{1}{k}\right] = (-1,1),$$

其中每一闭区间$\left[-1+\frac{1}{k},1-\frac{1}{k}\right]$均为闭集，但其可数并$(-1,1)$却为开集。

4. 开集和闭集的关系

定理 2.3.5

(i) 闭集的余集为开集；

(ii) 开集的余集为闭集。

证明

证(i)：设 F 是闭集，下面证明 $\mathscr{C}F$ 是开集。

$$\begin{aligned}&\text{任取 } x_0\in\mathscr{C}F\\ \Longrightarrow\ & x_0\overline{\in}F\\ \Longrightarrow\ & \exists O(x_0,\delta),\text{使 } O(x_0,\delta)\cap F=\varnothing \quad (F\text{ 为闭集及推论 1})\\ \Longrightarrow\ & \exists O(x_0,\delta),\text{使 } O(x_0,\delta)\subset\mathscr{C}F\\ \Longrightarrow\ & x_0\text{ 为 }\mathscr{C}F\text{ 之内点。}\end{aligned}$$

由开集之定义，即知 $\mathscr{C}F$ 为一开集。

证(ii)：设 G 是开集，下面证明 $\mathscr{C}G$ 是闭集，这只需证明$(\mathscr{C}G)'\subset\mathscr{C}G$即可。

$$\begin{aligned}&\text{任取 } x_0\in(\mathscr{C}G)'\\ \Longrightarrow\ & x_0\text{ 的任一邻域内均含 }\mathscr{C}G\text{ 的点}\\ \Longrightarrow\ & x_0\text{ 不是 }G\text{ 之内点}\\ \Longrightarrow\ & x_0\overline{\in}G \quad (G\text{ 为开集及注 1})\\ \Longrightarrow\ & x_0\in\mathscr{C}G\text{。}\end{aligned}$$

因而$(\mathscr{C}G)'\subset\mathscr{C}G$，即 $\mathscr{C}G$ 为闭集。

由该定理可知：

$$F\text{ 为闭集}\Longleftrightarrow\mathscr{C}F\text{ 为开集。}$$

$$G\text{ 为开集}\Longleftrightarrow\mathscr{C}G\text{ 为闭集。}$$

5. 开集的基本性质

定理 2.3.6

(i) $\mathbf{R}^n$ 和 $\varnothing$ 均为开集；

(ii) 有限个开集之交仍为开集；

(iii) 任意多个开集之并仍为开集。

(结论(i)在例 1 中已述，为保证开集基本性质的完整性，在此也作一重复。)

证明　由闭集的基本性质、对偶定理以及上述开集和闭集的关系，即很易证得此结论。

注 4 任意多个开集之交也不一定仍为开集。例如：§1.1 例 8 中

$$\bigcap_{k=1}^{\infty}\left(-1-\frac{1}{k},1+\frac{1}{k}\right)=[-1,1],$$

其中每个开区间$\left(-1-\frac{1}{k},1+\frac{1}{k}\right)$均为开集，但其可数交$[-1,1]$却为闭集。

由上述三个定理，易证：

推论 2 设 G 为一开集，F 为一闭集，则

(i) $G\backslash F$ 为开集；

(ii) $F\backslash G$ 为闭集。

三、有界闭集的性质

定理 2.3.7 设 F 为一有界闭集，则 F 中任一点列均有收敛于其自身的子列。

证明 这一结论是 Bolzano-Weierstrass 定理和定理 2.3.3 的直接推论。

在建立下面的定理之前，我们先明确一下关于"一集族覆盖一点集"的概念。

对于 $\mathbf{R}^n$ 中的点集 E 和集族$\{E_\lambda:\lambda\in\Lambda\}$（$\Lambda$ 为任一号标集），若满足

$$\bigcup_{\lambda\in\Lambda}E_\lambda\supset E,$$

即

$$\forall x\in E,\exists\lambda\in\Lambda,\text{使 } x\in E_\lambda,$$

则称集族$\{E_\lambda:\lambda\in\Lambda\}$覆盖了 E，或称集族$\{E_\lambda:\lambda\in\Lambda\}$是 E 的一个**覆盖**。

设$\{E_\lambda:\lambda\in\Lambda\}$为 E 的一个覆盖，可有以下几种情形：

(i) 若 Λ 本身为有限集，则称$\{E_\lambda:\lambda\in\Lambda\}$为 E 的**有限覆盖**。类似可定义**无限覆盖**和**可数覆盖**等。

(ii) 若每个 E_λ 均为开集，则称$\{E_\lambda:\lambda\in\Lambda\}$为 E 的一**开覆盖**。若每个 E_λ 均为开区间，则称$\{E_\lambda:\lambda\in\Lambda\}$为 E 的**开区间覆盖**。

(iii) 若集 $\Lambda_1\subset\Lambda$，而集族$\{E_\lambda:\lambda\in\Lambda_1\}$同样覆盖了 E，则称集族$\{E_\lambda:\lambda\in\Lambda_1\}$是覆盖$\{E_\lambda:\lambda\in\Lambda\}$的一个**子覆盖**。若此时 Λ_1 又是一有限集，则称$\{E_\lambda:\lambda\in\Lambda_1\}$为**有限子覆盖**。类似可定义**可数子覆盖**等。

定理 2.3.8（Borel 有限覆盖定理） 设 F 为有界闭集，被开集族 $\mathbf{G}=\{G_\lambda:\lambda\in\Lambda\}$ 所覆盖，则从 $\mathbf{G}$ 中必可选出有限个开集同样覆盖 F。

该定理可简述为：对于有界闭集，任何开覆盖均有有限子覆盖。

该定理的证明方法有多种，下面所采用的方法有利于该定理的进一步推广。

证明 不妨设 $F\neq\varnothing$。以下证明分为两步。

（Ⅰ）证：$\exists\delta>0$，使$\forall x\in F$，$O(x,\delta)$必含于属于$\mathbf{G}$的某一开集之中。满足这一

条件的 δ 称为 **Lebesgue 数**。

我们用反证法证明 Lebesgue 数的存在性。若不然，则对任意自然数 n，数 $\frac{1}{n}$ 均不能作为 δ，即 $\exists x_n \in F$，使 $O(x_n, \frac{1}{n})$ 不能被含于属于 $\mathbf{G}$ 的任何开集中，这样即得一点列 $\{x_n\}$。

因 F 为有界闭集，用定理 2.3.7，即知存在点列 $\{x_n\}$ 的一个子列 $\{x_{n_i}\}$，使 $x_{n_i} \to x_0$，且 $x_0 \in F$。

因集族 $\mathbf{G}$ 覆盖了 F，故 $\exists G \in \mathbf{G}$，使 $x_0 \in G$。因 G 为开集，故 x_0 为 G 之内点，即 $\exists O(x_0, r)$，使

$$O(x_0, r) \subset G。$$

取 i 充分大，使以下两式同时成立：

$$\rho(x_{n_i}, x_0) < \frac{r}{2},$$

$$\frac{1}{n_i} < \frac{r}{2}。$$

则

$$O(x_{n_i}, \frac{1}{n_i}) \subset O(x_0, r),$$

因而

$$O(x_{n_i}, \frac{1}{n_i}) \subset G。$$

这与 x_{n_i} 的取法相矛盾。从而知 Lebesgue 数 δ 是存在的。

(Ⅱ) 证：存在 $\mathbf{G}$ 的有限子覆盖。

因 F 为有界集，故显然可将 F 分为满足下列条件的有限块 $F_1, F_2, \cdots, F_n$ 之并：

(i) $F = \bigcup_{i=1}^{n} F_i$；

(ii) 诸 F_i 两两不交，$i = 1, 2, \cdots, n$；

(iii) 任一 F_i 中任意两点间的距离均小于 δ。

任取 $y_i \in F_i$，作 $O(y_i, \delta)$，$i = 1, 2, \cdots, n$。由 $\{F_i : i = 1, 2, \cdots, n\}$ 所满足的条件 (iii) 及 δ 的性质，则有

$$O(y_i, \delta) \supset F_i, \quad i = 1, 2, \cdots, n,$$

$$\exists G_i \in \mathbf{G}, 使 G_i \supset O(y_i, \delta), \quad i = 1, 2, \cdots, n。$$

故

$$G_i \supset F_i, \quad i = 1, 2, \cdots, n,$$

从而

$$\bigcup_{i=1}^{n} G_i \supset \bigcup_{i=1}^{n} F_i = F。$$

这样，$G_1, G_2, \cdots, G_n$ 即为所求之有限子覆盖。

证毕。

四、完备集及特例 Cantor 集

1. 完备集

定义 2.3.3 若点集 E 的每一点均为 E 的聚点，则称 E 是**自密集**。

注 5 E 为自密集

$\Longleftrightarrow E \subset E'$

$\Longleftrightarrow E$ 无孤立点。

例 3

(i) 任何开集均为自密集，特别是 $\mathbf{R}^n$ 中的任何邻域和 $\mathbf{R}^1$ 中的任何开区间均为自密集；

(ii) $[0,1]$ 中的有理数的全体为自密集；

(iii) $\mathbf{R}^n$，$\varnothing$ 以及 $\mathbf{R}^n$ 中的任何闭邻域 $\overline{O(x_0,\delta)}$ 均为自密集，$\mathbf{R}^1$ 中的任何闭区间也均为自密集。这些集合同时也是闭集。

定义 2.3.4 称自密的闭集为**完备集**。

注 6 显然有：

$$E \text{为完备集} \Longleftrightarrow E = E'。$$

例 4 $\mathbf{R}^n$，$\varnothing$ 以及 $\mathbf{R}^n$ 中的任何闭邻域以及 $\mathbf{R}^1$ 中的任何闭区间均为完备集。而 $\mathbf{R}^n$ 中的任何邻域，$\mathbf{R}^1$ 中的任何开区间及 $[0,1]$ 中有理数全体均只是自密集，不是完备集。

2. Cantor 集

在完备集概念和例 4 之下，容易产生这样一种认识：既然完备集的每一点均为其聚点，并且它又包含了其聚点之全体，那么，$\mathbf{R}^1$ 中的完备集必定布满某个区间。事实上，这是一种错觉。下面所引入的完备集的一个著名特例——Cantor 集，不仅清楚地告诉了我们这种认识是错误的，而且还进一步告诉我们，一个完备集甚至可以同时是一个疏朗集。Cantor 集是一个构思巧妙的重要集合，它还具有另外一些初看起来简直难以置信的性质。这些性质被人们成功地用来构造出了一些重要的反例。

Cantor 集的构造方法如下：

第一步：将$[0,1]$三等分，分点为$\frac{1}{3}$和$\frac{2}{3}$。去掉中间的开区间：

$$I_1^{(1)}=(\frac{1}{3},\frac{2}{3}),$$

保留两端的闭区间：

$$J_1^{(1)}=[0,\frac{1}{3}],\quad J_2^{(1)}=[\frac{2}{3},1]。$$

第二步：将保留的两闭区间$J_1^{(1)}$和$J_2^{(1)}$分别三等分，分点为$\frac{1}{9},\frac{2}{9},\frac{7}{9}$和$\frac{8}{9}$。再分别对这两闭区间，去掉其中间的开区间：

$$I_1^{(2)}=(\frac{1}{9},\frac{2}{9}),\quad I_2^{(2)}=(\frac{7}{9},\frac{8}{9}),$$

保留两端的闭区间：

$$J_1^{(2)}=[0,\frac{1}{9}],J_2^{(2)}=[\frac{2}{9},\frac{1}{3}],J_3^{(2)}=[\frac{2}{3},\frac{7}{9}],J_4^{(2)}=[\frac{8}{9},1]。$$

第三步：再将保留的各闭区间三等分，去掉中间的开区间，保留两端的闭区间。如此一直下去（参阅图 2.1）。

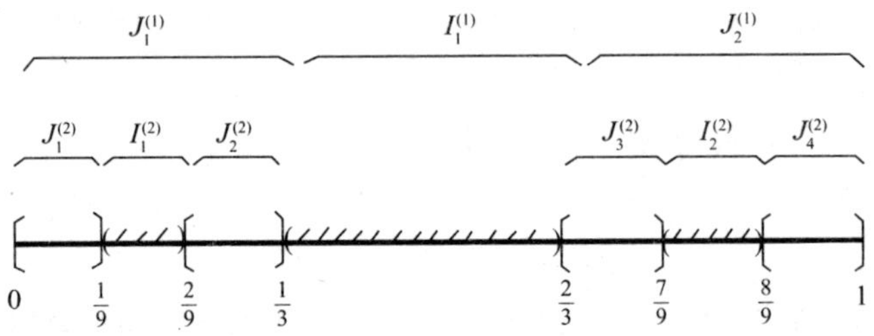

图 2.1

去掉的所有开区间之并，显然为开集，称为 **Cantor 开集**，记为G。

我们称$[0,1]\setminus G$为 **Cantor 集**，记为C。

注 7 按上述构造方法，每一步所保留的闭区间的端点，即分点$\frac{1}{3},\frac{2}{3},\frac{1}{9},\frac{2}{9},\frac{7}{9},\frac{8}{9},\cdots$均不属于$G$，全为永远去不掉的点，故必属于$C$。因而，$C\neq\varnothing$。

注 8 为清楚起见，我们将每一步中去掉的开区间和保留的闭区间的个数和长度列表如下：

步　骤	去掉的开区间		保留的闭区间	
	个数	长度	个数	长度
第一步	1	$\frac{1}{3}$	2	$\frac{1}{3}$
第二步	2	$\frac{1}{3^2}$	2^2	$\frac{1}{3^2}$
第三步	2^2	$\frac{1}{3^3}$	2^3	$\frac{1}{3^3}$
……	……		……	
第 n 步	2^{n-1}	$\frac{1}{3^n}$	2^n	$\frac{1}{3^n}$
……	……		……	

注 9　第 n 步后，Cantor 集 C 即被含于 2^n 个，其长度为 $\frac{1}{3^n}$ 的互不相交的闭区间 $J_1^{(n)}, J_2^{(n)}, \cdots, J_{2^n}^{(n)}$ 中。即在每一步中，Cantor 集 C 总是被包含在有限个互不相交的闭区间中。随着步数的无限增加，这些闭区间的个数将无限增大，其长度将无限减小。

定理 2.3.9　Cantor 集 C 有以下性质：

(i) C 为非空完备集；

(ii) C 为疏朗集；

(iii) $\overline{\overline{C}} = c$；

(iv) Cantor 开集 G 中的所有开区间的长度和为 1。

证明

证(i)：注 7 中已指明 $C \neq \varnothing$。因 G 为开集，由本节推论 2，即知 C 必为闭集。故仅需证 C 为自密集，即证 $C \subset C'$。

任取 $x_0 \in C$，任取 x_0 的一个邻域 $O(x_0, \delta) = (x_0 - \delta, x_0 + \delta)$。

取自然数 n_0，使

$$\frac{1}{3^{n_0}} < \delta。\tag{2}$$

在 Cantor 集构造方法中的第 n_0 步后，x_0 将被含于某个保留的闭区间 $J_{i_0}^{(n_0)}$ $(1 \leqslant i_0 \leqslant 2^{n_0})$ 中。设 $J_{i_0}^{(n_0)} = [\xi, \eta]$，则 ξ, η 均属于 C，且

$$\eta - \xi = \frac{1}{3^{n_0}}。$$

由式(2)，必有 $[\xi, \eta] \subset O(x_0, \delta)$，即 ξ, η 均属于 $O(x_0, \delta) \cap C$。而 ξ, η 中至少其一不等于 x_0，故 $x_0 \in C'$。

这样即得 $C\subset C'$，即 C 为自密集。从而，C 之完备性得证。

证(ii)：设 $J^{(n)}$ 为第 n 步保留的所有闭区间之并，则 $C\subset J^{(n)}$，$J^{(n)}$ 为闭集，其中闭区间的长度之和为 $(\frac{2}{3})^n$，$n=1,2,\cdots$。

任取开区间 (α,β)，$\beta-\alpha=\delta>0$。取 n 充分大，使

$$(\frac{2}{3})^n<\delta。$$

此时必有：

$$(\alpha,\beta)\backslash J^{(n)}\text{ 是非空开集，以及}[(\alpha,\beta)\backslash C]\supset[(\alpha,\beta)\backslash J^{(n)}]。$$

从而 $(\alpha,\beta)\backslash C$ 也是非空开集。即知 (α,β) 中必有一子开区间与 C 不交。由 (α,β) 之任意性，即得 C 之疏朗性。

证(iii)：

（Ⅰ）设

$P=$ 三进位小数表示式中仅出现数字 0 和 2 的三进位小数全体。

以下将 P 中的三进位小数与其值用同一记号表示，故可记为 $P\subset[0,1]$。

显然

$$P\sim M_2\text{（二进位小数全体）}$$

故

$$\overline{\overline{P}}=\overline{\overline{M_2}}=c$$

（Ⅱ）根据§1.4第四段中三进位小数表示法，以及Cantor集的构造方法，易知Cantor 开集 G 中的数的三进位小数表示式中必出现数字 1。故

$$\begin{aligned}
&G\subset[0,1]\backslash P\\
&\Longrightarrow[0,1]\backslash G\supset[0,1]\backslash([0,1]\backslash P)=P\\
&\Longrightarrow C\supset P\\
&\Longrightarrow\overline{\overline{C}}\geqslant\overline{\overline{P}}\\
&\Longrightarrow\overline{\overline{C}}\geqslant c,
\end{aligned}$$

而显然

$$\overline{\overline{C}}\leqslant\overline{\overline{[0,1]}}=c,$$

故得

$$\overline{\overline{C}}=c。$$

证毕。

证(iv)：Cantor 开集 G 中的所有开区间的长度之和为如下级数之和：

$$\sum_{n=1}^{\infty}2^{n-1}\frac{1}{3^n}。$$

而该级数之和为 1，故得(iv)之结论。

该定理不容置疑地告诉我们，非空完备性、疏朗性、基数为 c 和性质(iv)这样四条看来似乎对立的性质却可以为一个集合所同时具备。这一事实使人们大大加深了对这四条性质的认识。

从 Cantor 集的性质(iv)看，对于 Cantor 集这样一个非空完备的，并且可以与 $[0,1]$ 本身对等的点集，在 $[0,1]$ 中却简直不存在"立足之地"。这一现象，我们要到第三章测度理论中才能真正理解。

五、σ 代数与 Borel 集族

本段中我们引入在第三章测度理论中所需要的几个重要集合概念。

1. σ 代数

定义 2.3.5 设 S 为一集合，$\mathbf{F}$ 为 S 的某些子集所组成的集族，满足

(i) $S \in \mathbf{F}$；

(ii) 若 A, B 均属于 $\mathbf{F}$，则 $A \setminus B \in \mathbf{F}$；

(iii) 若 $A_n \in \mathbf{F}, n = 1,2,\cdots$，则 $\bigcup_{n=1}^{\infty} A_n \in \mathbf{F}$。

则称 $\mathbf{F}$ 为 S 上的一个 **σ 代数**(或 **σ 域**)。若 S 不必提及，则简称 $\mathbf{F}$ 为一 σ 代数。

以后我们称 σ 代数的性质(ii)为"$\mathbf{F}$ 对差集运算封闭"，称性质(iii)为"$\mathbf{F}$ 对可数并运算封闭"。

不难证明 σ 代数有以下性质：

定理 2.3.10 若 $\mathbf{F}$ 是 S 上的一个 σ 代数，则

(i) $\varnothing \in \mathbf{F}$；

(ii) 若 $A_n \in \mathbf{F}, n = 1,2,\cdots,m$($m$ 为任一自然数)，则 $\bigcup_{n=1}^{m} A_n \in \mathbf{F}$；

(iii) 若 $A \in \mathbf{F}$，则 $\mathscr{C}A \in \mathbf{F}$；

(iv) 若 $A_n \in \mathbf{F}, n = 1,2,\cdots,m$($m$ 为任一自然数)，则 $\bigcap_{n=1}^{m} A_n \in \mathbf{F}$；

(v) 若 $A_n \in \mathbf{F}, n = 1,2,\cdots$，则 $\bigcap_{n=1}^{\infty} A_n \in \mathbf{F}$。

以后我们称性质(ii)，(iii)，(iv)和(v)分别为 $\mathbf{F}$ "对有限并运算封闭"，"对余集运算封闭"，"对有限交运算封闭" 和"对可数交运算封闭"。

例 5 易知：

(i) 令

$$\mathbf{F}_0 = \{\varnothing, S\},$$

则 $\mathbf{F}_0$ 为一 σ 代数。

(ii) 令

$$\mathbf{F}_1 = S \text{ 的方幂集 } 2^S,$$

则 $\mathbf{F}_1$ 为一 σ 代数。

显然对 S 上的任一 σ 代数 $\mathbf{F}$，均有：

$$\mathbf{F}_0 \subset \mathbf{F} \subset \mathbf{F}_1 。$$

定理 2.3.11 设 $\mathbf{A}$ 是集合 S 的一个非空子集族，则 S 上的包含 $\mathbf{A}$ 的一切 σ 代数之交，仍为 S 上的一个 σ 代数，并为包含 $\mathbf{A}$ 的最小的 σ 代数。

此结论之证明由读者自己作出。

定义 2.3.6 设 $\mathbf{A}$ 为集合 S 的一个非空子集族，则称包含 $\mathbf{A}$ 的最小的 σ 代数为由 $\mathbf{A}$ 所产生(或生成)的 σ 代数，记为 $\mathbf{F}(\mathbf{A})$。

2. Borel 集族

定义 2.3.7 设 $E \subset \mathbf{R}^n$。

(i) 若 E 为一列闭集之并，则称 E 为 F_σ 集；

(ii) 若 E 为一列开集之交，则称 E 为 G_δ 集。

注 10 由本节注 3 和注 4 知，F_σ 集不一定仍是闭集，G_δ 集也不一定仍是开集。

注 11 由对偶定理易知：

(i) F_σ 集之余集必为 G_δ 集；

(ii) G_δ 集之余集必为 F_σ 集。

定义 2.3.8 称 $\mathbf{R}^n$ 中开集之全体所组成的集族 $\mathbf{G}$ 所产生的 σ 代数 $\mathbf{F}(\mathbf{G})$ 为 $\mathbf{R}^n$ 中的 **Borel 集族**，记为 $\mathbf{B}$；$\mathbf{B}$ 中的元素称为 $\mathbf{R}^n$ 中的 **Borel 集**。

易知 Borel 集族有以下性质：

定理 2.3.12

(i) 任何开集和闭集均为 Borel 集，特别地，$\mathbf{R}^n$ 和 $\varnothing$ 均为 Borel 集；

(ii) 任何 F_σ 集和 G_δ 集均为 Borel 集；

(iii) Borel 集族 $\mathbf{B}$ 对余集、有限并、有限交、可数并、可数交等运算均是封闭的。

§ 2.4　开集和闭集的构造

本节讨论 $\mathbf{R}^1$ 中开集和闭集的构造以及 $\mathbf{R}^n$ 中开集的构造。所得结论都是下一章测度理论的重要基础。

一、$\mathbf{R}^1$ 中开集和闭集的构造

本段中所讨论的集合均在 $\mathbf{R}^1$ 中，并设下面所提到的开区间 (α,β) 可为有限或无限区间，即 $\alpha\geqslant-\infty,\beta\leqslant+\infty$。

定义 2.4.1 设 G 为开集，若开区间(有限或无限) $(\alpha,\beta)\subset G$，但 $\alpha\overline{\in}G$ 且 $\beta\overline{\in}G$(若 $\alpha=-\infty$ 或 $\beta=+\infty$，则 $\alpha\overline{\in}G$ 和 $\beta\overline{\in}G$ 自然成立)，则称开区间 (α,β) 为 G 的一个**构成区间**。

引理 1 开集 G 的任何两个不同的构成区间必不相交。

此引理由读者自证。

定理 2.4.1 $\mathbf{R}^1$ 中任何非空开集均可表示为有限个或可数个两两不交的开区间(有限或无限)之并。这些开区间均为 G 的构成区间。

证明 设 G 为 $\mathbf{R}^1$ 中之非空开集。下面我们分两步进行证明。

(Ⅰ) 证：$\forall x\in G$，x 必属于 G 的某构成区间。

因 G 为开集，故必存在有限开区间 (α,β)，使

$$x\in(\alpha,\beta)\subset G。$$

令

$$\alpha'=\inf\{\alpha:(\alpha,x]\subset G\},$$
$$\beta'=\sup\{\beta:[x,\beta)\subset G\},$$

此时，$\alpha'\geqslant-\infty,\beta'\leqslant+\infty$。我们得开区间 (α',β')，显然 $x\in(\alpha',\beta')$。下面证明 (α',β') 即为 G 的一个构成区间。不妨设 $\alpha'>-\infty,\beta'<+\infty$。

(i) 证：$(\alpha',\beta')\subset G$。事实上，$\forall x'\in(\alpha',x]$，则由 α' 之定义，$\exists\alpha:\alpha'<\alpha<x'$ 使 $(\alpha,x]\subset G$，故 $x'\in G$。即知 $(\alpha',x]\subset G$。同理 $[x,\beta')\subset G$。从而得 $(\alpha',\beta')\subset G$。

(ii) 证：$\alpha'\overline{\in}G$ 且 $\beta'\overline{\in}G$。我们仅证 $\alpha'\overline{\in}G$。用反证法。若 $\alpha'\in G$，则存在有限开区间 (ξ,η)，使

$$\alpha'\in(\xi,\eta)\subset G。$$

故 $(\xi,x]\subset G$，但 $\xi<\alpha'$，这与 α' 之定义矛盾。因而必有 $\alpha'\overline{\in}G$。同理，可得 $\beta'\overline{\in}G$。

由(i)，(ii) 可知，(α',β') 即为 G 的一个构成区间。

(Ⅱ) 由(Ⅰ) 即知：

$$G=G\text{ 的所有构成区间之并。}$$

由引理 1，(将互相重合的构成区间算为一个) 这些构成区间两两不交。由第一章习题 21 知，这些构成区间为至多可数个。定理得证。

注 1 若 G 为非空有界开集，则将 G 表示为有限个或可数个两两不交的非空开区间之并时，这些开区间均为有限开区间，且其端点均不属于 G。

关于 $\mathbf{R}^1$ 中闭集的构造，我们有以下两个结论。

定理 2.4.2 设 F 为 $\mathbf{R}^1$ 中的非空有界闭集，则必存在闭区间$[\mu,\nu]$，使

$$F\subset[\mu,\nu] \text{ 且 } \mu\in F, \nu\in F。$$

证明 由本章习题 10，取

$$\mu = \inf F,$$
$$\nu = \sup F,$$

即为所求。

以后我们称该区间$[\mu,\nu]$为包含有界闭集 F 的最小闭区间。

定理 2.4.3 设 F 为 $\mathbf{R}^1$ 中的非空有界闭集，则 F 必是由一闭区间中去掉空集或有限个或可数个两两不交且其端点属于 F 的开区间而成。

以后我们称这些开区间为 F 的余区间或邻接区间。

证明 由定理 2.4.2，我们取包含 F 的最小闭区间$[\mu,\nu]$：

$$F\subset[\mu,\nu] \text{ 且 } \mu\in F, \nu\in F。$$

令

$$G = [\mu,\nu]\setminus F。$$

因

$$[\mu,\nu]\setminus F = (\mu,\nu)\setminus F$$

故 G 为开集。若 $G = \varnothing$，则结论正确，若 $G \neq \varnothing$，则由定理 2.4.1 之注 1，即得本定理之结论。

二、$\mathbf{R}^n$ 中开集的构造

关于 $\mathbf{R}^n$ 中开集的构造，我们建立以下两个定理。

为建立第一个定理，我们在 $\mathbf{R}^2$ 中引入有理开正方形的概念以及相关的两个引理，其证明均留作习题。

在 $\mathbf{R}^2$ 中，我们称四个边的边长均相等的开区间为开正方形，称以有理点为其中心、以有理数为其边长的开正方形为有理开正方形。

以下引理 2、引理 3 由读者自证。

引理 2 $\mathbf{R}^2$ 中有理开正方形之全体为一可数集。

引理 3 在 $\mathbf{R}^2$ 中，对于任一点 x 的任一邻域$O(x,\delta)$，均存在有理开正方形 I_x，使

$$x\in I_x\subset O(x,\delta)。$$

定理 2.4.4 $\mathbf{R}^n$ 中任何非空开集均可表示为有限个或可数个开区间之并。

证明　我们以 $\mathbf{R}^2$ 为例，对一般 n 维空间可类似证明。设 G 为 $\mathbf{R}^2$ 中之开集。$\forall x\in G$，因 G 为开集，故 $\exists O(x,\delta)\subset G$。由引理 3，存在有理开正方形 I_x，使

$$x\in I_x\subset O(x,\delta)。$$

因而有

$$G=\bigcup_{x\in G}I_x。$$

而由引理 2，$\{I_x:x\in G\}$ 只能为有限集或可数集，因此，G 已被表示为有限个或可数个有理开正方形之并。因有理开正方形也是开区间，故定理得证。

定理 2.4.5　$\mathbf{R}^n$ 中任何非空开集 G 均可表示为可数多个两两不交的左开右闭区间之并。

证明

（Ⅰ）任意取定正整数 k，$\mathbf{R}^n$ 均可被分解为可数多个形如

$$\left\{x=(\xi_1,\xi_2,\cdots,\xi_n):\frac{m_i}{2^k}<\xi_i\leqslant\frac{m_i+1}{2^k},\quad i=1,2,\cdots,n\right\},$$

$$\text{其中 } m_i \text{ 遍取所有整数}, i=1,2,\cdots,n \tag{1}$$

的左开右闭区间之并。式(1)中的诸左开右闭区间均称为 k 级左开右闭区间。为方便起见，下面我们将式(1)中的左开右闭区间均简称为区间，记为 $I_j^{(k)}$，$j=1,2,\cdots$。

当 k 遍取自然数全体 $\mathbf{N}$ 时，我们将所得到的这种区间之全体记为 M，即

$$M=\{I_j^{(k)}:k,j=1,2,\cdots\}。$$

显然 M 满足：

(i) M 为可数集；

(ii) M 中同级区间之间两两不交；

(iii) M 中不同级的两区间之间，或不相交或一个真包含于另一个；

(iv) 设 k 级区间的直径为 d_k，则

$$d_k=\frac{\sqrt{n}}{2^k}。$$

故当 $k\to\infty$ 时，$d_k\to 0$；

(v) 当 k（任意）取定时，$\forall x\in\mathbf{R}^n$，x 均唯一地属于 M 中的某一 k 级区间 $I_j^{(k)}$ 中。

（Ⅱ）将一级区间中包含于 G 者，称为选中的一级区间，记为 $\tilde{I}_1^{(1)},\tilde{I}_2^{(1)},\cdots,\tilde{I}_{n_1}^{(1)}$ $(0\leqslant n_1\leqslant+\infty$，若 $n_1=0$ 即全未选中，下同)。对于 $k>1$，将包含于 G，但不包含于任何选中的 1 级，2 级，…，$k-1$ 级区间中的 k 级区间，称为选中的 k 级区间，记为 $\tilde{I}_1^{(k)},\tilde{I}_2^{(k)},\cdots,\tilde{I}_{n_k}^{(k)}$ $(0\leqslant n_k\leqslant+\infty)$。记选中的区间全体为 T，则

$$T=\bigcup_{k=1}^{\infty}\{\tilde{I}_j^{(k)}:j=1,2,\cdots,n_k\}=\{\tilde{I}_j^{(k)}:j=1,2,\cdots,n_k;k=1,2,\cdots,K;K\leqslant+\infty\},$$

则 T 满足：

(i) T 中的区间均两两不交;

(ii) T 必为一至多可数集,将其简记为

$$T=\{\tilde{I}_m:m=1,2,\cdots,N;N\leqslant+\infty\};$$

(iii) M 中包含于 G 的任一区间 $I_j^{(k)}$ 必含于属于 T 的某选中的区间中。

事实上,若 $I_j^{(k)}$ 含于属于 T 的某 1 级,或 2 级,…,或 $k-1$ 级选中的区间中,则结论正确;否则,$I_j^{(k)}$ 本身即为 k 级选中的区间。

(Ⅲ) 我们证明:

$$G=\bigcup_{m=1}^{N}\tilde{I}_m。\tag{2}$$

证"$\supset$":显然成立。

证"$\subset$":任取 $x\in G$。因 G 为开集,故存在 $O(x,\delta)\subset G$。由 M 的性质(iv)和(v),当 k 充分大后,必存在 M 中的某一 k 级区间 $I_j^{(k)}$,使

$$x\in I_j^{(k)}\subset O(x,\delta),$$

故

$$x\in I_j^{(k)}\subset G。$$

由 T 的性质(iii),必存在 T 中的某区间 $\tilde{I}_m$,使

$$I_j^{(k)}\subset\tilde{I}_m。$$

故得

$$x\in\tilde{I}_m。$$

从而

$$x\in\bigcup_{m=1}^{N}\tilde{I}_m。$$

"$\subset$"得证。

最后,由式(2)及 G 是开集和诸 $\tilde{I}_m$ 均为左开右闭区间,即知 N 必为 $+\infty$,即 T 必为可数集。

定理证毕。

§2.5　点集间的距离

本节中,我们的任务是建立两点集间以及点和集之间的距离概念和性质。

一、概念及其简单性质

定义 2.5.1　设 A,B 均为 $\mathbf{R}^n$ 中的非空点集,称

$$\inf\{\rho(x,y): x\in A, y\in B\}$$

为**点集 A 和 B 间的距离**，记为 $\rho(A,B)$。

设 $x\in \mathbf{R}^n$，B 为 $\mathbf{R}^n$ 中的非空点集，称

$$\inf\{\rho(x,y): y\in B\}$$

为**点 x 和集 B 之间的距离**，记为 $\rho(x,B)$。

显然，点和集之间的距离 $\rho(x,B)$ 可视为两点集间的距离 $\rho(A,B)$ 当 A 为一单元素集 $\{x\}$ 时的特例，即

$$\rho(x,B)=\rho(\{x\},B)。$$

以下所讨论的点集都是非空的。

注 1　按 $\rho(A,B)$ 之定义，未必存在 $x\in A$，$y\in B$ 使 $\rho(x,y)=\rho(A,B)$。例如：在 $\mathbf{R}^1$ 中，对于 $A=(0,1)$ 和 $B=(1,2)$，按 $\rho(A,B)$ 之定义，显然 $\rho(A,B)=0$。但并不存在 $x\in A$ 及 $y\in B$，使 $\rho(x,y)=0$。同样，对于 $\rho(x,B)$，也未必存在 $y\in B$，使 $\rho(x,y)=\rho(x,B)$。我们将这一事实简述为：点集间的距离以及点和集间的距离不一定能达到。

这两个距离概念有以下四组简单性质，这些性质都是其定义的直接结果。故其证明均留作练习。这些性质虽然简单，但很重要、很有用，希望读者给予足够的重视。

定理 2.5.1

(i) $\rho(A,B)\geqslant 0$；

(ii) $\rho(A,B)=\rho(B,A)$；

(iii) $A\cap B\neq\varnothing \Longrightarrow \rho(A,B)=0$；

(iv) $\forall x\in A, y\in B$，均有 $\rho(x,y)\geqslant\rho(A,B)$；

(v) $\forall \varepsilon>0$，$\exists x_\varepsilon\in A, y_\varepsilon\in B$，使 $\rho(x_\varepsilon,y_\varepsilon)<\rho(A,B)+\varepsilon$。

与结论(v)相等价，有以下结论：

只要 $\rho(A,B)<r\ (r>0)$，则 $\exists x\in A, y\in B$，使 $\rho(x,y)<r$。

(vi) $\exists\{x_n\}\subset A$，$\{y_n\}\subset B$，使 $\rho(x_n,y_n)\to\rho(A,B)\quad(n\to\infty)$。

定理 2.5.2

(i) $\rho(x,B)\geqslant 0$；

(ii) $x\in B\Longrightarrow\rho(x,B)=0$；

(iii) $\forall y\in B$，均有 $\rho(x,y)\geqslant\rho(x,B)$；

(iv) $\forall\varepsilon>0$，$\exists y_\varepsilon\in B$，使 $\rho(x,y_\varepsilon)<\rho(x,B)+\varepsilon$。

与结论(iv)相等价，有以下结论：

只要 $\rho(x,B)<r\ (r>0)$，则 $\exists y\in B$，使 $\rho(x,y)<r$。

(v) $\exists\{y_n\}\subset B$,使 $\rho(x,y_n)\to\rho(x,B)\quad(n\to\infty)$。

定理 2.5.3(点、集间距离的三角不等式) 设 $B\subset\mathbf{R}^n$,则对 $\mathbf{R}^n$ 中任意两点 x 和 y,均有:

(i) $\rho(x,B)\leqslant\rho(x,y)+\rho(y,B)$;

(ii) $\rho(x,y)\geqslant|\rho(x,B)-\rho(y,B)|$。

定理 2.5.4(点、集间距离的连续性) 设 $B\subset\mathbf{R}^n$,$x_0,x_m\in\mathbf{R}^n$,$m=1,2,\cdots$。若 $x_m\to x_0(m\to\infty)$,则

$$\rho(x_m,B)\to\rho(x_0,B)\quad(m\to\infty)。$$

即若令

$$f(x)=\rho(x,B)。$$

则 $f(x)$ 为 $\mathbf{R}^n$ 上的连续函数。

二、两集间距离的达到定理

下面的定理指出使两集间之距离得以达到的一个充分条件。

定理 2.5.5 设 A,B 为 $\mathbf{R}^n$ 中的非空闭集,至少其一有界。则 $\exists x^*\in A,y^*\in B$,使

$$\rho(x^*,y^*)=\rho(A,B)。$$

证明 不妨设 A 有界。

(Ⅰ) 由定理 2.5.1 之结论(vi),$\exists\{x_n\}\subset A,\{y_n\}\subset B$,使

$$\rho(x_n,y_n)\to\rho(A,B)\quad(n\to\infty)。\tag{1}$$

(Ⅱ) 研究点列$\{x_n\}$。因 A 为有界闭集,由定理 2.3.7,存在$\{x_n\}$的一子列$\{x_{n_k}\}$,使

$$x_{n_k}\to x^*(k\to\infty),\tag{2}$$

且

$$x^*\in A。\tag{3}$$

(Ⅲ) 研究点列$\{y_n\}$的子列$\{y_{n_k}\}$。因

$$\rho(y_{n_k},x^*)\leqslant\rho(y_{n_k},x_{n_k})+\rho(x_{n_k},x^*),$$

又由式(1)及(2)知数列$\{\rho(x_{n_k},y_{n_k})\}$和$\{\rho(x_{n_k},x^*)\}$均为有界数列,故$\{\rho(y_{n_k},x^*)\}$为有界数列,故$\{y_{n_k}\}$为有界点列。由 Bolzano-Weierstrass 定理知,存在点列$\{y_{n_k}\}$的一子列$\{y_{n_{k_i}}\}$,使

$$y_{n_{k_i}}\to y^*,i\to\infty。\tag{4}$$

因 B 为闭集,故

$$y^* \in B。 \tag{5}$$

(Ⅳ) 由式(2),(4)和(1),用距离的连续性,即得

$$\rho(x^*, y^*) = \lim_{i\to\infty}\rho(x_{n_{k_i}}, y_{n_{k_i}}) = \rho(A,B)。$$

故 x^* 和 y^* 即为所求,证毕。

注 2 该定理中 A 和 B“其一有界”的已知条件不能去掉。请读者自己以反例讨论之。

由该定理可直接得出以下有用的推论:

推论 1 设 A,B 均为 $\mathbf{R}^n$ 中之闭集,其一有界,则

$$A\cap B \neq \varnothing \Longleftrightarrow \rho(A,B) = 0,$$

即

$$A,B\text{ 不交} \Longleftrightarrow \rho(A,B) > 0。$$

推论 2 设 $x\in\mathbf{R}^n$,B 为 $\mathbf{R}^n$ 中的闭集,则 $\exists\, y^*\in B$,使

$$\rho(x,y^*) = \rho(x,B)。$$

即点到闭集之距离是必定可达到的。

推论 3 设 $x\in\mathbf{R}^n$,B 为 $\mathbf{R}^n$ 中之闭集,则

$$x\in B \Longleftrightarrow \rho(x,B) = 0,$$

即

$$x\overline{\in} B \Longleftrightarrow \rho(x,B) > 0。$$

习 题

1. 证明“距离的连续性”,即定理 2.1.1。

2. 证明§2.1 中邻域的性质(i),(ii)和(iii)。

3. 证明§2.2 中注 5 之结论(ii)和(iii)。

4. 证明§2.2 中例 8 之结论。

5. 证明:$\overline{A\cup B} = \overline{A}\cup\overline{B}$。

6. 在 $\mathbf{R}^1$ 中,设 E 为[0,1]中的有理数全体,求 E' 和 $\overline{E}$。

7. 在 $\mathbf{R}^2$ 中,设

$$E = \{(x,y): x^2 + y^2 < 1\},$$

求 E' 和 $\overline{E}$。

8. 在 $\mathbf{R}^2$ 中,设 E 是函数

$$y=\begin{cases}\sin\dfrac{1}{x}, & x\neq 0,\\ 0, & x=0\end{cases}$$

的图形上的点的全体所成之集，求 E'。

9. 证明：孤立集必为至多可数集。

10. 证明：设 $E\subset \mathbf{R}^1$，E 为有界集，$\mu=\inf E$，$\nu=\sup E$，则 $\mu\in\overline{E}$，$\nu\in\overline{E}$。

11. 证明定理 2.2.7。

12. 证明：设 $E\subset \mathbf{R}^1$，则

E 为疏朗集 $\Longleftrightarrow \mathbf{R}^1$ 中任何闭区间中均有一子闭区间与 E 不交。

13. 证明：疏朗集之余集必是稠密集，但稠密集之余集未必是疏朗集。

14. 以反例说明：非稠密集未必疏朗，非疏朗集未必稠密。

15. 证明：在 $\mathbf{R}^1$ 中，任何闭区间均不能表示为可数个疏朗集之并。

16. 证明：当 E 为 $\mathbf{R}^n$ 中的不可数无限点集时，E' 也必是不可数无限点集。

17. 设 $E\subset \mathbf{R}^n$，证明 $\overline{E}$ 是 $\mathbf{R}^n$ 中包含 E 的最小闭集。

18. 设 $f(x)$ 为 $\mathbf{R}^n$ 上的实值连续函数，证明：对任意实数 a，集合 $\{x:f(x)>a\}$ 均为开集，集合 $\{x:f(x)\geqslant a\}$ 均为闭集。

19. 证明：$\mathbf{R}^1$ 中可数个稠密的开集之交为一稠密集。

20. 设 $f(x)$ 为 $\mathbf{R}^1$ 上的实函数。令

$$\omega(x)=\lim_{\delta\to 0}\Big[\sup_{|x'-x|<\delta}f(x')-\inf_{|x'-x|<\delta}f(x')\Big]。$$

证明：

(i) $\forall\varepsilon>0$，集合 $\{x:\omega(x)\geqslant\varepsilon\}$ 均为闭集。

(ii) $f(x)$ 的不连续点之全体成一 F_σ 集。

21. 证明：$[0,1]$中的无理数全体不是 F_σ 集。

22. 证明：定义于$[0,1]$上具有性质“在有理点处连续，在无理点处不连续”的函数是不存在的。

23. 设 $E\subset \mathbf{R}^n$，证明 E 的任何开覆盖均有可数子覆盖(Lindelof 定理)。

24. 用 Borel 有限覆盖定理证明 Bolzano-Weierstrass 定理。

25. 设 E 为 $\mathbf{R}^n$ 中之 G_δ 集，且 $E\subset I$，其中 I 为开区间，则 E 可表示为一列包含于 I 的递减开集之交。

26. 设$\{f_n(x)\}$为定义于 $\mathbf{R}^1$ 上的一列连续函数。证明：点集

$$\{x:\varliminf_{n\to\infty}f_n(x)>0\}$$

为一 F_σ 集。

27. 设 G 为 Cantor 开集，求 G'。

28. 证明：$\mathbf{R}^1$ 中的既开且闭集只能是 $\varnothing$ 或整个 $\mathbf{R}^1$。

29. 证明：$\mathbf{R}^1$ 中全体开集所成之集和全体闭集所成之集的基数均为 c。

30. 证明：$\mathbf{R}^n$ 中每个开集或闭集均为 F_σ 集和 G_δ 集。

31. 设 $\mathbf{R}^n$ 中之非空点集 F 具有性质：$\forall x\in\mathbf{R}^n$，$\exists y^*\in F$，使

$$\rho(x,y^*)=\rho(x,F),$$

证明 F 必为闭集。

32. 设 $E\subset\mathbf{R}^n$，$d>0$，点集 U 为

$$U=\{x:\rho(x,E)<d\}。$$

证明：U 为开集，且 $U\supset E$。

33. 设 F_1,F_2 为 $\mathbf{R}^n$ 中的两个不相交的非空闭集，证明：存在 $\mathbf{R}^n$ 上的连续函数 $f(x)$，使得：

(i) $0\leqslant f(x)\leqslant 1,\quad \forall x\in\mathbf{R}^n$；

(ii) $F_1=\{x:f(x)=0\}$ 且 $F_2=\{x:f(x)=1\}$。

34. 设 $B\subset\mathbf{R}^n$，$B\neq\varnothing$，证明：$\rho(x,B)$ 作为 x 的函数在 $\mathbf{R}^n$ 上是一致连续的。

35. 设 F_1,F_2 为 $\mathbf{R}^n$ 中互不相交的闭集，证明：存在互不相交的开集 G_1 和 G_2，使得 $G_1\supset F_1$，$G_2\supset F_2$。

36. 设 $E\subset\mathbf{R}^n$，$x_0\in\mathbf{R}^n$。令

$$E+\{x_0\}=\{x+x_0:x\in E\},$$

即 $E+\{x_0\}$ 为把点集 E 平移 x_0 后所得到的点集。证明：若 E 为开集，则 $E+\{x_0\}$ 也是开集。

Lebesgue测度

§3.1 测度概念的概述及准备

本章目的是建立所谓“测度理论”，这是 Lebesgue 积分理论的重要基础之一。在本节中，我们先对测度理论作一简单介绍，然后再为本章后面内容作一些必要的准备工作。

一、测度概念及其建立过程的简单介绍

建立 Lebesgue 积分的需要，引导人们考虑将区间的长度、面积或体积概念推广到比区间更加一般的点集上去。区间的长度、面积或体积概念在 $\mathbf{R}^n$ 中的一般点集上的推广，即称为点集的测度。建立测度概念的过程中，人们发现，作为区间的长度、面积或体积概念之推广的测度概念，不可能被 $\mathbf{R}^n$ 的所有子集所具有，人们不得不把 $\mathbf{R}^n$ 中的所有集合分为两类：一类称为可测集，它们有测度；而把另一类，即不是可测集的集合称为不可测集，它们没有测度。关于可测集和测度的概念与性质的论述，即构成了整个测度理论。

19 世纪下半叶，人们即开始致力于这种测度理论的建立工作。到 1902 年，在前人工作的基础上，这种测度理论由 Lebesgue 所提出，人们即称其为 Lebesgue 测度理论。1918 年前后，Caratheodory 对测度概念的建立提出了一种新的方式，他的工作使测度理论有了更大的发展。

1915 年，Fréchet 提出了定义于一般集合上的所谓抽象测度理论。这是比 Lebesgue 测度更为广泛的测度理论。本章中我们仅论述 Lebesgue 测度理论，在附录一中将简述抽象测度理论。

测度概念的建立有多种方法。其中一种方法是:先建立所谓集合的外测度和内测度概念,然后将内、外测度相等的集合称为可测集,将可测集的外测度(或内测度)称为可测集的测度。这种方法的直观性较好,但测度概念的建立过程冗长,并且不易向抽象测度理论推广。Caratheodory 所创立的另外一种迄今为止最为简捷的建立方法是:先建立外测度概念,然后通过所谓"Caratheodory 条件"来建立可测集的概念,同样称可测集的外测度为其测度。这一方法不仅简捷,而且可以直接用于抽象测度理论的建立,即易将 Lebesgue 测度推广为抽象测度。

本章中我们即采用 Caratheodory 的方法来建立 Lebesgue 测度。

二、广义实数集

为本章及以后内容的需要,我们在实数全体 $\mathbf{R}^1$ 的基础上,再引入两个数:"$+\infty$"和"$-\infty$",分别读为"**正无穷大**"和"**负无穷大**",或简读为"**正无穷**"和"**负无穷**"。"$+\infty$"和"$-\infty$"与实数全体 $\mathbf{R}^1$ 合在一起,构成一新的数集:$\mathbf{R}^1\cup\{-\infty,+\infty\}$,称为广义实数集,记为 $\overline{\mathbf{R}}$,即

$$\overline{\mathbf{R}}=\mathbf{R}^1\cup\{-\infty,+\infty\}。$$

$\overline{\mathbf{R}}$ 中的元素,称为广义实数。也称 $\mathbf{R}^1$ 中的实数为有限数,称 $\pm\infty$ 为无限数。有时将 $+\infty$ 记为 ∞。

注 1 在数学分析中,$+\infty$ 和 $-\infty$ 只是作为一种极限的记号,而在此处,$+\infty$ 和 $-\infty$ 是被作为一个实实在在的数引入的。因此应明确它们与实数 x 之间的大小关系,应规定它们本身之间以及它们与实数之间的运算法则。

在广义实数集 $\overline{\mathbf{R}}$ 中,规定实数 x 与 $\pm\infty$ 的大小关系为

$$-\infty<x<+\infty,\quad \forall x\in\mathbf{R}^1。$$

设 x 为任意实数,规定 x 与 $\pm\infty$ 的运算法则如下:

(i) 加法:

$$(\pm\infty)+(\pm\infty)=x+(\pm\infty)=(\pm\infty)+x=\pm\infty;$$

(ii) 减法:

$$(\pm\infty)-(\mp\infty)=x-(\mp\infty)=(\pm\infty)-x=\pm\infty;$$

(iii) 乘法:

$$(\pm\infty)(\pm\infty)=+\infty,$$

$$(\pm\infty)(\mp\infty)=-\infty,$$

$$x(\pm\infty)=(\pm\infty)x=\begin{cases}\pm\infty, & \forall x>0,\\ 0, & x=0,\\ \mp\infty, & \forall x<0;\end{cases}$$

(iv) 除法：

$$\frac{x}{\pm\infty}=0;$$

$$\frac{\pm\infty}{x}=\begin{cases}\pm\infty, & \forall x>0,\\ \mp\infty, & \forall x<0;\end{cases}$$

(v) 绝对值：$|\pm\infty|=+\infty$；

(vi) 下面记号均无意义：

$$(\pm\infty)+(\mp\infty),\quad (\pm\infty)-(\pm\infty),$$

$$\frac{\pm\infty}{0},\quad \frac{x}{0},\quad \frac{\pm\infty}{\pm\infty},\quad \frac{\pm\infty}{\mp\infty}。$$

注 2 在这里我们要特别指出，在广义实数集 $\overline{\mathbf{R}}$ 中进行加、减运算时，按法则(vi)，异号无穷大不能相加，同号无穷大不能相减。比如在实数集 $\mathbf{R}^1$ 中，经常使用的移项方法：

$$a+b=c\Longrightarrow a=c-b,$$

在广义实数集 $\overline{\mathbf{R}}$ 中，则不一定可行。若 $b\in\mathbf{R}^1$，则可行；若 $b=\pm\infty$，则绝不可行。在以后的运算过程中，这是一定要注意的。

下面我们明确一下 $\overline{\mathbf{R}}$ 中某些概念的意义。

在 $\overline{\mathbf{R}}$ 中，数列的极限

$$\lim_{n\to\infty}a_n=a\text{（}a\text{ 为实数或 }\pm\infty\text{）}$$

的定义与数学分析中相同，并且当广义实数列 $\{a_n\}$ 以广义实数 a 为极限时，不管 a 为实数还是 $\pm\infty$，均称 $\{a_n\}$ 收敛于 a，也记为 $a_n\to a$。

$\overline{\mathbf{R}}$ 中，无穷级数的和仍定义为其前 n 项部分和当 $n\to\infty$ 时的极限。

$\overline{\mathbf{R}}$ 中的非空数集 U 有界，意指存在实数 $M>0$，使 $\forall u\in U$，均有 $|u|\leqslant M$。

称 $c\in\overline{\mathbf{R}}$ 为 $\overline{\mathbf{R}}$ 中的非空数集 U 的下界，意指 $\forall u\in U$，均有 $c\leqslant u$。

称 $\overline{\mathbf{R}}$ 中的非空数集 U 的最大下界为 U 的下确界，仍以 $\inf U$ 表示之。按此定义，对于一广义实数集，不管是否有界，均有下确界，其下确界可为有限数，也可为 $\pm\infty$。特别是对于 $\overline{\mathbf{R}}$ 的单元素集 $\{+\infty\}$，有

$$\inf\{+\infty\}=+\infty。$$

因此，在 $\overline{\mathbf{R}}$ 中，对命题“$\inf U=\alpha$”应认真对待。当 $\alpha=+\infty$ 时，有

$$\inf U=+\infty\Longleftrightarrow U=\{+\infty\}。$$

当 $-\infty<\alpha<+\infty$ 时，才有数学分析中熟知的结果：

$$\inf U=\alpha\Longleftrightarrow\begin{cases}\forall u\in U,\text{有 } u\geqslant\alpha,\\ \forall\varepsilon>0,\ \exists u_0\in U,\text{使 } u_0<\alpha+\varepsilon。\end{cases}$$

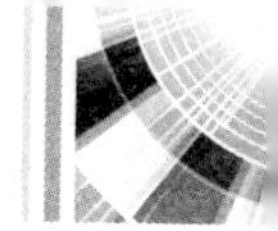

当 $\alpha=-\infty$ 时，即 $\inf U=-\infty$ 时，即意味着：$\forall x\in\mathbf{R}^1$，$\exists u\in U$，使 $u<x$。

在 $\overline{\mathbf{R}}$ 中讨论关于下确界的结论 $\inf U\geqslant\alpha$ 和 $\inf U\leqslant\alpha$ 时，也应先处理 $\alpha=\pm\infty$ 之情形，然后再对 $-\infty<\alpha<+\infty$ 之情形按数学分析中的知识讨论之，这也是本章以及以后内容中所应注意之处。

对于 $\overline{\mathbf{R}}$ 中非空数集的上界和上确界的讨论，可类似进行。

三、广义实值集函数

定义 3.1.1 设 $\mathbf{E}$ 为一非空集族，称映射 $\mu:\mathbf{E}\to\overline{\mathbf{R}}$ 为**广义实值集函数**。

注 3 广义实值集函数是我们遇到的一种新的函数概念，它以一集族为其定义域，而取值于广义实数集，因此其函数值 $\mu(E)(E\in\mathbf{E})$ 可为实数，也可为 $\pm\infty$。在广义实值集函数的运算过程中，应注意 $\pm\infty$ 的运算法则。

§3.2 外测度

在本节中我们建立 Lebesgue 外测度的概念和性质。

一、外测度概念

定义 3.2.1 设 $E\subset\mathbf{R}^n$，$\{I_n\}$ 为 $\mathbf{R}^n$ 中的一列开区间[①]，则称

$$\inf\{u:u=\sum_{n=1}^{\infty}|I_n|,\ \bigcup_{n=1}^{\infty}I_n\supset E\}$$

为 E 的 **Lebesgue 外测度**，简称为**外测度**，记为 m^*E。

注 1 深刻理解、灵活掌握和运用外测度概念是学好本章内容的基石，故特作以下注述：

(i) 按定义，点集 E 的外测度即为 E 的所有可数开区间覆盖中的诸开区间体积之和的下确界，以后，对 $\forall E\subset\mathbf{R}^n$，我们记

$$U_E=\{u:u=\sum_{n=1}^{\infty}|I_n|,\ \bigcup_{n=1}^{\infty}I_n\supset E\}。$$

故

---

① 定义中的"一列开区间"，也包含"有限个开区间"的情形，即实为"有限或可数个开区间"。为避免繁琐，在此及以后内容中均以"可数"的语言阐述。

$$m^*E = \inf U_E。$$

(ii) $\mathbf{R}^n$ 中的任何点集 E 均有外测度,且

$$0 \leqslant m^*E \leqslant +\infty。$$

即外测度是定义在 $\mathbf{R}^n$ 的方幂集 $2^{\mathbf{R}^n}$ 上的一个非负广义实值集函数。

(iii) 由§3.1中关于 $\overline{\mathbf{R}}$ 中下确界的结论,我们有

$$\begin{aligned}&m^*E = +\infty\\ \Longleftrightarrow\ &U_E = \{+\infty\}\\ \Longleftrightarrow\ &\text{对 } E \text{ 的任一可数开区间覆盖}\{I_n\},\text{均有}\sum_{n=1}^{\infty}|I_n| = +\infty。\end{aligned}$$

当 $0 \leqslant \alpha < +\infty$ 时,$m^*E = \alpha$ 等价于

$$\begin{cases}1^\circ\ \text{对 } E \text{ 的任一可数开区间覆盖}\{I_n\},\text{均有}\sum\limits_{n=1}^{\infty}|I_n| \geqslant \alpha;\\ 2^\circ\ \forall \varepsilon > 0,\text{均存在 } E \text{ 的一可数开区间覆盖}\{I_n\},\text{使}\sum\limits_{n=1}^{\infty}|I_n| < \alpha + \varepsilon。\end{cases}$$

显然,若下面的条件 3° 成立,则 2° 成立:

3° 存在 E 的一个可数开区间覆盖 $\{I_n\}$,使

$$\sum_{n=1}^{\infty}|I_n| = \alpha。$$

故若条件 1° 和 3° 成立,则可得 $m^*E = \alpha$。

不管 $m^*E < +\infty$ 还是 $m^*E = +\infty$,均有结论:对 E 的任一可数开区间覆盖 $\{I_n\}$,均有

$$m^*E \leqslant \sum_{n=1}^{\infty}|I_n|。$$

特别地,若 $E \subset$ 开区间 I,则 $m^*E \leqslant |I|$。

(iv) 欲证:$m^*E \geqslant \alpha$:

当 $\alpha = +\infty$ 时(即证 $m^*E = +\infty$),只需证:对 E 的任一可数开区间覆盖 $\{I_n\}$,均有

$$\sum_{n=1}^{\infty}|I_n| = +\infty。$$

当 $0 \leqslant \alpha < +\infty$ 时,只需证:对 E 的任一可数开区间覆盖 $\{I_n\}$,均有

$$\sum_{n=1}^{\infty}|I_n| \geqslant \alpha。$$

(v) 欲证:$m^*E \leqslant \alpha$:

当 $\alpha = +\infty$ 时,结论显然成立。

当 $0\leqslant\alpha<+\infty$ 时，只需证：存在 E 的一个可数开区间覆盖 $\{I_n\}$，使

$$\sum_{n=1}^{\infty}|I_n|\leqslant\alpha。$$

此时，若直接证“$m^*E\leqslant\alpha$”不易办到，常先证结论：“$\forall\varepsilon>0$，均有 $m^*E<\alpha+\varepsilon$。”然后由 ε 之任意性，即得“$m^*E\leqslant\alpha$”。

按定义及注 1，易证以下三例之结论。

例 1 $m^*\varnothing=0$。

例 2 任何单点集的外测度均为零。

例 3 对任何有界点集 E，均有 $m^*E<+\infty$。(留作习题)

二、外测度的性质

定理 3.2.1

(i) 单调性：

$$E\subset F\Longrightarrow m^*E\leqslant m^*F;$$

(ii) 次可数可加性：

$$m^*(\bigcup_{n=1}^{\infty}E_n)\leqslant\sum_{n=1}^{\infty}m^*E_n。\tag{1}$$

证明

证(i)：

$$\begin{aligned}E\subset F&\Longrightarrow F\text{ 的任何可数开覆盖均为 }E\text{ 的可数开覆盖}\\&\Longrightarrow U_E\supset U_F\\&\Longrightarrow \inf U_E\leqslant\inf U_F\\&\Longrightarrow m^*E\leqslant m^*F。\end{aligned}$$

证(ii)：不妨设

$$\sum_{n=1}^{\infty}m^*E_n<+\infty。$$

故

$$m^*E_n<+\infty,\quad n=1,2,\cdots。$$

$\forall\varepsilon>0$，下面证明

$$m^*(\bigcup_{n=1}^{\infty}E_n)<\sum_{n=1}^{\infty}m^*E_n+\varepsilon。\tag{2}$$

$\forall E_n$，存在开区间列 $\{I_{n_m}:m=1,2,\cdots\}$，使

$$\bigcup_{m=1}^{\infty} I_{n_m} \supset E_n,$$

$$\sum_{m=1}^{\infty} |I_{n_m}| < m^* E_n + \frac{\varepsilon}{2^n}。$$

则

$$\bigcup_{n=1}^{\infty}\bigcup_{m=1}^{\infty} I_{n_m} \supset \bigcup_{n=1}^{\infty} E_n,$$

$$\sum_{n=1}^{\infty}\sum_{m=1}^{\infty} |I_{n_m}| < \sum_{n=1}^{\infty} m^* E_n + \sum_{n=1}^{\infty} \frac{\varepsilon}{2^n} = \sum_{n=1}^{\infty} m^* E_n + \varepsilon。$$

即得式(2),从而得式(1)。

推论 1　任何可数点集的外测度均为零。

推论 2　若 $m^*E = 0, E_0 \subset E$,则 $m^*E_0 = 0$。

推论 3　设 $E_1, E_2 \subset \mathbf{R}^n, m^*E_2 < +\infty$,则

$$m^*(E_1 \setminus E_2) \geqslant m^*E_1 - m^*E_2。$$

推论 1 和推论 2 由读者自己证明,我们仅证推论 3。事实上,

$$E_1 \subset E_1 \cup E_2 = (E_1 \setminus E_2) \cup E_2$$

故

$$m^*E_1 \leqslant m^*(E_1 \setminus E_2) + m^*E_2,$$

由 $m^*E_2 < +\infty$,移项即得所求之结论。

在以下的定理证明中,为避免符号上的繁琐,我们均以 $\mathbf{R}^1$ 为例,在 $\mathbf{R}^n$ 中可类似证明。

定理 3.2.2　设

$$\rho(E, F) > 0,$$

则

$$m^*(E \cup F) = m^*E + m^*F。\tag{3}$$

为证此定理,我们先证以下引理:

引理 1　在 $\mathbf{R}^1$ 中,设有开区间 $I = (\alpha, \beta), d > 0$,则 $\forall \varepsilon > 0$,存在有限个开区间 $I_1, I_2, \cdots, I_m$,满足:

(i) $\bigcup_{k=1}^{m} I_k \supset I$;

(ii) $|I_k| < d, k = 1, 2, \cdots, m$;

(iii) $\sum_{k=1}^{m} |I_k| < I + \varepsilon$。

证明　不妨设 $|I| \geqslant d$。

(Ⅰ) 将 I 分为有限个小开区间 $L_1, L_2, \cdots, L_n$,使

$$|L_k| < d, \quad k = 1,2,\cdots,n。$$

设其分点为 $a_1, a_2, \cdots, a_{n-1}$，即

$$\alpha < a_1 < a_2 < \cdots < a_{n-1} < \beta。$$

（Ⅱ）在每一分点 a_k 处，做小开区间 J_k，使

$$a_k \in J_k, \quad k = 1,2,\cdots,n-1;$$

$$|J_k| < d, \quad k = 1,2,\cdots,n-1;$$

$$\sum_{k=1}^{n-1} |J_k| < \varepsilon。$$

则开区间 $L_1, L_2, \cdots, L_n, J_1, J_2, \cdots, J_{n-1}$ 即为所求。

证明定理 3.2.2 设

$$\rho(E,F) = d > 0。 \tag{4}$$

由外测度之次可加性，我们仅需证

$$m^*(E \cup F) \geqslant m^*E + m^*F。 \tag{5}$$

不妨设 $m^*(E \cup F) < +\infty$。

$\forall \varepsilon > 0$，下面我们证明

$$m^*E + m^*F < m^*(E \cup F) + \varepsilon。 \tag{6}$$

对该 ε，存在开区间列 $\{I_n\}$，使

$$\bigcup_{n=1}^{\infty} I_n \supset E \cup F,$$

$$\sum_{n=1}^{\infty} |I_n| < m^*(E \cup F) + \frac{\varepsilon}{2}。$$

由引理 1，$\forall n$，均存在有限个开区间 $I_1^{(n)}, I_2^{(n)}, \cdots, I_{m_n}^{(n)}$，使

(i) $\bigcup_{k=1}^{m_n} I_k^{(n)} \supset I_n$；

(ii) $|I_k^{(n)}| < d, \quad k = 1,2,\cdots,m_n$； (7)

(iii) $\sum_{k=1}^{m_n} |I_k^{(n)}| < |I_n| + \frac{\varepsilon}{2^{n+1}}$。

则

$$\bigcup_{n=1}^{\infty}\bigcup_{k=1}^{m_n} I_k^{(n)} \supset \bigcup_{n=1}^{\infty} I_n \supset E \cup F。$$

$$\begin{aligned}\sum_{n=1}^{\infty}\sum_{k=1}^{m_n} |I_k^{(n)}| &\leqslant \sum_{n=1}^{\infty}\left(|I_n| + \frac{\varepsilon}{2^{n+1}}\right) \\ &= \sum_{n=1}^{\infty} |I_n| + \frac{\varepsilon}{2} < m^*(E \cup F) + \varepsilon。\end{aligned}$$

将$\{I_k^{(n)}\}$的全体记为$\{K_1,K_2,\cdots\}$。由式(4)和(7)，每一K_i均不能与E和F同时相交，故可将$\{K_i\}$分为以下两组：

第一组：$\{K_1^{(1)},K_2^{(1)},\cdots\}$，使$\bigcup\limits_{i\geqslant 1}K_i^{(1)}\supset E$；

第二组：$\{K_1^{(2)},K_2^{(2)},\cdots\}$，使$\bigcup\limits_{i\geqslant 1}K_i^{(2)}\supset F$。

则有

$$\begin{aligned}m^*E+m^*F&\leqslant\sum_{i\geqslant 1}|K_i^{(1)}|+\sum_{i\geqslant 1}|K_i^{(2)}|\\&=\sum_{n=1}^{\infty}\sum_{k=1}^{m_n}|I_k^{(n)}|<m^*(E\cup F)+\varepsilon。\end{aligned}$$

故得式(6)，从而得式(5)。定理得证。

定理 3.2.3 对任何区间I，均有

$$m^*I=|I|。\tag{8}$$

证明 仍以$\mathbf{R}^1$为例。

(Ⅰ) 设I为闭区间，比如$I=[a,b]$，$\forall\varepsilon>0$，存在开区间K，使

$$K\supset I$$

$$|K|<|I|+\varepsilon。$$

故由注1之(iii)有

$$m^*I\leqslant|K|<|I|+\varepsilon,$$

从而得

$$m^*I\leqslant|I|。\tag{9}$$

任取I的一个可数开区间覆盖$\{I_n\}$，由Borel有限覆盖定理，存在I的有限子覆盖，不妨设为$\{I_1,I_2,\cdots,I_m\}$，则不难证明

$$\sum_{n=1}^{m}|I_n|\geqslant|I|,$$

从而

$$\sum_{n=1}^{\infty}|I_n|\geqslant|I|。$$

由注1(iv)，即得

$$m^*I\geqslant|I|。\tag{10}$$

结合式(9)和(10)，即得式(8)。

(Ⅱ) 设I为开区间，比如$I=(a,b)$。令

$$\bar{I}=[a,b]=(a,b)\cup\{a\}\cup\{b\}。$$

则一方面由外测度之单调性，有

$$m^*I \leqslant m^*\bar{I};$$

另一方面，由外测度之次可加性和例 2，有

$$m^*\bar{I} \leqslant m^*I + m^*\{a\} + m^*\{b\} = m^*I。$$

从而得

$$m^*I = m^*\bar{I} = |\bar{I}| = |I|。$$

（Ⅲ）由第（Ⅰ），（Ⅱ）两步之结论，很容易证得区间$(a,b]$和$[a,b)$的相应结论。

定理得证。

定理 3.2.4 设 $E \subset \mathbf{R}^n$，$x_0 \in \mathbf{R}^n$，令

$$E + \{x_0\} = \{x + x_0 : x \in E\},$$

即 $E + \{x_0\}$是把点集 E 平移 x_0 后所得的点集，则

$$m^*E = m^*(E + \{x_0\})。 \tag{11}$$

此性质称为**外测度的平移不变性**。

证明 首先，显然有：$\mathbf{R}^n$ 中的开区间平移后仍为开区间，且其体积不变，即 $|I| = |I + \{x_0\}|$。

设$\{I_n\}$为 E 的任一可数开区间覆盖，则$\{I_n + \{x_0\}\}$ 必是 $E + \{x_0\}$ 的一可数开区间覆盖，故有

$$\sum_{n=1}^{\infty} |I_n| = \sum_{n=1}^{\infty} |I_n + \{x_0\}| \geqslant m^*(E + \{x_0\})。$$

因而

$$m^*E \geqslant m^*(E + \{x_0\})。$$

反之，显然

$$E = (E + \{x_0\}) + \{-x_0\},$$

故又可得

$$m^*(E + \{x_0\}) \geqslant m^*E,$$

即得式(11)。定理得证。

注 2 虽然外测度是定义于整个 $\mathbf{R}^n$ 的方幂集上的一个集函数，$\mathbf{R}^n$ 的任何子集都有外测度，但是外测度不具备测度概念所必须具备的所谓“可数可加性”(我们将在§3.4 中证明这一点)。正因为如此，外测度不能作为人们所要建立的测度概念。

§3.3 可测集及其测度

本节中我们将建立可测集及其测度的概念和性质。

一、可测集及其测度概念

定义 3.3.1 设 $E\subset\mathbf{R}^n$，若对任何点集 $T\subset\mathbf{R}^n$，均有

$$m^*T=m^*(T\cap E)+m^*(T\cap\mathscr{C}E),\tag{1}$$

则称 E 为 **Lebesgue 可测集**，简称为**可测集**，或称 E **可测**。称可测集 E 的外测度为 E 的 **Lebesgue 测度**，简称为**测度**，记为 mE。

称可测集的全体为**可测集族**，记为 $\mathbf{M}$。

式(1) 称为 **Caratheodory 条件**。

注 1

(i) 我们知道

$$T=(T\cap E)\cup(T\cap\mathscr{C}E),$$

故 E 的可测性即为：E 可把任意点集 T 分为其外测度满足可加性的两部分：$T\cap E$ 和 $T\cap\mathscr{C}E$(注意，这两部分间的距离未必大于零)。由外测度的次可加性，欲证 E 可测，只需证明：$\forall\, T\subset\mathbf{R}^n$，均有

$$m^*T\geqslant m^*(T\cap E)+m^*(T\cap\mathscr{C}E)。\tag{2}$$

(ii) 按定义，测度是一个定义于可测集族 $\mathbf{M}$ 上的非负广义实值集函数，具备外测度所具备的单调性、次可数可加性和定理 3.2.2 等性质(关于集合可测性及其测度的平移不变性将在§3.4 中讨论)。

例 1 由上述定义和注，易知：

(i) 若 $m^*E=0$，则 E 必可测，且 $mE=0$。因而由§3.2 例 1 和推论 1 知，$\varnothing$ 和任何可数点集均可测，且其测度均为零。

(ii) $\mathbf{R}^n$ 可测。

称测度为零的集合为**零测集**，也易知：零测集的子集均可测且也是零测集。

定理 3.3.1 E 可测 $\Longleftrightarrow\forall\, A\subset E,\forall\, B\subset\mathscr{C}E$，均有

$$m^*(A\cup B)=m^*A+m^*B。\tag{3}$$

证明

证"$\Longrightarrow$"：取 $T=A\cup B$，则由已知条件，即得

$$\begin{aligned}m^*(A\cup B)&=m^*((A\cup B)\cap E)+m^*((A\cup B)\cap\mathscr{C}E)\\&=m^*A+m^*B。\end{aligned}$$

证"$\Longleftarrow$"：$\forall\, T\subset\mathbf{R}^n$，有

$$T\cap E\subset E,$$
$$T\cap\mathscr{C}E\subset\mathscr{C}E,$$

故由式(3) 可得 Caratheodory 条件。

定理 3.3.2　E 可测 $\Longleftrightarrow \mathscr{C}E$ 可测。

这是显然的事实。此性质也称为可测集族对余集运算的封闭性。

二、可测集及其测度的运算性质

1. 可测集族对有限并、有限交运算的封闭性及测度的有限可加性

定理 3.3.3

(i) 若 E_1, E_2 均可测，则 $E_1 \cup E_2$ 也可测；

(ii) 若 E_1, E_2 均可测，且 $E_1 \cap E_2 = \varnothing$，则

1) $\forall T \subset \mathbf{R}^n$，有

$$m^*(T \cap (E_1 \cup E_2)) = m^*(T \cap E_1) + m^*(T \cap E_2), \tag{4}$$

2) $m(E_1 \cup E_2) = mE_1 + mE_2$。　(5)

证明

证(i)：　$\forall T \subset \mathbf{R}^n$，有

$$\begin{aligned} T &= (T \cap (E_1 \cup E_2)) \cup (T \cap \mathscr{C}(E_1 \cup E_2)) \\ &= (T \cap (E_1 \cap E_2)) \cup (T \cap (E_1 \backslash E_2)) \cup \\ &\quad (T \cap (E_2 \backslash E_1)) \cup (T \cap (\mathscr{C}E_1 \cap \mathscr{C}E_2)) \\ &= ((T \cap E_1) \cap E_2) \cup ((T \cap E_1) \cap \mathscr{C}E_2) \cup \\ &\quad ((T \cap \mathscr{C}E_1) \cap E_2) \cup ((T \cap \mathscr{C}E_1) \cap \mathscr{C}E_2)。 \end{aligned}$$

故由外测度之次可加性，有

$$\begin{aligned} & m^*T \\ \leqslant\ & m^*(T \cap (E_1 \cup E_2)) + m^*(T \cap \mathscr{C}(E_1 \cup E_2)) \\ \leqslant\ & m^*((T \cap E_1) \cap E_2) + m^*((T \cap E_1) \cap \mathscr{C}E_2) + \\ & m^*((T \cap \mathscr{C}E_1) \cap E_2) + m^*((T \cap \mathscr{C}E_1) \cap \mathscr{C}E_2) \\ =\ & m^*(T \cap E_1) + m^*(T \cap \mathscr{C}E_1) \qquad \text{(由 } E_2 \text{ 之可测性)} \\ =\ & m^*T。 \qquad \text{(由 } E_1 \text{ 之可测性)} \end{aligned}$$

从而

$$m^*T = m^*(T \cap (E_1 \cup E_2)) + m^*(T \cap \mathscr{C}(E_1 \cup E_2))。$$

即得 $E_1 \cup E_2$ 之可测性。

证(ii)：　$E_1 \cap E_2 = \varnothing \Longrightarrow T \cap E_1 \subset E_1, T \cap E_2 \subset \mathscr{C}E_1$。

故由 E_1 之可测性和定理 3.3.1，即有

$$m^*(T \cap (E_1 \cup E_2)) = m^*((T \cap E_1) \cup (T \cap E_2))$$

$$= m^*(T\cap E_1) + m^*(T\cap E_2)。$$

式(4)即证。在式(4)中令 $T = E_1\cup E_2$,即得

$$m^*(E_1\cup E_2) = m^*E_1 + m^*E_2。$$

而此时,E_1,E_2 和 $E_1\cup E_2$ 均可测,其外测度即为其测度,即得式(5)。

定理得证。

用数学归纳法,可将该定理推广为:

定理 3.3.4

(i) 若 $E_1,E_2,\cdots,E_n$ 均可测,则 $\bigcup\limits_{i=1}^{n}E_i$ 也可测;

(ii) 设 $E_1,E_2,\cdots,E_n$ 均可测,且两两不交,则

1) $\forall T\subset \mathbf{R}^n$,有

$$m^*(T\cap(\bigcup_{i=1}^{n}E_i)) = \sum_{i=1}^{n}m^*(T\cap E_i); \tag{6}$$

2) $m(\bigcup\limits_{i=1}^{n}E_i) = \sum\limits_{i=1}^{n}mE_i$。 (7)

由定理 3.3.2 及对偶定理,可得:

定理 3.3.5 若 $E_1,E_2,\cdots,E_n$ 均可测,则 $\bigcap\limits_{i=1}^{n}E_i$ 也可测。

定理 3.3.4 中的结论(i)和定理 3.3.5 称为可测集族对有限并和有限交运算的封闭性。定理 3.3.4(ii)中的结论 2) 称为测度的有限可加性。

2. 可测集族对差集运算的封闭性和测度的可减性

定理 3.3.6

(i) 若 E_1,E_2 均可测,则 $E_1\backslash E_2$ 也可测;

(ii) 若 E_1,E_2 均可测,$E_1\supset E_2$ 且 $mE_2<+\infty$,则

$$m(E_1\backslash E_2) = mE_1 - mE_2。 \tag{8}$$

证明 因

$$E_1\backslash E_2 = E_1\cap \mathscr{C}E_2,$$

由定理 3.3.2 和定理 3.3.5,即得 $E_1\backslash E_2$ 之可测性。

又

$$E_1\supset E_2 \Longrightarrow E_1 = (E_1\backslash E_2)\cup E_2,$$

由 $(E_1\backslash E_2)\cap E_2 = \varnothing$,用测度之有限可加性,有

$$mE_1 = m(E_1\backslash E_2) + mE_2。$$

因 $mE_2<+\infty$,故可移项,即得式(8)。

定理证毕。

该定理之结论(i)称为可测集族对差集运算的封闭性,结论(ii)称为测度的可减性。

3. 可测集族对可数并和可数交运算的封闭性及测度的可数可加性

定理 3.3.7 设 E_i 均可测,$i=1,2,\cdots$,且两两不交,则

(i) $\bigcup\limits_{i=1}^{\infty}E_i$ 也可测;

(ii) $m(\bigcup\limits_{i=1}^{\infty}E_i)=\sum\limits_{i=1}^{\infty}mE_i$。 (9)

证明

证(i): 只需证:$\forall\, T\subset\mathbf{R}^n$,有

$$m^*T\geqslant m^*(T\cap(\bigcup_{i=1}^{\infty}E_i))+m^*(T\cap\mathscr{C}(\bigcup_{i=1}^{\infty}E_i))\text{。}\tag{10}$$

$\forall\, n\in\mathbf{N}$,由定理 3.3.4 知,$\bigcup\limits_{i=1}^{n}E_i$ 可测,故 $\forall\, T\subset\mathbf{R}^n$ 有

$$m^*T=m^*(T\cap(\bigcup_{i=1}^{n}E_i))+m^*(T\cap\mathscr{C}(\bigcup_{i=1}^{n}E_i))\text{。}$$

由诸 E_i 两两不交,用定理 3.3.4(ii)之结论 1),有

$$m^*(T\cap(\bigcup_{i=1}^{n}E_i))=\sum_{i=1}^{n}m^*(T\cap E_i)\text{。}$$

由外测度之单调性,有

$$m^*(T\cap\mathscr{C}(\bigcup_{i=1}^{n}E_i))\geqslant m^*(T\cap\mathscr{C}(\bigcup_{i=1}^{\infty}E_i))\text{。}$$

故

$$m^*T\geqslant\sum_{i=1}^{n}m^*(T\cap E_i)+m^*(T\cap\mathscr{C}(\bigcup_{i=1}^{\infty}E_i))\text{。}$$

令 $n\to\infty$,再用外测度的次可加性,得

$$\begin{aligned}m^*T&\geqslant\sum_{i=1}^{\infty}m^*(T\cap E_i)+m^*(T\cap\mathscr{C}(\bigcup_{i=1}^{\infty}E_i))\\&\geqslant m^*(\bigcup_{i=1}^{\infty}(T\cap E_i))+m^*(T\cap\mathscr{C}(\bigcup_{i=1}^{\infty}E_i))\\&=m^*(T\cap(\bigcup_{i=1}^{\infty}E_i))+m^*(T\cap\mathscr{C}(\bigcup_{i=1}^{\infty}E_i))\text{。}\end{aligned}\tag{11}$$

即式(10)成立,结论(i)得证。

证(ii):

由(i)之证明知,式(11)中各式均为等式,即有

$$m^*T=\sum_{i=1}^{\infty}m^*(T\cap E_i)+m^*(T\cap\mathscr{C}(\bigcup_{i=1}^{\infty}E_i))$$

在此式中令 $T=\bigcup\limits_{i=1}^{\infty}E_i$，再由 $\bigcup\limits_{i=1}^{\infty}E_i$ 之可测性，即得式(9)。

定理证毕。

定理 3.3.8 若 E_i 均可测，$i=1,2,\cdots$，则 $\bigcup\limits_{i=1}^{\infty}E_i$ 也可测。

证明 只需将相交并化为不交并，然后用可测集族对有限并和差集运算的封闭性，即可证得此结论。

由此，很易证得：

定理 3.3.9 若 E_i 均可测，$i=1,2,\cdots$，则 $\bigcap\limits_{i=1}^{\infty}E_i$ 也可测。

定理 3.3.8 和定理 3.3.9 分别称为可测集族对可数并和可数交运算的封闭性。定理 3.3.7 称为测度的可数可加性或完全可加性。

4. 测度的下连续性和上连续性

定理 3.3.10(测度的下连续性) 设

1° E_n 均可测，$n=1,2,\cdots$；

2° $E_1\subset E_2\subset\cdots\subset E_n\subset\cdots$。

则

$$m\left(\bigcup_{n=1}^{\infty}E_n\right)=\lim_{n\to\infty}mE_n。\tag{12}$$

此式也可表示为

$$m\left(\lim_{n\to\infty}E_n\right)=\lim_{n\to\infty}mE_n。$$

证明 由定理 3.3.8 知 $\bigcup\limits_{n=1}^{\infty}E_n$ 之可测性。令 $E_0=\varnothing$，则由定理 1.1.13，有

$$\bigcup_{n=1}^{\infty}E_n=\bigcup_{n=1}^{\infty}(E_n\backslash E_{n-1}),$$

且右端各项两两不交，故

$$\begin{aligned}&m\left(\bigcup_{n=1}^{\infty}E_n\right)\\&=\sum_{n=1}^{\infty}m(E_n\backslash E_{n-1})\qquad\text{(测度的可数可加性)}\\&=\lim_{n\to\infty}\sum_{i=1}^{n}m(E_i\backslash E_{i-1})\\&=\lim_{n\to\infty}m\left(\bigcup_{i=1}^{n}(E_i\backslash E_{i-1})\right)\qquad\text{(测度的有限可加性)}\\&=\lim_{n\to\infty}mE_n。\end{aligned}$$

定理 3.3.11(测度的上连续性) 设

1° E_n 均可测,$n=1,2,\cdots$;

2° $E_1 \supset E_2 \supset \cdots \supset E_n \supset \cdots$;

3° $\exists n_0 \in \mathbf{N}$,使 $mE_{n_0} < +\infty$。

则

$$m\left(\bigcap_{n=1}^{\infty} E_n\right) = \lim_{n\to\infty} mE_n。\tag{13}$$

式(13)也可表示为

$$m(\lim_{n\to\infty} E_n) = \lim_{n\to\infty} mE_n。$$

证明 由定理 3.3.9 知 $\bigcap_{n=1}^{\infty} E_n$ 之可测性。不妨设 $mE_1 < +\infty$,故由$\{E_n\}$的递减性,有

$$mE_n < +\infty, n=1,2,\cdots,\tag{14}$$

$$E_1 \backslash E_1 \subset E_1 \backslash E_2 \subset \cdots \subset E_1 \backslash E_n \subset \cdots。\tag{15}$$

不难证明

$$\bigcup_{n=1}^{\infty} (E_1 \backslash E_n) = E_1 \backslash \bigcap_{n=1}^{\infty} E_n,$$

故

$$m\left(\bigcup_{n=1}^{\infty} (E_1 \backslash E_n)\right) = m\left(E_1 \backslash \bigcap_{n=1}^{\infty} E_n\right)。\tag{16}$$

式(16)左端

$$\begin{aligned} & m\left(\bigcup_{n=1}^{\infty} (E_1 \backslash E_n)\right) \\ = & \lim_{n\to\infty} m(E_1 \backslash E_n) && \text{(式(15)及测度的下连续性)} \\ = & \lim_{n\to\infty} (mE_1 - mE_n) && \text{(式(14)及测度的可减性)} \\ = & mE_1 - \lim_{n\to\infty} mE_n。 \end{aligned}$$

式(16)右端

$$\begin{aligned} & m\left(E_1 \backslash \bigcap_{n=1}^{\infty} E_n\right) \\ = & mE_1 - m\left(\bigcap_{n=1}^{\infty} E_n\right)。 && \text{(测度的可减性)} \end{aligned}$$

由 $mE_1 < +\infty$,即得

$$m\left(\bigcap_{n=1}^{\infty} E_n\right) = \lim_{n\to\infty} mE_n。$$

定理证毕。

作为上述可测集及其测度的性质的推论,我们给出下面几个有用的结论。其

证明均留作练习。

推论 1 可测集族 **M** 为 $\mathbf{R}^n$ 上的一个 σ 代数。

推论 2 设 E 为可测集，$f(x)$ 为定义于 E 上的实值函数，则以下四命题等价。

(i) $\forall a\in\mathbf{R}^1, E[f>a]$ 为可测集。

(ii) $\forall a\in\mathbf{R}^1, E[f\geqslant a]$ 为可测集。

(iii) $\forall a\in\mathbf{R}^1, E[f<a]$ 为可测集。

(iv) $\forall a\in\mathbf{R}^1, E[f\leqslant a]$ 为可测集。

推论 3 设 $\{E_n\}$ 为可测集列。若

$$\sum_{n=1}^{\infty} mE_n < +\infty,$$

则

$$m(\overline{\lim_{n\to\infty}} E_n) = 0。$$

§3.4 可测集族

在上节所建立的可测集及其测度的概念和性质的基础上，本节首先讨论可测集族的构成和可测集本身的构造，然后用所得结果建立点集的可测性及其测度的平移不变性，进而以实例指明不可测集的存在。

一、可测集族的构成

由上节知，$\mathbf{R}^n$ 本身以及 $\mathbf{R}^n$ 中外测度为零的点集均可测，进而知空集和任何可数集均可测。同时也已知，可测集族 **M** 为 $\mathbf{R}^n$ 上的一个 σ 代数。本段将详细地讨论可测集族 **M** 的构成。

1. 区间的可测性

定理 3.4.1 $\mathbf{R}^n$ 中的任何区间 I 均可测，且

$$mI = |I|。\tag{1}$$

证明 不妨设 I 为开区间，即

$$I = \{x = (\xi_1, \xi_2, \cdots, \xi_n): a_i < \xi_i < b_i, i = 1,2,\cdots,n\}。$$

(Ⅰ) 取 $k\in\mathbf{N}$ 且充分大，取开区间列

$$I^{(k)} = \{x = (\xi_1, \xi_2, \cdots, \xi_n): a_i + \frac{1}{k} < \xi_i < b_i - \frac{1}{k}, i = 1,2,\cdots,n\},$$

则易知

$$\rho(I^{(k)},\mathscr{C}I)=\frac{1}{k}>0,\quad k\text{ 充分大}, \tag{2}$$

$$m^*(I\backslash I^{(k)})\to 0\quad(k\to\infty)。 \tag{3}$$

（Ⅱ）$\forall T\subset\mathbf{R}^n$，有

$$\rho(T\cap I^{(k)},T\cap\mathscr{C}I)>0, \tag{4}$$

$$m^*(T\cap I^{(k)})\to m^*(T\cap I)\quad(k\to\infty)。 \tag{5}$$

事实上，由式(2)知式(4)显然成立。又因

$$m^*(T\cap I^{(k)})\leqslant m^*I^{(k)}=|I^{(k)}|<+\infty,$$

故由§3.2 推论 3，有

$$\begin{aligned}0&\leqslant m^*(T\cap I)-m^*(T\cap I^{(k)})\\&\leqslant m^*(T\cap(I\backslash I^{(k)}))\\&\leqslant m^*(I\backslash I^{(k)})\to 0\quad(k\to\infty)。\end{aligned}$$

即得式(5)。

（Ⅲ）对上述之 $k\in\mathbf{N}$，显然有

$$T\supset T\cap(I^{(k)}\cup\mathscr{C}I)=(T\cap I^{(k)})\cup(T\cap\mathscr{C}I)。$$

故

$$\begin{aligned}m^*T&\geqslant m^*((T\cap I^{(k)})\cup(T\cap\mathscr{C}I)) &&\text{(外测度的单调性)}\\&=m^*(T\cap I^{(k)})+m^*(T\cap\mathscr{C}I)。&&\text{(式(4)及定理 3.2.2)}\end{aligned}$$

令 $k\to\infty$，由式(5)，得

$$m^*T\geqslant m^*(T\cap I)+m^*(T\cap\mathscr{C}I)。$$

从而知，对于区间 I，Caratheodory 条件成立，故得 I 的可测性。

由 I 可测，故有

$$mI=m^*I=|I|。$$

由此结论易证得其他形式的区间的相应结论。定理证毕。

推论 1 $\forall n\in\mathbf{N}, m\mathbf{R}^n=+\infty$。

证明 我们以 $\mathbf{R}^1$ 为例。因

$$\mathbf{R}^1=\bigcup_{n=1}^{\infty}(-n,n),$$

故由测度的下连续性，有

$$m\mathbf{R}^1=\lim_{n\to\infty}m(-n,n)=\lim_{n\to\infty}2n=+\infty。$$

用类似方法可证得：

推论 2 $\forall a\in\mathbf{R}^1$,区间$(a,+\infty)$,$[a,+\infty)$,$(-\infty,a)$,$(-\infty,a]$均可测,且其测度均为$+\infty$。

以下两推论作为习题:

推论 3 任一可测集均可表示为一列递增的有界可测集之并。

推论 4 任一可测集均可表示为一列两两不交的有界可测集之并。

2. Borel 集的可测性

定理 3.4.2

(i) 任何开集、闭集均可测;

(ii) 任何 F_σ 集、G_δ 集均可测;

(iii) 任何 Borel 集均可测。

证明 结论(i)和(ii)是区间的可测性、$\mathbf{R}^n$ 中开集的构造定理(定理 2.4.4)及可测集的运算性质的直接结果。

证(iii):由开集的可测性知,可测集族 $\mathbf{M}$ 为包含开集全体的一个 σ 代数,而 Borel 集族 $\mathbf{B}$ 是由开集全体所产生的 σ 代数,故

$$\mathbf{B}\subset\mathbf{M}。$$

因而,任何 Borel 集均可测。

注 1 $\mathbf{R}^n$ 中的确存在非 Borel 集的 Lebesgue 可测集,即 Borel 集族 $\mathbf{B}$ 为 Lebesgue 可测集族 $\mathbf{M}$ 的一个真子族(见参考文献[9]第 227 页)。

例 1 设 E_1,E_2 均可测,$E_1\supset E_2$,讨论 $m(E_1\setminus E_2)=0$ 和 $mE_1=mE_2$ 这两命题的关系。

解 (Ⅰ)若 $mE_2<+\infty$,则由测度之可减性知

$$m(E_1\setminus E_2)=0\Longleftrightarrow mE_1=mE_2。$$

(Ⅱ)一般情况下有

$$m(E_1\setminus E_2)=0\Longrightarrow mE_1=mE_2。$$

事实上,

$$E_1=(E_1\setminus E_2)\cup E_2$$
$$\Longrightarrow mE_1=m(E_1\setminus E_2)+mE_2$$

因此,由 $m(E_1\setminus E_2)=0$ 可推得 $mE_1=mE_2$。

反之不成立。例如,在 $\mathbf{R}^1$ 中取

$$E_1=(0,+\infty),$$
$$E_2=(1,+\infty)。$$

则 E_1, E_2 均可测，$E_1 \supset E_2$，又

$$mE_1 = mE_2 = +\infty,$$

但此时

$$m(E_1 \setminus E_2) = m((0,1]) = 1 \neq 0。$$

例 2 Cantor 集可测且测度为零。(留作习题)

这样，我们看到 Cantor 集就同时具备了(看来似乎有些矛盾的)四个性质：完备性、无处稠密性、基数为 c 和测度为零。Cantor 集这样一个集合的存在，也更深刻地反映了这四个概念的内在含义。

二、可测集的构造

引理 1 设$\{G_1, G_2, \cdots, G_n, \cdots\}$和$\{E_1, E_2, \cdots, E_n, \cdots\}$为两集列，则有

(i) $(\bigcup_{n=1}^{\infty} G_n) \setminus (\bigcup_{n=1}^{\infty} E_n) \subset \bigcup_{n=1}^{\infty} (G_n \setminus E_n)$；

(ii) 若此时两集列满足：诸 G_n 两两不交且

$$G_n \supset E_n, \quad n = 1, 2, \cdots,$$

则有

$$(\bigcup_{n=1}^{\infty} G_n) \setminus (\bigcup_{n=1}^{\infty} E_n) = \bigcup_{n=1}^{\infty} (G_n \setminus E_n)。$$

其证明留作习题。

定理 3.4.3 设 E 为可测集，则 $\forall \varepsilon > 0$，有

(i) 存在开集 $G \supset E$，使得

$$m(G \setminus E) < \varepsilon \tag{6}$$

及

$$mG \leqslant mE + \varepsilon。 \tag{7}$$

(ii) 存在闭集 $F \subset E$，使得

$$m(E \setminus F) < \varepsilon \tag{8}$$

及

$$mE - \varepsilon \leqslant mF。 \tag{9}$$

证明

证(i)：

(Ⅰ) 设 E 有界，故 $mE < +\infty$。因为此时 $mE = m^*E$，故 $\forall \varepsilon > 0$，存在开区间列$\{I_n\}$，使

$$\bigcup_{n=1}^{\infty} I_n \supset E,$$

$$\sum_{n=1}^{\infty} |I_n| < mE + \varepsilon。$$

令 $G = \bigcup_{n=1}^{\infty} I_n$，则 G 为开集，$G \supset E$，且

$$mG \leqslant \sum_{n=1}^{\infty} mI_n = \sum_{n=1}^{\infty} |I_n| < mE + \varepsilon。$$

因 $mE < +\infty$，故

$$m(G \backslash E) = mG - mE < \varepsilon。$$

（Ⅱ）若 E 无界，则由本节推论 4，E 可表示为

$$E = \bigcup_{n=1}^{\infty} E_n,$$

其中诸 E_n 为两两不交的有界可测集。由（Ⅰ），$\forall n \in \mathbf{N}$，存在开集 $G_n \supset E_n$，使

$$m(G_n \backslash E_n) < \frac{\varepsilon}{2^{n+1}}。$$

令 $G = \bigcup_{n=1}^{\infty} G_n$，则 G 仍为开集，$G \supset E$，且由引理 1，有

$$G \backslash E \subset \bigcup_{n=1}^{\infty} (G_n \backslash E_n),$$

故

$$m(G \backslash E) \leqslant \sum_{n=1}^{\infty} m(G_n \backslash E_n) < \varepsilon。$$

即式(6)成立。又由

$$G = (G \backslash E) \cup E,$$

可知

$$mG = m(G \backslash E) + mE \leqslant mE + \varepsilon。$$

即式(7)成立（注意：因 mE 可能为 $+\infty$，故上式最后的关系为"$\leqslant$"）。

证(ii)：由 E 可测，知 $\mathscr{C}E$ 也可测。由(i)，存在开集 $G \supset \mathscr{C}E$，使

$$m(G \backslash \mathscr{C}E) < \varepsilon。$$

令 $F = \mathscr{C}G$，则 F 为闭集，$F \subset E$，且

$$E \backslash F = E \backslash \mathscr{C}G = G \backslash \mathscr{C}E。$$

从而得式(8)。又由

$$E = (E \backslash F) \cup F,$$

则不难得式(9)。

定理证毕。

定理 3.4.4 点集 E 可测 $\Longleftrightarrow \forall \varepsilon > 0$，存在开集 G 及闭集 F，使 $G \supset E \supset F$，且

$$m(G \setminus F) < \varepsilon。$$

证明留作习题。

定理 3.4.5 设 E 为可测集，则

(i) 存在 G_δ 集 $H \supset E$，使

$$m(H \setminus E) = 0 \tag{10}$$

及

$$mH = mE; \tag{11}$$

(ii) 存在 F_σ 集 $K \subset E$，使

$$m(E \setminus K) = 0 \tag{12}$$

及

$$mK = mE。 \tag{13}$$

证明

证(i)：由定理 3.4.3，$\forall n \in \mathbf{N}$，存在开集 $G_n \supset E$，使

$$m(G_n \setminus E) < \frac{1}{n}。$$

令 $H = \bigcap\limits_{n=1}^{\infty} G_n$，则 H 为 G_δ 集，$H \supset E$，且

$$H \setminus E \subset G_n \setminus E, \quad n = 1, 2, \cdots,$$

故

$$0 \leqslant m(H \setminus E) \leqslant m(G_n \setminus E) < \frac{1}{n}, \quad n = 1, 2, \cdots。$$

令 $n \to \infty$，即得式(10)。由本节例 1，即得式(11)。

证(ii)：由 E 可测，知 $\mathscr{C}E$ 也可测。由(i)，存在 G_δ 集 $H \supset \mathscr{C}E$，使

$$m(H \setminus \mathscr{C}E) = 0。$$

取 $K = \mathscr{C}H$，则 K 为 F_σ 集，$K \subset E$，且

$$m(E \setminus K) = m(E \setminus \mathscr{C}H) = m(H \setminus \mathscr{C}E) = 0。$$

式(12)得证。同样由本节例 1，即得式(13)。

定理证毕。

注 2 不难证明：若 $E \subset I$，I 为开区间，则可使该定理中的 G_δ 集 $H \subset I$。

定理 3.4.6 以下命题等价：

(i) E 为可测集。

(ii) 存在 G_δ 集 $H \supset E$，使

$$m^*(H\setminus E)=0。$$

(iii) 存在 F_σ 集 $K\subset E$,使

$$m^*(E\setminus K)=0。$$

(iv) 存在 G_δ 集 H 和 F_σ 集 K,使 $H\supset E\supset K$,且

$$m(H\setminus K)=0。$$

证明留作习题。

注 3 定理 3.4.5 中的 G_δ 集 H 和 F_σ 集 K 分别称为可测集 E 的**等测包**和**等测核**。由该定理,我们看到,任何 Lebesgue 可测集均为一 Borel 集和一零测集之并或差。

在本段最后,我们用上述定理中类似的方法,来建立关于 $\mathbf{R}^n$ 中的一般点集与开集和 G_δ 集之间的关系的一个很有用的结论。

定理 3.4.7

(i) $\forall E\subset\mathbf{R}^n$, $\forall\varepsilon>0$,存在开集 $G\supset E$,使

$$mG\leqslant m^*E+\varepsilon。$$

若 $m^*E<+\infty$,则上式中"$<$"成立。

(ii) $\forall E\subset\mathbf{R}^n$,存在 G_δ 集 $H\supset E$,使

$$mH=m^*E。$$

称定理中的 G_δ 集为集 E 的**可测包**。

证明

证(i):若 $m^*E=+\infty$,则取 $G=\mathbf{R}^n$,即为所求。

若 $m^*E<+\infty$,则 $\forall\varepsilon>0$,存在开区间列$\{I_n\}$,使

$$\bigcup_{n=1}^{\infty}I_n\supset E,$$

$$\sum_{n=1}^{\infty}|I|<m^*E+\varepsilon。$$

令 $G=\bigcup_{n=1}^{\infty}I_n$,则 G 为开集,$G\supset E$,且

$$mG\leqslant\sum_{n=1}^{\infty}mI_n=\sum_{n=1}^{\infty}|I_n|<m^*E+\varepsilon。$$

证(ii):由结论(i),$\forall n\in\mathbf{N}$,存在开集 $G_n\supset E$,使

$$mG_n\leqslant m^*E+\frac{1}{n}。$$

令 $H=\bigcap_{n=1}^{\infty}G_n$,则 H 为 G_δ 集,$H\supset E$,且

$$m^*E\leqslant mH\leqslant mG_n\leqslant m^*E+\frac{1}{n},\quad n=1,2,\cdots。$$

令 $n \to \infty$，即得

$$mH = m^*E。$$

三、测度的平移不变性

在本段中，我们用上一段所得到的关于可测集构造的结论，证明点集的可测性及其测度的另一重要性质：平移不变性，即定理 3.4.8。

定理 3.4.8 设点集 E 可测，$x_0 \in \mathbf{R}^n$，则点集 $E+\{x_0\}$ 也可测，且

$$m(E+\{x_0\}) = mE。\tag{14}$$

证明 由定理 3.4.5，存在 G_δ 集 H，使 $H \supset E$，且

$$m(H \setminus E) = 0。\tag{15}$$

由

$$E = H \setminus (H \setminus E),$$

易知

$$E+\{x_0\} = (H+\{x_0\}) \setminus ((H \setminus E)+\{x_0\})。\tag{16}$$

因开集平移后仍为开集(第二章习题 36)，故不难证明 $H+\{x_0\}$ 仍为 G_δ 集，因而也可测。由式(15)及外测度的平移不变性，可知 $(H \setminus E)+\{x_0\}$ 亦可测。从而由式(16)可得 $E+\{x_0\}$ 之可测性。

再由外测度之平移不变性及 $E+\{x_0\}$ 之可测性，立即可得式(14)。证毕。

四、不可测集的存在

我们以 $\mathbf{R}^1$ 为例，在(0,1)中构造一不可测集。

(Ⅰ) 造点集 A。

$\forall x \in (0,1)$，作点集

$$B(x) = \{\xi : 0 < \xi < 1, \xi = x + r, r \text{ 为有理数}\}。\tag{17}$$

显然

$$\xi \in B(x) \Longleftrightarrow 0 < \xi < 1 \text{ 且 } \xi - x \text{ 为一有理数}。$$

这样，我们即得一族集合 $\{B(x) : x \in (0,1)\}$。这族集合有如下性质：

(i) 因 $x \in B(x)$，故 $B(x) \neq \varnothing$，且 $B(x) \subset (0,1)$，$\forall x \in (0,1)$；

(ii) $\forall x_1, x_2 \in (0,1)$，按式(17)之定义，有

$$B(x_1) = \{\xi : 0 < \xi < 1, \xi = x_1 + r, r \text{ 为有理数}\},$$

$$B(x_2) = \{\xi : 0 < \xi < 1, \xi = x_2 + r, r \text{ 为有理数}\}。$$

关于 $B(x_1)$ 和 $B(x_2)$ 有以下结论：

1) 若 x_1-x_2 为有理数,则 $B(x_1)=B(x_2)$。

证:设 $\xi\in B(x_1)$,则

$$\xi=x_1+r_1,\quad r_1\text{ 为有理数。}$$

那么也有

$$\xi=x_2+(x_1-x_2)+r_1,$$

因 x_1-x_2 为有理数,故$(x_1-x_2)+r_1$ 也是有理数。所以,按 $B(x_2)$ 之定义,也有 $\xi\in B(x_2)$。因而,$B(x_1)\subset B(x_2)$。同理可证,$B(x_2)\subset B(x_1)$,故得 $B(x_1)=B(x_2)$。

2) 若 $\exists\xi_1\in B(x_1),\xi_2\in B(x_2)$,且 $\xi_1-\xi_2$ 为有理数,则亦有 $B(x_1)=B(x_2)$。

证:此时有

$$\xi_1=x_1+r_1,\quad r_1\text{ 为有理数。}$$

$$\xi_2=x_2+r_2,\quad r_2\text{ 为有理数。}$$

故

$$x_1-x_2=(\xi_1-\xi_2)-(r_1-r_2)$$

也是有理数。由 1) 即得 $B(x_1)=B(x_2)$。

3) 当 $x_1\neq x_2$ 时,$B(x_1)$ 和 $B(x_2)$ 或相等或不相交。

证:若 $\exists\xi\in B(x_1)\cap B(x_2)$,则化为情形 2),故 $B(x_1)=B(x_2)$。

由这些性质,(0,1) 即被分解为一些两两不交的点集 $B(x)$ 之并,在每一 $B(x)$ 中,任意选取唯一一点,将这些点所成之集记为 A,则 A 具有以下性质:

(i) $A\subset(0,1)$。

证:由上述关于 $B(x)$ 的性质(i)即知。

(ii) A 中任何不同两点之差均不是有理数。

证:假如,$\exists\xi_1,\xi_2\in A,\xi_1\neq\xi_2$,而 $\xi_1-\xi_2$ 为有理数。设 $\xi_1\in B(x_1),\xi_2\in B(x_2)$,则由集族$\{B(x)\}$的性质(ii)之 2),即得 $B(x_1)=B(x_2)$,那么,同一 $B(x_1)$中就有属于 A 的不同两点 ξ_1 和 ξ_2,与 A 之构造矛盾。

(iii) $\forall x\in(0,1),\exists\xi\in A$,使 $x-\xi=r$ 为有理数,且 $-1<r<1$。

证:$\forall x\in(0,1)$,按集 $B(x)$ 和集 A 之定义,$\exists\xi\in B(x)\cap A$,且 $x-\xi=r$ 为有理数,而 $0<\xi<1$,故必有 $-1<r<1$。

(Ⅱ) 由集 A 造集列$\{A_n\}$。

设$(-1,1)$内有理数全体为

$$r_1,r_2,\cdots,r_n,\cdots。$$

令

$$A_n=A+\{r_n\}=\{t=\xi+r_n:\xi\in A\},n=1,2,\cdots,$$

则集列$\{A_n\}$具有以下性质:

(i) 因 $A\subset(0,1)$，故 $A_n\subset(-1,2)$， $n=1,2,\cdots$，从而

$$\bigcup_{n=1}^{\infty}A_n\subset(-1,2)。$$

(ii) 诸 A_n 两两不交。

证：假如 $n,m\in\mathbf{N},n\neq m$，而 $\exists\, t\in A_n\cap A_m$，其中

$$A_m=\{t=\xi+r_m:\xi\in A\}。$$

则 $\exists\,\xi_1,\xi_2\in A$，使

$$t=\xi_1+r_n\in A_n,$$

$$t=\xi_2+r_m\in A_m。$$

故 $\xi_1-\xi_2=r_m-r_n\neq 0$，因而 $\xi_1\neq\xi_2$ 且 $\xi_1-\xi_2$ 为有理数。与 A 之性质(ii)相矛盾。

(iii) $(0,1)\subset\bigcup\limits_{n=1}^{\infty}A_n$。 (18)

证： $\forall\, x\in(0,1)$

$\Longrightarrow\exists\,\xi\in A$，使 $r=x-\xi$ 为有理数，且 $r\in(-1,1)$ （A 的性质(iii)）

$\Longrightarrow\exists\, n\in\mathbf{N}$，使 $r=r_n$

$\Longrightarrow x=\xi+r_n\in A_n$

$\Longrightarrow x\in\bigcup\limits_{n=1}^{\infty}A_n$。

因而得式(18)。

(Ⅲ) 证 A 为不可测集。用反证法。

设 A 可测

$\Longrightarrow$ 诸 A_n 均可测，且 $mA_n=mA$， $n=1,2,\cdots$ （定理 3.4.8）

$\Longrightarrow\bigcup\limits_{n=1}^{\infty}A_n$ 可测

$\Longrightarrow 1\leqslant m(\bigcup\limits_{n=1}^{\infty}A_n)\leqslant 3$ （$\{A_n\}$的性质(i)和(iii)）

$\Longrightarrow 1\leqslant\sum\limits_{n=1}^{\infty}mA_n\leqslant 3$ （$\{A_n\}$的性质(ii)）

此时，$mA=0$ 和 $mA>0$ 均得矛盾。故集 A 必不可测。

注 4 在上述不可测集的构造过程中，事实上已借助了集论公理系统中的“选择公理”。这一公理如下：

选择公理 若 $\mathbf{S}$ 是由一些互不相交的非空集合所成的集族，则必存在集合 A，它是从 $\mathbf{S}$ 中的每一集合中均选取唯一一元素所组成。

注 5 本段中所造之不可测集，也可用来证明结论：“外测度不满足可数可加性。”其证明过程与证 A 之不可测性类似，简述如下：

在上述(Ⅰ)与(Ⅱ)两步的基础上,假设外测度满足可数可加性,则由集列$\{A_n\}$之性质(ii)有

$$m^*(\bigcup_{n=1}^{\infty}A_n)=\sum_{n=1}^{\infty}m^*A_n。$$

而由$\{A_n\}$的性质(i)和(iii)有

$$1\leqslant m^*(\bigcup_{n=1}^{\infty}A_n)\leqslant 3。$$

故

$$1\leqslant \sum_{n=1}^{\infty}m^*A_n\leqslant 3。\tag{19}$$

又由外测度之平移不变性,有

$$m^*A_n=m^*A,\quad n=1,2,\cdots,$$

由于$m^*A=0$和$m^*A>0$均与式(19)矛盾,故知外测度不满足可数可加性。

注 6 事实上,$\mathbf{R}^n$中任何一个外测度大于零的点集中均含有不可测的子集。证明从略。对$\mathbf{R}^1$之情形,列为习题(习题 32)。

§3.5 乘积空间

本节建立集合的乘积概念,讨论可测集合乘积的可测性及其测度的计算。本节中 p,q 均为正整数。

一、集合的乘积

定义 3.5.1 设A,B为非空集合,称有序元素对(x,y)的全体所成之集,其中$x\in A,y\in B$,为**集合 A 和 B 的乘积**,记为$A\times B$,即

$$A\times B=\{(x,y):x\in A,y\in B\}。$$

规定:当A或B为空集时,乘积为空集。

类似可定义:

$$A_1\times A_2\times\cdots\times A_n=\{(x_1,x_2,\cdots,x_n):x_i\in A_i,i=1,2,\cdots,n\}。$$

例 1 若$A=\{x_1,x_2\},B=\{y_1,y_2\}$,则

$$A\times B=\{(x_1,y_1),(x_1,y_2),(x_2,y_1),(x_2,y_2)\}。$$

例 2 若$A\subset\mathbf{R}^p,B\subset\mathbf{R}^q$,则显然$A\times B\subset\mathbf{R}^{p+q}$。特别有

$$\mathbf{R}^p\times\mathbf{R}^q=\mathbf{R}^{p+q}。$$

例 3 易知，若 I_1 为 $\mathbf{R}^p$ 中的区间，I_2 为 $\mathbf{R}^q$ 中的区间，则 $I_1 \times I_2$ 即为 $\mathbf{R}^{p+q}$ 中的区间，且

$$|I_1 \times I_2| = |I_1| \cdot |I_2|。$$

反之，若 I 为 $\mathbf{R}^{p+q}$ 中的区间，则 I 可表示为

$$I = I_1 \times I_2,$$

其中 I_1 和 I_2 分别为 $\mathbf{R}^p$ 和 $\mathbf{R}^q$ 中的区间。

对集合的乘积概念的运用，应掌握好以下基本技能（其证明由读者自己作出）：

(i) $A_1 \supset A_2$ 且 $B_1 \supset B_2 \Longrightarrow A_1 \times B_1 \supset A_2 \times B_2$。

(ii) 只要 $A_1 \cap A_2 = \varnothing$ 和 $B_1 \cap B_2 = \varnothing$ 至少其一成立，则

$$(A_1 \times B_1) \cap (A_2 \times B_2) = \varnothing。$$

(iii) $(A_1 \cup A_2) \times (B_1 \cup B_2)$

$$= (A_1 \times B_1) \cup (A_1 \times B_2) \cup (A_2 \times B_1) \cup (A_2 \times B_2)。$$

对可数并有

$$(\bigcup_{i=1}^{\infty} A_i) \times (\bigcup_{j=1}^{\infty} B_j) = \bigcup_{i,j=1}^{\infty} (A_i \times B_j),$$

且若诸 A_i 间和诸 B_j 间均两两不交，则诸 $A_i \times B_j$ 间两两不交。

(iv) $(\bigcap_{i=1}^{\infty} A_i) \times (\bigcap_{i=1}^{\infty} B_i) = \bigcap_{i=1}^{\infty} (A_i \times B_i)$，

且若

$$A_1 \supset A_2 \supset \cdots \supset A_n \supset \cdots,$$
$$B_1 \supset B_2 \supset \cdots \supset B_n \supset \cdots,$$

则

$$A_1 \times B_1 \supset A_2 \times B_2 \supset \cdots \supset A_n \times B_n \supset \cdots。$$

二、可测集合乘积的可测性及其测度的计算

定理 3.5.1 设 A, B 分别为 $\mathbf{R}^p$ 和 $\mathbf{R}^q$ 中的可测集，则 $A \times B$ 也是 $\mathbf{R}^{p+q}$ 中的可测集，且

$$m(A \times B) = mA \cdot mB。 \tag{1}$$

证明 以下分六步进行。

(Ⅰ) 设 A, B 均为区间。

由本节例 3，$A \times B$ 为 $\mathbf{R}^{p+q}$ 中的区间，故 $A \times B$ 为可测集，且有

$$m(A \times B) = |A \times B| = |A| \cdot |B| = mA \cdot mB。$$

(Ⅱ) 设 A, B 均为开集。

由 $\mathbf{R}^n$ 中开集的构造定理(定理 2.4.5),有

$$A=\bigcup_{i=1}^{\infty}A_i\text{,其中诸 }A_i\text{ 为两两不交的区间;}$$

$$B=\bigcup_{j=1}^{\infty}B_j\text{,其中诸 }B_j\text{ 为两两不交的区间。}$$

由测度的可数可加性,有

$$mA=\sum_{i=1}^{\infty}mA_i,$$

$$mB=\sum_{j=1}^{\infty}mB_j。$$

由关于集合乘积的基本技能(iii),有

$$A\times B=\bigcup_{i,j=1}^{\infty}(A_i\times B_j),$$

且诸 $A_i\times B_j$ 两两不交。由(Ⅰ),诸 $A_i\times B_j$ 均可测,故 $A\times B$ 也可测,且

$$m(A\times B)=\sum_{i,j=1}^{\infty}m(A_i\times B_j)=\sum_{i,j=1}^{\infty}(mA_i\cdot mB_j)$$

$$=\left(\sum_{i=1}^{\infty}mA_i\right)\cdot\left(\sum_{j=1}^{\infty}mB_j\right)=mA\cdot mB。$$

(Ⅲ) 设 A,B 均为有界 G_δ 集。

由第二章习题 25,有

$$A=\bigcap_{i=1}^{\infty}A_i,$$

$$B=\bigcap_{i=1}^{\infty}B_i,$$

其中$\{A_i\}$和$\{B_i\}$均为递减的有界开集列。由集合乘积的基本技能(iv),有

$$A\times B=\bigcap_{i=1}^{\infty}(A_i\times B_i)。$$

且$\{A_i\times B_i\}$为递减集列。由(Ⅱ),诸 $A_i\times B_i$ 均可测,故 $A\times B$ 可测。由 A_1,B_1 均有界,故

$$m(A_1\times B_1)=mA_1\cdot mB_1<+\infty,$$

用测度之上连续性,有

$$m(A\times B)=\lim_{i\to\infty}m(A_i\times B_i)=\lim_{i\to\infty}(mA_i\cdot mB_i)$$

$$=\lim_{i\to\infty}mA_i\cdot\lim_{i\to\infty}mB_i=mA\cdot mB。$$

(Ⅳ) 设 A,B 均为有界可测集且至少其一为零测集。不妨设 $mA=0$。

对于集 A,由可测集的构造定理(定理 3.4.5)及其注 2,存在有界 G_δ 集 $\widetilde{A}\supset A$,使

$$m\widetilde{A}=mA=0。$$

同理对于集 B，存在有界 G_δ 集 $\widetilde{B}\supset B$，使

$$m\widetilde{B}=mB。$$

由

$$A\times B\subset\widetilde{A}\times\widetilde{B}$$

及(Ⅲ)，得

$$0\leqslant m^*(A\times B)\leqslant m(\widetilde{A}\times\widetilde{B})=m\widetilde{A}\cdot m\widetilde{B}=0。$$

故 $A\times B$ 可测且 $m(A\times B)=0$，即得式(1)。

(Ⅴ) 设 A,B 为一般有界可测集。

仍由定理 3.4.5 及注 2，存在有界 G_δ 集 $\widetilde{A}$ 和 $\widetilde{B}$，使 $\widetilde{A}\supset A,\widetilde{B}\supset B$，且

$$m(\widetilde{A}\setminus A)=0\quad 及\quad m\widetilde{A}=mA,$$

$$m(\widetilde{B}\setminus B)=0\quad 及\quad m\widetilde{B}=mB。$$

由(Ⅲ)知，$\widetilde{A}\times\widetilde{B}$ 可测，且

$$m(\widetilde{A}\times\widetilde{B})=m\widetilde{A}\cdot m\widetilde{B}=mA\cdot mB。$$

又

$$\begin{aligned}\widetilde{A}\times\widetilde{B}&=((\widetilde{A}\setminus A)\cup A)\times((\widetilde{B}\setminus B)\cup B)\\&=((\widetilde{A}\setminus A)\times(\widetilde{B}\setminus B))\cup((\widetilde{A}\setminus A)\times B)\cup(A\times(\widetilde{B}\setminus B))\cup(A\times B)。\end{aligned}$$

注意到上式右端之四个集合两两不交，则由(Ⅳ)及(Ⅲ)，可知其前三个集合均为零测集，再由 $\widetilde{A}\times\widetilde{B}$ 之可测性即得 $A\times B$ 之可测性，且

$$m(A\times B)=m(\widetilde{A}\times\widetilde{B})=mA\cdot mB。$$

(Ⅵ) 设 A,B 为一般可测集。

由 § 3.4 推论 4

$$A=\bigcup_{i=1}^{\infty}A_i,$$

$$B=\bigcup_{j=1}^{\infty}B_j,$$

其中 $\{A_i\}$，$\{B_j\}$ 均为两两不交的有界可测集列。

以下利用(Ⅴ)和类似于第 Ⅱ 步的做法，即得一般情形下本定理之结论。

定理证毕。

习题

1. 证明：若 E 为有界集，则 $m^*E<+\infty$。
2. 证明：任何可数点集的外测度为零。

3. 设 $A\subset\mathbf{R}^n$，且 $m^*A=0$，证明：$\forall B\subset\mathbf{R}^n$，均有

$$m^*(A\cup B)=m^*B。$$

4. 设 E 为 $\mathbf{R}^1$ 中的有界集，常数 μ 满足 $0\leqslant\mu\leqslant m^*E$，证明：$\exists E_1\subset E$，使 $m^*E_1=\mu$。

5. 设 $m^*E>0$，证明：$\exists x\in E$，使 $\forall\delta>0$，均有

$$m^*(E\cap O(x,\delta))>0。$$

6. 证明§3.3 推论 2。

7. 设集合 A 和 B 可测，证明：

$$m(A\cup B)+m(A\cap B)=mA+mB。$$

8. 证明：对任何可测集列 $\{E_n\}$，若

$$\sum_{n=1}^{\infty}mE_n<+\infty,$$

则

$$m(\overline{\lim_{n\to\infty}}E_n)=0。$$

9. 证明：对任何可测集列 $\{E_n\}$ 均有

$$m(\underline{\lim_{n\to\infty}}E_n)\leqslant\underline{\lim_{n\to\infty}}mE_n。$$

10. 证明：对任何可测集列 $\{E_n\}$，若 $\exists k_0$，使

$$m(\bigcup_{n=k_0}^{\infty}E_n)<+\infty,$$

则

$$m(\overline{\lim_{n\to\infty}}E_n)\geqslant\overline{\lim_{n\to\infty}}mE_n。$$

11. 问：零测集的闭包仍是零测集吗？

12. 证明：闭的零测集必是无处稠密集。

13. 设 E_1 可测且 $mE_1<+\infty$。证明：若 $E_2\supset E_1$，$m^*E_2=mE_1$，则 E_2 也可测。

14. 设 $f:\mathbf{R}^n\to\mathbf{R}^n$ 为一双射且保持点集的外测度不变。证明：只要 E 可测，则 $f(E)$ 也可测。

15. 设 $S_1,S_2,\cdots,S_n$ 为两两不交的可测集，$E_i\subset S_i$，$i=1,2,\cdots,n$。证明：

$$m^*(\bigcup_{i=1}^{n}E_i)=\sum_{i=1}^{n}m^*E_i。$$

16. 证明：任一可测集均可表示为一列递增的有界可测集之并。

17. 证明：任一可测集均可表示为一列两两不交的有界可测集之并。

18. 在 $\mathbf{R}^1$ 中构造一个仅含无理数的正测度的闭集。

19. 问：是否存在 $[a,b]$ 的真闭子集 F，满足 $mF=b-a$？

20. 证明:Cantor 集的测度为零。

21. 在[0,1]上构造一个测度大于零的无处稠密的完备集,并由此证明:确实存在开集 G,使 $m\overline{G} > mG$。

22. 在 $\mathbf{R}^1$ 中,证明:Lebesgue 可测集族 $\mathbf{M}$ 的基数为 2^c。

23. 证明:对任一闭集 F,均存在一完备集 $F_1 \subset F$,使 $mF_1 = mF$。

24. 证明§3.4 引理 1。

25. 证明:点集 E 为可测集的充要条件为:$\forall \varepsilon > 0$,存在开集 G 和闭集 F,使 $G \supset E \supset F$ 且 $m(G \setminus F) < \varepsilon$。

26. 证明定理 3.4.6。

27. 设 E 为有界集,证明:E 为可测集之充要条件为

$$\inf\{mG : G \text{ 为开集}, G \supset E\} = \sup\{mF : F \text{ 为闭集}, F \subset E\}。$$

28. 设 $\{E_n\}$ 为 $\mathbf{R}^n$ 中一集列,满足

$$E_1 \subset E_2 \subset \cdots \subset E_n \subset \cdots,$$

证明:$m^*\left(\bigcup\limits_{n=1}^{\infty} E_n\right) = \lim\limits_{n \to \infty} m^* E_n$。

29. A, B 均为 $\mathbf{R}^n$ 中的点集,$A \cup B$ 为可测集,且满足

$$m(A \cup B) = m^*A + m^*B < +\infty,$$

证明:A, B 均为可测集。

30. 在二维平面 $\mathbf{R}^2$ 中作一开集 G,使 G 的边界的测度大于零。

31. 在 $\mathbf{R}^2$ 中造一不可测集。

32. 证明:$\mathbf{R}^1$ 中任何一个外测度大于零的点集中均含有不可测的子集。

33. 证明:零测集之余集必为稠密集。

34. 设 $E \subset \mathbf{R}^1$,令

$$-E = \{-x : x \in E\},$$

即 $-E$ 为在变换 $x \to -x\,(x \in \mathbf{R}^1)$ 之下 E 的像,称 $-E$ 为 E 的反射。证明:

(i) $m^*(-E) = m^*E$。

(ii) 若 E 可测,则 $-E$ 也可测,且

$$m(-E) = mE。$$

此性质称为:点集的外测度、可测性及其测度的反射不变性。

第四章 可测函数

本章将建立可测函数的概念及其性质。可测函数类是比连续函数类更为广泛的一种函数类，它是 Lebesgue 积分的积分对象。对可测函数的研究是我们为建立 Lebesgue 积分所进行的最后一步准备工作。

本章中，§4.1 阐述广义实函数以及其他有关概念，为本章内容作一些概念上的准备工作。§4.2 建立可测函数的概念。§4.3 阐述可测函数的各种性质。§4.4 深入研究可测函数列的收敛性，得出 Egoroff 定理和 Riesz 定理等重要定理。§4.5 研究可测函数的结构，即研究可测函数与我们已经熟悉的连续函数的关系，得出另一重要定理——Lusin 定理。

§4.1 广义实函数

一、广义实函数

定义 4.1.1 设 E 为一非空集合，称 E 到 $\mathbf{R}^1$ 的映射为 E 上的**实函数**；称 E 到广义实数集 $\overline{\mathbf{R}}$ 的映射为 E 上的**广义实值函数**，简称为**广义实函数**。

即对于广义实函数，除了实数外，还可以取 $+\infty$ 和 $-\infty$ 为其函数值。

以后我们所涉及的函数主要是广义实函数，因此，从本章开始，若不特别声明，所涉及的函数均为广义实函数。有时，我们也把"实函数"说成是"有限函数"或"处处有限的函数"。

按此定义，数学分析中的函数均为实函数或处处有限的函数。

若 f 和 g 均为 E 上的广义实函数，我们规定 $f\pm g$，$f\cdot g$，af（a 为实数），$|f|$ 分别为 E 上的如下函数：$f(x)\pm g(x)$（当 $\forall x\in E$，$f(x)\pm g(x)$ 均有意义时），

$f(x)g(x), af(x), |f(x)|$。记号 $f \geqslant g$ 意指：$f(x) \geqslant g(x), \forall x \in E$。

设 $f_n(n=1,2,\cdots)$ 和 f 均为 E 上的广义实函数，若

$$f_n(x) \to f(x), \forall x \in E,$$

则称在 E 上函数列 $\{f_n\}$ **处处收敛**于函数 f，或简称在 E 上 $\{f_n\}$ **收敛**于 f，也称 f 为 $\{f_n\}$ 的**极限**，记为：在 E 上，$f_n \xrightarrow{\text{处处}} f$，或 $f_n \to f$，或 $f = \lim\limits_{n\to\infty} f_n$。

设 $f_n(n=1,2,\cdots)$ 和 f 均为 E 上的实函数，若 $\forall \varepsilon > 0, \exists N \in \mathbf{N}$，使 $\forall n \geqslant N$，$\forall x \in E$，均有

$$|f_n(x) - f(x)| < \varepsilon,$$

则称在 E 上函数列 $\{f_n\}$ **一致收敛**于 f，记为：在 E 上，$f_n \xrightarrow{\text{一致}} f$。由此定义知，涉及一致收敛的函数均为实函数。

注 1 不难验证：当 f 为广义实函数时，§1.1 第六段“函数与集”中的定理 1.1.18，定理 1.1.19 和定理 1.1.20 三组结论仍然成立，因而§3.3 中的推论 2 也仍然成立。

二、函数的正部与负部

定义 4.1.2 设 f 为集 E 上的广义实函数，在 E 上定义函数 f^+ 和 f^- 如下：

$$f^+(x) = \begin{cases} f(x), & \text{当 } x \text{ 使 } f(x) > 0 \text{ 时}, \\ 0, & \text{当 } x \text{ 使 } f(x) \leqslant 0 \text{ 时}, \end{cases}$$

$$f^-(x) = \begin{cases} -f(x), & \text{当 } x \text{ 使 } f(x) < 0 \text{ 时}, \\ 0, & \text{当 } x \text{ 使 } f(x) \geqslant 0 \text{ 时}。 \end{cases}$$

称 f^+ 和 f^- 分别为函数 f 的**正部与负部**。

函数的正部和负部概念，在本章和下一章积分理论中都将起重要作用，必须熟练掌握、灵活运用。下面列出关于这两概念的一系列简单但很重要的性质，这些性质实际上就是运用这两概念所必须熟练掌握的基本技能。其证明均可由其定义直接推出，故均留作练习。

性质 1 f^+, f^- 均为 E 上的非负函数。

性质 2 $f^+(x) = \max\{f(x), 0\}$，

$f^-(x) = \max\{-f(x), 0\}$。

性质 3 当 f 为有限函数时，有

$$f^+ = \frac{1}{2}(|f| + f),$$

$$f^- = \frac{1}{2}(|f| - f)。$$

性质 4 $f^+ \leqslant |f|$，

$f^- \leqslant |f|$。

性质 5 $f = f^+ - f^-$，

$|f| = f^+ + f^-$。

性质 6 $(-f)^+ = f^-$，

$(-f)^- = f^+$。

性质 7 设实数 $c \geqslant 0$，则

$$(cf)^+ = cf^+,$$
$$(cf)^- = cf^-。$$

性质 8 $f \geqslant 0 \Longrightarrow \begin{cases} 在\ E\ 上, f^+(x) \equiv f(x), \\ 在\ E\ 上, f^-(x) \equiv 0。\end{cases}$

$f \leqslant 0 \Longrightarrow \begin{cases} 在\ E\ 上, f^+(x) \equiv 0, \\ 在\ E\ 上, f^-(x) \equiv -f(x)。\end{cases}$

性质 9 在 E 上，若 f 为有界函数，则 f^+, f^- 均为有界函数。

三、集合的特征函数

定义 4.1.3 设 E 为基本集，$A \subset E$，称定义于 E 上的函数

$$\chi_A(x) = \begin{cases} 1, & \forall x \in A, \\ 0, & \forall x \in E \setminus A \end{cases}$$

为(以 E 为基本集)集合 A 的**特征函数**。

例如，Dirichlet 函数

$$D(x) = \begin{cases} 1, & 当\ x\ 为有理数时, \\ 0, & 当\ x\ 为无理数时, \end{cases} \quad x \in [0,1],$$

即为：当$[0,1]$为基本集时，$[0,1]$上的有理数全体的特征函数。

由定义易知，基本集 E 的子集与其特征函数间存在一一对应关系。

四、简单函数

定义 4.1.4 设 E 为 $\mathbf{R}^n$ 中的可测集，φ 为 E 上的实函数。若 E 可表示为有限个两两不交的可测子集 $E_1, E_2, \cdots, E_n$ 之并，又存在 n 个实数 $c_1, c_2, \cdots, c_n$ 使得

$$\varphi(x) = c_i, \quad \forall x \in E_i, \quad i = 1, 2, \cdots, n, \tag{1}$$

则称 φ 为 E 上的**简单函数**。

注 2

(i) 式(1)等价于

$$\varphi(x)=\sum_{i=1}^{n}c_i\chi_{E_i}(x), \tag{2}$$

其中$\chi_{E_i}(x)$为E_i上的特征函数,$i=1,2,\cdots,n$。

(ii) 对于简单函数来说,其值域为$\mathbf{R}^1$中的有限集,并且单点集的原像均是可测集。

(iii) 因当E分解为有限个两两不交的可测子集之并时,可有不同的形式,故一简单函数的形如式(1)或式(2)的表达式不是唯一的。

例 1 可测集上的实常数函数均为简单函数。

例 2 若$[a,b]$可分为有限个两两不交的小区间之并,函数f在每一小区间上均取实常数值,则称f为$[a,b]$上的**阶梯函数**。显然,阶梯函数均为简单函数。

例 3 当基本集E为可测集时,则E的任何可测子集的特征函数均为简单函数。如 Dirichlet 函数也是一简单函数。

简单函数有以下简单性质(均由读者自证):

性质 1 若f为E上的简单函数,E_0为E的可测子集,则f也是E_0上的简单函数。

性质 2 设f,g均为E上的简单函数,则

$$kf(x)\ (k\text{ 为实数}),$$

$$f(x)\pm g(x),$$

$$f(x)g(x),$$

$$\frac{f(x)}{g(x)}\quad (g(x)\neq 0,\ \forall x\in E),$$

均为E上的简单函数。

性质 3 若f为简单函数,则$\forall a\in\mathbf{R}^1$,集合

$$E[f>a]$$

均为可测集。

五、连续函数概念的拓广

数学分析中的连续函数都是区间(或区域)上的连续函数。本段将对这一概念进行拓广,建立定义于$\mathbf{R}^n$中的任意点集上的连续函数概念,以满足实变函数论的需要。

定义 4.1.5 设$E\subset\mathbf{R}^n$,f为E上的实函数,$x_0\in E$。若$\forall\varepsilon>0$,$\exists\delta>0$,使$\forall x\in E\cap O(x_0,\delta)$,均有

$$|f(x)-f(x_0)|<\varepsilon,$$

则称函数 f 在 x_0 点关于集 E **连续**。若 $\forall x\in E$，f 在 x 点均关于 E 连续，则称函数 f **在 E 上连续**，也称 f 为 E 上的**连续函数**。

注 3 在 $\mathbf{R}^1$ 中，当 $E=[a,b]$ 时，关于连续函数的这一定义和数学分析中的定义完全一致。因此，数学分析中关于闭区间上的连续函数的所有性质，比如，“若函数在一闭区间上连续，则必一致连续”等，在新定义之下均成立。

例 4 显然任意点集 E 上的实常数函数均为 E 上的连续函数。

例 5 对于 Dirichlet 函数 $D(x)$，令

$$\mathbf{Q}_0=[0,1]\text{ 上的有理数全体},$$

$$\mathbf{I}_0=[0,1]\text{ 上的无理数全体},$$

则 $D(x)$ 在 $\mathbf{Q}_0$ 上连续，在 $\mathbf{I}_0$ 上也连续，但在$[0,1]$上任一点处均不连续。

例 6 若 x_0 为点集 E 之孤立点，则 E 上的任何实函数 f 在 x_0 处均关于 E 连续(证明留作习题)。

下面我们指出拓广后的连续函数概念的五条性质。其中，前四条都是数学分析中的连续函数的性质的直接推广，其证明方法也完全类似，均由读者自证。最后一条性质的证明是一个很好的练习，故也留作习题。

性质 1 连续函数的和、差、积和商(分母不为零)均为连续函数。

性质 2 设 $E_0\subset E$，$x_0\in E_0$，那么，若 f 在 x_0 点关于 E 连续，则 f 在 x_0 点也关于 E_0 连续；若 f 在 E 上连续，则也在 E_0 上连续。

性质 3 设 $f(x)$ 为 E 上的实函数，$x_0\in E$，则

f 在 x_0 点关于 E 连续 $\Longleftrightarrow \forall\{x_n\}\subset E$，只要 $x_n\to x_0$，则必有 $f(x_n)\to f(x_0)$。

性质 4 设 $E\subset\mathbf{R}^n$，$f_n(n=1,2,\cdots)$ 和 f 均为 E 上的实函数。若在 E 上，有

1° $\{f_n\}$ 为一列连续函数，

2° $f_n\xrightarrow{\text{一致}}f$，

则 f 必为 E 上的连续函数。

性质 5 设

1° $F=\bigcup\limits_{i=1}^{n}F_i$，其中诸 F_i 为两两不交的闭集，

2° 实函数 f 定义于 F，且 f 在每个 F_i 上均为连续函数，

则 f 为 F 上的连续函数。

六、命题的几乎处处成立

定义 4.1.6 设 $E\subset\mathbf{R}^n$，$P(x)$ 为与 E 中的点 x 有关的一个命题。若存在 E 的

零测子集 E_0，使得在 $E\setminus E_0$ 上 $P(x)$ 处处成立，则称命题 $P(x)$ 在 E 上**几乎处处成立**，记为：$P(x)$，$a.e.$ 于 E。

由该定义及结论"零测集之子集仍为零测集"，易知：

$$P(x),a.e.\text{于}E \Longleftrightarrow E\text{中使}P(x)\text{不成立的点的全体成一零测集。}$$

例 7 设 f 为点集 E 上的广义实函数，若 $\exists E_0 \subset E, mE_0 = 0$，使在 $E\setminus E_0$ 上，$f(x)$ 处处取有限值，则称 f 在 E 上**几乎处处有限**。记为：$|f(x)| < +\infty$，$a.e.$ 于 E。由此定义，有

$$|f(x)| < +\infty, a.e.\text{于}E \Longleftrightarrow mE[|f| = +\infty] = 0\text{。}$$

例 8 设 f,g 均为 E 上的广义实函数，若 $\exists E_0 \subset E, mE_0 = 0$，使得在 $E\setminus E_0$ 上，$f(x) = g(x)$ 处处成立，则称在 E 上 $f(x)$ 与 $g(x)$ **几乎处处相等**，记为：$f = g$，$a.e.$ 于 E，或：在 E 上 $f \overset{a.e.}{=\!=} g$。由此定义，有

$$\text{在}E\text{上}f \overset{a.e.}{=\!=} g \Longleftrightarrow mE[f \neq g] = 0\text{。}$$

为清楚起见，若在 E 上 f 和 g 处处相等，也记为：在 E 上 $f \equiv g$ 或 $f \overset{\text{处处}}{=\!=} g$。

例 9 设 $f_n(n = 1,2,\cdots)$ 和 f 均为点集 E 上的广义实函数。若 $\exists E_0 \subset E, mE_0 = 0$，使得在 $E\setminus E_0$ 上 $f_n \xrightarrow{\text{处处}} f$，则称在 E 上 $\{f_n\}$ **几乎处处收敛**于 f，记为：$\lim\limits_{n\to\infty} f_n = f$，$a.e.$ 于 E，或：$f_n \to f$，$a.e.$ 于 E，或：在 E 上，$f_n \xrightarrow{a.e.} f$。由此定义，有

$$\text{在}E\text{上}f_n \xrightarrow{a.e.} f \Longleftrightarrow mE[f_n \not\to f] = 0\text{。}$$

§4.2 可测函数的概念

以下若不特别声明，所提及的点集 E 均为 $\mathbf{R}^n$ 的子集。

一、可测函数的定义及例

定义 4.2.1 设 f 为可测集 E 上的广义实函数。若 $\forall a \in \mathbf{R}^1$，集合

$$E[f > a]$$

均为可测集，则称 f 为 E 上的 **Lebesgue 可测函数**，简称为 E 上的**可测函数**，或称 f 在 E 上**可测**。

由§4.1 注 1，可得函数可测性的以下诸等价定义。

定理 4.2.1 f 为可测集 E 上的可测函数

$\Longleftrightarrow \forall a \in \mathbf{R}^1, E[f \geq a]$ 为可测集

$\Longleftrightarrow \forall a \in \mathbf{R}^1, E[f < a]$ 为可测集

$\Longleftrightarrow \forall a \in \mathbf{R}^1, E[f \leq a]$ 为可测集。

例 1 由简单函数的性质 3 知，简单函数均为可测函数。比如，Dirichlet 函数为可测函数。特别地，可测集 E 上的常数函数均为 E 上的可测函数。

例 2 因零测集的任何子集均可测，故零测集上的任何函数均为可测函数。

例 3 $\mathbf{R}^1$ 中的可测集 E 上的单调函数均为 E 上的可测函数。(证明留作习题)

例 4 可测集 E 上的连续函数均为 E 上的可测函数，反之不然。

证明 设 f 为 E 上的连续函数。$\forall a\in\mathbf{R}^1$，下面证明：集合 $E[f>a]$ 之可测性。$\forall x_0\in E[f>a]$，即 $f(x_0)>a$，由 f 在 x_0 点关于 E 之连续性，$\exists O(x_0,\delta_{x_0})$ 使 $\forall x\in E\cap O(x_0,\delta_{x_0})$，均有 $f(x)>a$。故

$$E\cap O(x_0,\delta_{x_0})\subset E[f>a],$$

从而易知

$$\bigcup_{x\in E[f>a]}(E\cap O(x,\delta_x))=E[f>a]。$$

再由

$$\bigcup_{x\in E[f>a]}(E\cap O(x,\delta_x))=E\cap(\bigcup_{x\in E[f>a]}O(x,\delta_x))$$

以及集 E 和开集

$$\bigcup_{x\in E[f>a]}O(x,\delta_x)$$

的可测性，即得 $E[f>a]$ 之可测性。f 之可测性证毕。

Dirichlet 函数即是“可测而不连续”这类函数中的一例。

由此例，我们看到，可测函数类确实是比连续函数类更为广泛的一个函数类。

例 5 由不可测集的存在，可知不可测函数是存在的。例如：设 A 为 $(0,1)$ 中之不可测集，对于以 $(0,1)$ 为基本集，A 的特征函数 $\chi_A(x)$ 来说，因当 $a=\dfrac{1}{2}$ 时，集合

$$E[\chi_A>a]=A$$

为一不可测集，故 $\chi_A(x)$ 为一不可测函数。

由此例及例 1，可得以下结论：若 E 为基本集且可测，$E_0\subset E$，则 E_0 与 E_0 上的特征函数 $\chi_{E_0}(x)$ 同时可测或不可测。

在本段最后，我们提出保证函数可测性的一个有用的充分条件，其证明留作习题。

定理 4.2.2 设 f 为可测集 E 上的广义实函数，A 为 $\mathbf{R}^1$ 中的稠密子集，若 $\forall a\in A$，集合 $E[f>a]$ 均可测，则 f 为 E 上的可测函数。

二、函数的可测性与其正部和负部的可测性的关系

定理 4.2.3 设 f 为可测集 E 上的广义实函数，则在 E 上有：

$$f \text{ 可测} \Longleftrightarrow f^+, f^- \text{ 均(非负)可测。}$$

证明

证"$\Longrightarrow$":设 f 可测,任取 $a \in \mathbf{R}^1$。

对于 f^+:

当 $a \geqslant 0$ 时,$E[f^+ > a] = E[f > a]$,

当 $a < 0$ 时,$E[f^+ > a] = E$。

故 $\forall a \in \mathbf{R}^1$,$E[f^+ > a]$ 均可测,即 f^+ 可测。

对于 f^-:

当 $a \geqslant 0$ 时,$E[f^- > a] = E[-f > a] = E[f < -a]$,

当 $a < 0$ 时,$E[f^- > a] = E$。

故 $\forall a \in \mathbf{R}^1$,$E[f^- > a]$ 均可测,即 f^- 可测。

证"$\Longleftarrow$":设 f^+, f^- 均可测。任取 $a \in \mathbf{R}^1$。

当 $a \geqslant 0$ 时,$E[f > a] = E[f^+ > a]$,

当 $a < 0$ 时,$E[f > a] = E[f^- < -a]$。

故 $\forall a \in \mathbf{R}^1$,$E[f > a]$ 均可测,即 f 可测。

定理证毕。

三、将可测函数表示为简单函数列的极限

定理 4.2.4

(i) 设 f 为集 E 上的非负可测函数,则必存在 E 上的非负简单函数列$\{\varphi_n\}$,使得在 E 上有:

1) $\varphi_n(x) \leqslant \varphi_{n+1}(x), n = 1, 2, \cdots$;

2) $f = \lim\limits_{n \to \infty} \varphi_n$。

该结论也可述为:非负可测函数必是一列非负递增简单函数列的极限。

(ii) 若 f 为 E 上的有界非负可测函数,则(i)中的简单函数列$\{\varphi_n\}$所满足的条件 2) 成一致收敛。

证明

证(i):

(Ⅰ) 构造函数列$\{\varphi_n\}$。

任意取定自然数 n。

首先分割区间$[0, +\infty]$。用分点:

$$0, \frac{1}{2^n}, \frac{2}{2^n}, \cdots, \frac{k}{2^n}, \frac{k+1}{2^n}, \cdots, n$$

将区间$[0,+\infty]$分割为$n2^n$个有限的左闭右开区间和一个无限区间：

$$[0,\frac{1}{2^n}),[\frac{1}{2^n},\frac{2}{2^n}),\cdots,[\frac{k}{2^n},\frac{k+1}{2^n}),\cdots,[(n2^n-1)\frac{1}{2^n},n),[n,+\infty]。$$

再分割定义域E,令

$$E_{n,k}=E[\frac{k}{2^n}\leqslant f<\frac{k+1}{2^n}],\quad k=0,1,2,\cdots,n2^n-1,$$

$$E_{n,n2^n}=E[f\geqslant n]。$$

则$\{E_{n,k}\}$满足：

1° $E_{n,k}$均可测；

2°（对固定的n）诸$E_{n,k}$两两不交；

3° $E=\bigcup\limits_{k=0}^{n2^n}E_{n,k}$。

在此基础上,在E上定义函数φ_n如下：

$$\varphi_n(x)=\frac{k}{2^n},\quad \forall x\in E_{n,k},k=0,1,2,\cdots,n2^n。$$

让n遍取自然数全体$\mathbf{N}$,即得一非负简单函数列$\{\varphi_n(x)\}$。

（Ⅱ）任意取定$x_0\in E$和$n\in\mathbf{N}$,研究$f(x_0)$,$\varphi_n(x_0)$和$\varphi_{n+1}(x_0)$之间的关系。

当$f(x_0)\geqslant n$时,$x_0\in E_{n,n2^n}$,故

$$\varphi_n(x_0)=n,$$

$$\varphi_{n+1}(x_0)\geqslant n。$$

故有

$$\varphi_n(x_0)\leqslant\varphi_{n+1}(x_0)。$$

当$f(x_0)<n$时,$\exists k_0\in\mathbf{N}$,使

$$\frac{k_0}{2^n}\leqslant f(x_0)<\frac{k_0+1}{2^n}\tag{1}$$

$$\Longrightarrow x_0\in E_{n,k_0}$$

$$\Longrightarrow \varphi_n(x_0)=\frac{k_0}{2^n}$$

$$\Longrightarrow \varphi_n(x_0)\leqslant f(x_0)<\varphi_n(x_0)+\frac{1}{2^n}$$

$$\Longrightarrow 0\leqslant f(x_0)-\varphi_n(x_0)<\frac{1}{2^n}。\tag{2}$$

又由式(1),有

$$\frac{2k_0}{2^{n+1}}\leqslant f(x_0)<\frac{2k_0+2}{2^{n+1}},$$

这时，或有

$$\varphi_{n+1}(x_0)=\frac{2k_0}{2^{n+1}}\left(=\frac{k_0}{2^n}=\varphi_n(x_0)\right),$$

或有

$$\varphi_{n+1}(x_0)=\frac{2k_0+1}{2^{n+1}}(>\varphi_n(x_0)),$$

故也总有

$$\varphi_n(x_0)\leqslant\varphi_{n+1}(x_0)。$$

由 $x_0\in E$ 之任意性，即得结论 1)。

(Ⅲ) 证 $\{\varphi_n\}$ 即为所求。

为证 2)，任取 $x_0\in E$。

若 $f(x_0)=+\infty$，则 $\forall n$，均有 $\varphi_n(x_0)=n$。令 $n\to\infty$，即得 $\varphi_n(x_0)\to f(x_0)$。

若 $f(x_0)<+\infty$，则当 n 充分大后，$f(x_0)<n$ 总成立，故式(2)也总成立。令 $n\to\infty$，也得 $\varphi_n(x_0)\to f(x_0)$。

故 2) 成立。结论(i)证毕。

证(ii)：设 $\exists M>0$，使

$$|f(x)|\leqslant M,\quad \forall x\in E。$$

则当 $n>M$ 时，有

$$E_{n,n2^n}=E[f\geqslant n]=\varnothing。$$

即

$$E=\bigcup_{k=0}^{n2^n-1}E_{n,k}。$$

所以，当 $n>M$ 时，$\forall x\in E$，式(2)均成立，即

$$|f(x)-\varphi_n(x)|<\frac{1}{2^n},\quad \forall x\in E\quad (n\text{ 充分大后})。$$

故知，在 E 上 $\varphi_n\xrightarrow{\text{一致}}f$。

定理证毕。

定理 4.2.5

(i) 设 f 为集 E 上的可测函数，则必存在 E 上的简单函数列 $\{\varphi_n\}$，使得在 E 上有：

1) $|\varphi_n(x)|\leqslant|f(x)|$，$n=1,2,\cdots$；

2) $f=\lim\limits_{n\to\infty}\varphi_n$。

(ii) 若 f 为 E 上的有界可测函数，则(i)中的简单函数列 $\{\varphi_n\}$ 所满足的条件 2) 成一致收敛。

证明

证(i):因 f 可测,故 f^+,f^- 均非负可测,由定理 4.2.4,在 E 上有:

$$f^+=\lim_{n\to\infty}\varphi_n^{(1)},$$

$$f^-=\lim_{n\to\infty}\varphi_n^{(2)},$$

其中$\{\varphi_n^{(1)}\}$和$\{\varphi_n^{(2)}\}$均为 E 上的非负递增简单函数列,又由

$$f=f^+-f^-,$$

故

$$f=\lim_{n\to\infty}(\varphi_n^{(1)}-\varphi_n^{(2)})。$$

令

$$\varphi_n=\varphi_n^{(1)}-\varphi_n^{(2)},\quad n=1,2,\cdots,$$

则每一 φ_n 均为简单函数且满足 1) 和 2),即$\{\varphi_n\}$为所求。

证(ii):在 f 的有界性假设下,由定理 4.2.4 之(ii),知在 E 上,有

$$\varphi_n^{(1)}\xrightarrow{\text{一致}}f^+,\varphi_n^{(2)}\xrightarrow{\text{一致}}f^-,$$

故得

$$\varphi_n\xrightarrow{\text{一致}}f^+-f^-=f。$$

定理证毕。

四、非负函数可测性的几何意义及下方图形的基本性质

本段中,我们将建立非负函数的下方图形的概念,并以此阐明非负函数可测性的几何意义。下方图形概念在本书关于 Lebesgue 积分的建立过程中将起重要作用。本段的后一部分,将在前一部分所建立的概念和结论的基础上,推得关于下方图形的种种基本性质,这些性质都是运用下方图形概念解决积分问题的基本技能。对这些技能的熟练掌握,将为学习第五章内容打下很好的基础。这些性质的证明都不困难,因此,除个别性质外,均由读者自证。

1. 非负函数的下方图形及非负函数可测性的几何意义

定义 4.2.2 设 $E\subset\mathbf{R}^n$,f 为 E 上的非负广义实函数,称 $\mathbf{R}^{n+1}$ 中的集合

$$\{(x,z):x\in E,z\in\mathbf{R}^1,0\leqslant z<f(x)\}$$

为函数 f 在 E 上的**下方图形**,记为 $G(E,f)$,简记为 G。

定理 4.2.6 非负可测函数的下方图形均为($\mathbf{R}^{n+1}$ 中的)可测集。

证明 设全体正有理数为$\{r_1,r_2,\cdots\}$。$\forall n\in\mathbf{N}$,令

$$E_n = E[f > r_n],$$
$$B_n = [0, r_n),$$
$$G_n = E_n \times B_n。$$

由 f 之可测性，知 E_n 可测；当然区间 B_n 也可测，故由定理 3.5.1 知 G_n 可测。从而 $\bigcup_{n=1}^{\infty} G_n$ 也可测。下面证明

$$\bigcup_{n=1}^{\infty} G_n = G(E,f)。 \tag{3}$$

证"$\subset$"： $\forall (x_0, z_0) \in \bigcup_{n=1}^{\infty} G_n$

$\Longrightarrow \exists n_0 \in \mathbf{N}$，使 $(x_0, z_0) \in G_{n_0}$

$\Longrightarrow x_0 \in E_{n_0}, z_0 \in B_{n_0}$

$\Longrightarrow x_0 \in E, 0 \leqslant z_0 < r_{n_0} < f(x_0)$

$\Longrightarrow (x_0, z_0) \in G(E,f)$。

证"$\supset$"： $\forall (x_0, z_0) \in G(E,f)$

$\Longrightarrow x_0 \in E, 0 \leqslant z_0 < f(x_0)$

$\Longrightarrow x_0 \in E, \exists r_{n_0}$，使 $0 \leqslant z_0 < r_{n_0} < f(x_0)$

$\Longrightarrow x_0 \in E_{n_0}, z_0 \in B_{n_0}$

$\Longrightarrow (x_0, z_0) \in E_{n_0} \times B_{n_0} = G_{n_0}$

$\Longrightarrow (x_0, z_0) \in \bigcup_{n=1}^{\infty} G_n$。

故式(3)成立，由 $\bigcup_{n=1}^{\infty} G_n$ 之可测性，即得 $G(E,f)$ 之可测性。证毕。

2. 非负函数的下方图形的基本性质

以下均设 E 为 $\mathbf{R}^n$ 中的可测集，f 为 E 上的非负广义实函数。

性质 1 设

$$f(x) \equiv c, \forall x \in E, \text{其中 } 0 \leqslant c \leqslant +\infty。$$

则

$$G(E,f) = E \times [0,c),$$
$$mG(E,f) = c\, mE。$$

性质 2 设 $n \in \mathbf{N}$ 或 $n = +\infty$，又设

1° $E = \bigcup_{i=1}^{n} E_i$，其中诸 E_i 均可测且两两不交；

2° f 为 E 上的非负可测函数。

则

$$G(E,f)=\bigcup_{i=1}^{n}G(E_i,f),$$

$$mG(E,f)=\sum_{i=1}^{n}mG(E_i,f)。$$

性质 3　设 f 为 E 上的非负简单函数，即

$$E=\bigcup_{i=1}^{n}E_i,\text{其中诸 }E_i\text{ 可测且两两不交},$$

$$f(x)\equiv c_i\quad(c_i\in\mathbf{R}^1),\ \forall x\in E_i,\quad i=1,2,\cdots,n。$$

则

$$mG(E,f)=\sum_{i=1}^{n}c_i mE_i。$$

性质 4　若 f,g 均为 E 上的非负可测函数，且

$$f(x)\leqslant g(x),\quad\forall x\in E,$$

则

$$G(E,f)\subset G(E,g),$$

$$mG(E,f)\leqslant mG(E,g)。$$

性质 5　设

1° $E_0\subset\mathbf{R}^n, mE_0=0$；

2° f 为 E_0 上的任一非负广义实函数。

则 $G(E_0,f)$ 可测，且

$$mG(E_0,f)=0。\tag{4}$$

证明　因零测集上的任何函数均可测，故 f 在 E_0 上非负可测，从而知 $G(E_0,f)$ 可测。

为证式(4)，我们取

$$\bar{f}(x)\equiv+\infty,\quad\forall x\in E。$$

由性质 1 知

$$mG(E_0,\bar{f})=0\cdot(+\infty)=0。$$

由

$$f(x)\leqslant\bar{f}(x),\quad\forall x\in E。$$

故由性质 4，有

$$0\leqslant mG(E_0,f)\leqslant mG(E_0,\bar{f})=0,$$

即得式(4)。

性质 6　设在 E 上，f 和 g 均为非负可测函数，且在 E 上，有

$$f\xlongequal{a.e.}g,$$

则

$$mG(E,f) = mG(E,g)。$$

性质 7 设在 E 上有

1° $f_n(n=1,2,\cdots)$ 和 f 均为非负可测函数；

2° $f_n \leqslant f_{n+1}, n=1,2,\cdots$；

3° $f_n \xrightarrow{a.e.} f$。

则

$$mG(E,f) = \lim_{n\to\infty} mG(E,f_n)。\tag{5}$$

证明 不妨设：在 E 上 $f_n \xrightarrow{处处} f$。由此易证

$$G(E,f) = \bigcup_{n=1}^{\infty} G(E,f_n)。$$

由性质 4，有

$$G(E,f_n) \subset G(E,f_{n+1}), \quad n=1,2,\cdots。$$

故由测度之下连续性，即得式(5)。

性质 8 设

1° $E = \bigcup_{n=1}^{\infty} E_n$，其中诸 E_n 可测且

$$E_1 \subset E_2 \subset \cdots \subset E_n \subset \cdots；$$

2° f 为 E 上的非负可测函数，

则

1) $G(E,f) = \bigcup_{n=1}^{\infty} G(E_n,f)$；

2) $mG(E,f) = \lim_{n\to\infty} mG(E_n,f)$。

性质 9 设

1° $E = \bigcap_{n=1}^{\infty} E_n$，其中诸 E_n 可测且

$$E_1 \supset E_2 \supset \cdots \supset E_n \supset \cdots；$$

2° f 为 E_1 上的非负可测函数，且

$$mG(E_1,f) < +\infty,$$

则

1) $G(E,f) = \bigcap_{n=1}^{\infty} G(E_n,f)$；

2) $mG(E,f) = \lim_{n\to\infty} mG(E_n,f)$。

§4.3 可测函数的性质

本节中均设 E 为 $\mathbf{R}^n$ 中的可测集。

定理 4.3.1 设 f 为 E 上的可测函数，则以下三集合：

$$E[f=a] \quad (\forall a\in\mathbf{R}^1),$$
$$E[f=+\infty],$$
$$E[f=-\infty],$$

均为可测集。

证明 只需注意以下集合关系式即可：

$$E[f=a]=E[f\geqslant a]\cap E[f\leqslant a],$$
$$E[f=+\infty]=\bigcap_{n=1}^{\infty}E[f\geqslant n],$$
$$E[f=-\infty]=\bigcap_{n=1}^{\infty}E[f\leqslant -n]。$$

定理 4.3.2 设函数 f 在 E 上可测，E_0 为 E 之可测子集，则 f 在 E_0 上也可测。

证明 只需注意：$\forall a\in\mathbf{R}^1$，有

$$E_0[f>a]=E_0\cap E[f>a]。$$

定理 4.3.3 设 $m\in\mathbf{N}$ 或 $m=+\infty$，则

函数 f 在每一可测集 $E_i(i=1,2,\cdots,m)$ 上均可测

$\Longleftrightarrow f$ 在 $\bigcup_{i=1}^{m}E_i$ 上可测。

证明

证"$\Longleftarrow$"：此结论为定理 4.3.2 之特例。

证"$\Longrightarrow$"：只需注意：$\forall a\in\mathbf{R}^1$，有

$$\{x:x\in\bigcup_{i=1}^{m}E_i,f(x)>a\}=\bigcup_{i=1}^{m}E_i[f>a]。$$

定理 4.3.4 设 f 和 g 均为可测集 E 上的广义实函数，且在 E 上满足

$$f\overset{a.e.}{=\!=}g。\tag{1}$$

若 f 在 E 上可测，则 g 在 E 上也可测。

证明 由式(1)知，$\exists E_0\subset E, mE_0=0$，且在 $E\setminus E_0$ 上，有

$$f\overset{处处}{=\!=}g。$$

因 f 在 E 上可测，故在 $E\setminus E_0$ 上也可测，因而 g 在 $E\setminus E_0$ 上也可测。由§4.2例2知，g 在 E_0 上可测，故在 $E=(E\setminus E_0)\cup E_0$ 上也可测。

注 1 由此定理，可有以下结论和做法：

(i) 改变函数在一零测集上的值，不改变其可测性。

(ii) 若 $\exists E_0 \subset E, mE_0 = 0$，在 $E \setminus E_0$ 上，f 为可测函数。这时，即使 f 在 E_0 上无定义，我们也说 f 在 E 上可测。就是说，当我们研究函数的可测性时，允许该函数在一零测集上无定义。

定理 4.3.5 设 $\{f_n\}$ 为集 E 上的可测函数列，则以下函数

$$\sup_{n\geqslant 1} f_n(x),$$

$$\inf_{n\geqslant 1} f_n(x),$$

$$\overline{\lim_{n\to\infty}} f_n(x),$$

$$\underline{\lim_{n\to\infty}} f_n(x),$$

均为 E 上的可测函数。

证明 因定理 1.1.20 对广义实函数也成立，故很容易推得函数 $\sup\limits_{n\geqslant 1} f_n(x)$ 和 $\inf\limits_{n\geqslant 1} f_n(x)$ 的可测性。在此基础上，由上、下极限之定义：

$$\overline{\lim_{n\to\infty}} f_n(x) = \inf_{N\geqslant 1} \sup_{n\geqslant N} f_n(x),$$

$$\underline{\lim_{n\to\infty}} f_n(x) = \sup_{N\geqslant 1} \inf_{n\geqslant N} f_n(x),$$

即得这两函数之可测性。

由极限与上、下极限的关系，可直接得到下面的关于可测函数列的极限的可测性的重要定理和推论。

定理 4.3.6 设 $\{f_n\}$ 为 E 上的可测函数列，f 为 E 上的广义实函数，若

$$\text{在 } E \text{ 上}, f_n \to f。\tag{2}$$

则 f 为 E 上的可测函数。

推论 1 在上述定理中，将条件式(2)改为

$$\text{在 } E \text{ 上}, f_n \xrightarrow{a.e.} f,$$

结论仍然成立。

定理 4.3.7（可测函数与简单函数的关系）

f 为 E 上的可测函数 $\Longleftrightarrow$ 在 E 上 f 可表示为一列简单函数的极限。

证明

证"$\Longrightarrow$"：在定理 4.2.5 中已证。

证"$\Longleftarrow$"：因简单函数均可测，故充分性是定理 4.3.6 之特例。

定理 4.3.8（可测函数的算术运算性质）

设 f 和 g 均为 E 上的可测函数，则以下函数

$$cf \quad (c\in\mathbf{R}^1),$$
$$f\pm g \quad (\text{在 } E \text{ 上处处有意义时}),$$
$$f\cdot g,$$
$$\frac{f}{g} \quad (\text{在 } E \text{ 上处处有意义时}),$$

均为 E 上的可测函数。

证明 因 f 可测，故由定理4.3.7，存在 E 上的简单函数列 $\{\varphi_n\}$ 和 $\{\psi_n\}$，使得在 E 上：

$$f=\lim_{n\to\infty}\varphi_n,$$
$$g=\lim_{n\to\infty}\psi_n。$$

这样

$$f\pm g=\lim_{n\to\infty}(\varphi_n\pm\psi_n),$$
$$f\cdot g=\lim_{n\to\infty}(\varphi_n\cdot\psi_n)。$$

因 $\varphi_n\pm\psi_n,\varphi_n\cdot\psi_n(n=1,2,\cdots)$ 均为简单函数，故再由定理 4.3.7，即得 $f\pm g$ 和 $f\cdot g$ 的可测性。由此结果及常数函数的可测性，即知 cf 可测。

为证 $\frac{f}{g}$ 之可测性，$\forall n\in\mathbf{N}$，在 E 上定义函数

$$\widetilde{\psi_n}(x)=\begin{cases}\frac{1}{n}, & \forall x\in E[\psi_n=0],\\ 0, & \forall x\in E\setminus(E[\psi_n=0])。\end{cases}$$

则 $\widetilde{\psi_n}$ 为 E 上的简单函数，且

$$\lim_{n\to\infty}\widetilde{\psi_n}(x)=0,\quad \forall x\in E。$$

再在 E 上定义函数

$$\overline{\psi_n}(x)=\psi_n(x)+\widetilde{\psi_n}(x)=\begin{cases}\frac{1}{n}, & \forall x\in E[\psi_n=0],\\ \psi_n(x), & \forall x\in E\setminus(E[\psi_n=0]),\end{cases}$$

这样得到的函数列 $\{\overline{\psi_n}\}$ 满足：

(i) $\{\overline{\psi_n}\}$ 仍为一列简单函数列；

(ii) $\overline{\psi_n}(x)\neq 0,\quad \forall x\in E,\quad n=1,2,\cdots$；

(iii) $g=\lim\limits_{n\to\infty}\overline{\psi_n}$。

故

$$\frac{f}{g}=\lim_{n\to\infty}\frac{\varphi_n}{\psi_n}。$$

因 $\frac{\varphi_n}{\psi_n}(n=1,2,\cdots)$ 均为简单函数，仍由定理 4.3.7，即得 $\frac{f}{g}$ 之可测性。

定理证毕。

推论 2 设在 $\mathbf{R}^p$ 中，$f(x)$ 为集 E_1 上的可测函数。在 $\mathbf{R}^q$ 中，$g(y)$ 为集 E_2 上的可测函数。则在 $\mathbf{R}^{p+q}$ 中，$f(x)g(y)$ 为 $E=E_1\times E_2$ 上的可测函数。

其证明留作习题。

定理 4.3.9(可测函数的绝对值函数的可测性)

$$f\text{ 在 }E\text{ 上可测}\Longrightarrow |f|\text{ 在 }E\text{ 上可测。}$$

证明
$$\begin{aligned}&f\text{ 在 }E\text{ 上可测}\\ \Longrightarrow\ &f^+,f^-\text{ 均在 }E\text{ 上可测}\\ \Longrightarrow\ &|f|=f^++f^-\text{ 在 }E\text{ 上可测。}\end{aligned}$$

注 2 此定理之逆不成立，其反例的构造留作习题。

§4.4 可测函数列的收敛性

可测函数列有多种收敛性。除了我们已熟悉的几乎处处收敛、处处收敛和一致收敛外，本节中还将建立可测函数列的另一种重要的收敛概念：依测度收敛。本节将深入研究这些收敛概念之间的关系，得出 Egoroff 定理和 Riesz 定理等重要结论。本节中，i,j,k,N 和 n 均表示自然数。

一、几乎处处收敛与一致收敛的关系

1. 引言

(i) 我们已经熟知函数列的几乎处处收敛、处处收敛和一致收敛有以下逻辑关系：

$$\text{几乎处处收敛}\Longleftarrow\text{处处收敛}\Longleftarrow\text{一致收敛},$$

并且也知其相反的逻辑关系均不成立。几乎处处收敛与一致收敛的更加深刻的关系被俄国数学家 Egoroff 所揭示(1911 年)，其结论称为 Egoroff 定理。这一定理指明：在一定条件下，几乎处处收敛的可测函数列，可“部分”地化为一致收敛。这一定理成为处理极限问题的有力工具。

(ii) 在区间[0,1]上，令

$$f_n(x) = x^n,\quad n = 1,2,\cdots,$$
$$f(x) \equiv 0。$$

则由数学分析知识知

$$在[0,1]上, f_n \xrightarrow{a.e.} f 但 f_n \overset{一致}{\not\longrightarrow} f。$$

并且，$\forall \delta \in (0,1)$，有

$$在[0,1-\delta]上, f_n \xrightarrow{一致} f。$$

就是说，对于这个在$[0,1]$上不一致收敛的函数列$\{f_n\}$和函数 f 来说，只要从定义域中去掉一个其测度任意小的某子集后，在剩下的集合上，$\{f_n\}$即一致地收敛于 f。所谓 Egoroff 定理即是把这一事实，在一定条件下，推广到一般的几乎处处收敛的可测函数列上去。

(iii) 由数学分析知识知，一致收敛有以下等价定义：

设 $E \subset \mathbf{R}^n$，$f_n(n = 1,2,\cdots)$ 和 f 为 E 上的处处有限的函数，则：

在 E 上，$f_n \xrightarrow{一致} f$

$\Longleftrightarrow \forall k, \exists N_k$，使 $\forall n \geqslant N_k, \forall x \in E$，均有

$$|f_n(x) - f(x)| < \frac{1}{k}。$$

2. 引理

下面的引理首先研究这样一个问题：假如在 E 上，$\{f_n\}$不一致收敛于 f，是否可从 E 中去掉一个子集 e，使得在 $E \setminus e$ 上，$f_n \xrightarrow{一致} f$（当然，只有当 $E \setminus e$ 不是有限集或空集，这一工作才有意义）。

引理 1 设 $E \subset \mathbf{R}^n$，$f_n(n = 1,2,\cdots)$和 f 均为 E 上的处处有限的函数，$\{n_k\}$为自然数列的任一子列，令

$$e_k = \bigcup_{n=n_k}^{\infty} E\left[|f_n - f| \geqslant \frac{1}{k}\right],\quad k = 1,2,\cdots;$$

$$e = \bigcup_{k=1}^{\infty} e_k。$$

则在 $E \setminus e$ 上，$f_n \xrightarrow{一致} f$。

证明

$$\forall x \in E \setminus e$$
$$\Longrightarrow x \overline{\in} e_k,\quad k = 1,2,\cdots$$
$$\Longrightarrow \forall k，当 n \geqslant n_k 时，即有 |f_n(x) - f(x)| < \frac{1}{k}。$$

这也就是说，$\forall k$，只要 $n \geqslant n_k$ 和 $x \in E \backslash e$ 同时成立，即有 $|f_n(x) - f(x)| < \frac{1}{k}$。

因而，$\forall k$，取 $N_k = n_k$，即满足上述一致收敛等价定义中对 N_k 的要求：$\forall n \geqslant N_k$，$\forall x \in E \backslash e$，均有 $|f_n(x) - f(x)| < \frac{1}{k}$。故在 $E \backslash e$ 上，$f_n \xrightarrow{\text{一致}} f$。

注 1 深入理解掌握该引理，是掌握好 Egoroff 定理的关键。

(i) 读者只要认真对照一致收敛在引言之(iii)中的等价定义和本引理中集合 e 的构造，就会看出，事实上，集合 e 只不过是：在上述一致收敛的等价定义中，当我们取定 $N_k = n_k (k = 1, 2, \cdots)$ 时，$\forall n \geqslant n_k$，E 中所有使 $|f_n(x) - f(x)| < \frac{1}{k}$ 不成立的点的全体，即所有破坏一致收敛性的点的全体。将破坏一致收敛的点统统去掉了，那么，在剩下的集合 $E \backslash e$ 上，自然会一致收敛。

(ii) 该引理告诉我们，对于一个不一致收敛的函数列来说，欲要造一集 $e \subset E$，使得在 $E \backslash e$ 上一致收敛，是可以办到的，并且给出了 e 的具体构造方法，还指明，由自然数列的任一子列 $\{n_i\}$，均可造出这样一个相应的集合 e。

但该引理有一严重的不足：它没有指明 $E \backslash e$ 中还有“多少点”。假如造出的 $E \backslash e$ 成一有限集甚至成一空集，那么该引理即没有任何意义。因此，若仅有该引理，而没有下面的 Egoroff 定理的话，那么该引理也就没有多大价值了。

(iii) 该引理给我们指出这样一条路：可以通过适当选取自然数列的子列，使得造出的 $E \backslash e$ 在一定意义下与 E 足够地接近，以满足人们的需要。这正是下面的 Egoroff 定理的基本思想。

3. Egoroff 定理

定理 4.4.1(Egoroff 定理) 设

1° $mE < +\infty$；

2° $f_n (n = 1, 2, \cdots)$ 和 f 均为 E 上的几乎处处有限的可测函数；

3° 在 E 上，$f_n \xrightarrow{a.e.} f$。

则 $\forall \delta > 0$，均存在 E 的可测子集 e，满足：

(i) $me < \delta$；

(ii) 在 $E \backslash e$ 上，$f_n \xrightarrow{\text{一致}} f$。

证明 不妨设 $f_n (n = 1, 2, \cdots)$ 和 f 均为 E 上处处有限的函数。

因在 E 上，$f_n \xrightarrow{a.e.} f$，故

$$mE[f_n \nrightarrow f] = 0。$$

由定理 1.1.21，

$$E[f_n \nrightarrow f]=\bigcup_{k=1}^{\infty}\bigcap_{N=1}^{\infty}\bigcup_{n=N}^{\infty}E[|f_n-f|\geqslant \frac{1}{k}]。$$

故

$$m(\bigcup_{k=1}^{\infty}\bigcap_{N=1}^{\infty}\bigcup_{n=N}^{\infty}E[|f_n-f|\geqslant \frac{1}{k}])=0。$$

因而$\forall k$,均有

$$m(\bigcap_{N=1}^{\infty}\bigcup_{n=N}^{\infty}E[|f_n-f|\geqslant \frac{1}{k}])=0。$$

由 $mE<+\infty$ 及测度的上连续性，$\forall k$,均有

$$\lim_{N\to\infty}m(\bigcup_{n=N}^{\infty}E[|f_n-f|\geqslant \frac{1}{k}])=0。$$

所以$\forall k$,$\forall \delta>0$,$\exists N_k$,使

$$m(\bigcup_{n=N_k}^{\infty}E[|f_n-f|\geqslant \frac{1}{k}])<\frac{\delta}{2^k},\tag{1}$$

且可使 $N_1<N_2<\cdots<N_k<\cdots$,$N_k\to\infty(k\to\infty)$,即$\{N_k\}$为自然数列的一个子列。

令

$$e_k=\bigcup_{n=N_k}^{\infty}E[|f_n-f|\geqslant \frac{1}{k}],\quad k=1,2,\cdots;$$

$$e=\bigcup_{k=1}^{\infty}e_k。$$

则由式(1),有

$$me_k<\frac{\delta}{2^k},\quad k=1,2,\cdots,$$

因而

$$me\leqslant\sum_{k=1}^{\infty}me_k<\delta。$$

由引理 1 知，在 $E\backslash e$ 上，$f_n\xrightarrow{一致}f$。

定理证毕。

注 2 Egoroff 定理的结论也可表述为：

$\forall\delta>0$,均存在 E 的可测子集 E_δ,满足：

(i) $m(E\backslash E_\delta)<\delta$;

(ii) 在 E_δ 上，$f_n\xrightarrow{一致}f$。

注 3 引入以下定义：设 $f_n(n=1,2,\cdots)$ 和 f 均为可测集 E 上几乎处处有限

的可测函数，若$\forall \delta>0$，存在E的可测子集e，使

(i) $me<\delta$；

(ii) 在$E\setminus e$上：$f_n \xrightarrow{\text{一致}} f$。

则称在E上函数列$\{f_n\}$**几乎一致收敛**于f，记为$f_n \xrightarrow{\text{几乎一致}} f$。

按此定义，显然有：

$$\text{一致收敛} \Longrightarrow \text{几乎一致收敛}。$$

在这一定义之下，Egoroff 定理也可表述为：在定理 4.4.1 的条件 1° 和 2° 之下，在E上：

$$f_n \xrightarrow{a.e.} f \Longrightarrow f_n \xrightarrow{\text{几乎一致}} f。$$

注 4 Egoroff 定理的第一个条件“$mE<+\infty$”不能去掉，其反例的构造留作习题。

二、依测度收敛

定义 4.4.1 设$f_n(n=1,2,\cdots)$和f均为可测集E上的几乎处处有限的可测函数。若$\forall \varepsilon>0$，均有

$$\lim_{n\to\infty} mE[|f_n-f|\geqslant\varepsilon]=0,$$

则称在E上$\{f_n\}$**依测度收敛**于f，记为$f_n\Rightarrow f$。以“$f_n \not\Rightarrow f$”表示“$\{f_n\}$不依测度收敛于f”。

下面的注 5，一方面是对依测度收敛概念的进一步认识，同时也是应用这一概念的重要基本技能。

注 5 当$f_n(n=1,2,\cdots)$和f均为可测集E上的几乎处处有限的可测函数时，易知

(i) 在E上，$f_n\Rightarrow f$

$\Longleftrightarrow \forall\varepsilon>0, \forall\delta>0, \exists N\in\mathbf{N}$，使$\forall n\geqslant N$，均有

$$mE[|f_n-f|\geqslant\varepsilon]<\delta$$

$\Longleftrightarrow \forall i, \exists N_i$，使$\forall n\geqslant N_i$，有

$$mE\left[|f_n-f|\geqslant\frac{1}{i}\right]<\frac{1}{2^i}$$

$\Longrightarrow$ 存在自然数列的子列$\{N_i\}$，使得

$$mE\left[|f_{N_i}-f|\geqslant\frac{1}{i}\right]<\frac{1}{2^i}, i=1,2,\cdots。$$

(ii) 在E上，$f_n \not\Rightarrow f$

$\Longleftrightarrow \exists\varepsilon_0>0, \exists\delta_0>0$，使得$\forall N\in\mathbf{N}, \exists n\geqslant N$，满足

$$mE[|f_n - f| \geqslant \varepsilon_0] \geqslant \delta_0$$

$\Longleftrightarrow$ $\exists i_0$ 及自然数列的一子列$\{n_k\}$，使得

$$mE[|f_{n_k} - f| \geqslant \frac{1}{i_0}] \geqslant \frac{1}{2^{i_0}}。$$

下面的定理，从两个方面对依测度收敛概念进行了阐述。其证明均留作习题。

定理 4.4.2

(i)（依测度收敛极限的唯一性）设在 E 上，

$$f_n \Rightarrow f，且\ f_n \Rightarrow g。$$

则在 E 上 $f \overset{a.e.}{=\!=} g$。

(ii) 在 E 上，$f_n \Rightarrow f$

$\Longleftrightarrow \forall \varepsilon > 0, \forall \delta > 0, \exists N \in \mathbf{N}$，使得 $\forall n, m \geqslant N$，均有

$$mE[|f_n - f_m| \geqslant \varepsilon] < \delta。$$

例 1 在 $E = [0,1]$ 上，令

$f_n(x) = \chi_{[0,\frac{1}{n}]}(x)$（以$[0,1]$ 为基本集），$n = 1,2,\cdots$；

$f(x) \equiv 0$，

则在$[0,1]$ 上，有

(i) $f_n \xrightarrow{a.e.} f$；

(ii) $f_n \Rightarrow f$。

证(i)：显然，除 $x = 0$ 外，在$(0,1]$ 上，$f_n \xrightarrow{处处} f$。

证(ii)：只需注意：

当 $\varepsilon > 1$ 时，$mE[|f_n - f| \geqslant \varepsilon] = 0$，　$n = 1,2,\cdots$。

当 $0 < \varepsilon \leqslant 1$ 时，$mE[|f_n - f| \geqslant \varepsilon] = m([0,\frac{1}{n}]) = \frac{1}{n} \to 0 (n \to \infty)$。

例 2 在 $E = [0, +\infty)$ 上，令

$f_n(x) = \chi_{[n,+\infty)}(x)$　（以$[0, +\infty)$ 为基本集），$n = 1,2,\cdots$；

$f(x) \equiv 0$，

则在$[0, +\infty)$ 上，有

(i) $f_n \xrightarrow{处处} f$；

(ii) $f_n \nRightarrow f$。

证(i)：显然。

证(ii)：只需注意：当 $\varepsilon = 1$ 时，

$$\begin{aligned} &mE[|f_n - f| \geqslant 1] \\ &= m([n, +\infty)) = +\infty \nrightarrow 0 \quad (n \to \infty)。\end{aligned}$$

例 3 在 $E=[0,1)$ 上，令(以 $[0,1)$ 为基本集)

$$f_1^{(1)}(x)=\chi_{[0,1)}(x),$$

$$f_1^{(2)}(x)=\chi_{[0,\frac{1}{2})}(x), \qquad f_2^{(2)}(x)=\chi_{[\frac{1}{2},1)}(x),$$

……

$$f_i^{(k)}(x)=\chi_{[\frac{i-1}{k},\frac{i}{k})}(x), \qquad i=1,2,\cdots,k。$$

……

将函数列 $\{f_i^{(k)}:i=1,2,\cdots,k;k=1,2,\cdots\}$ 排成一列，令

$$\varphi_1=f_1^{(1)}, \qquad \varphi_2=f_1^{(2)}, \qquad \varphi_3=f_2^{(2)},$$

$$\varphi_4=f_1^{(3)}, \qquad \varphi_5=f_2^{(3)}, \qquad \varphi_6=f_3^{(3)},$$

……

其中

$$\varphi_n=f_i^{(k)} \quad (其中\ n=\frac{k(k-1)}{2}+i),i=1,2,\cdots,k;k=1,2,\cdots。$$

显然：$n\to\infty \Longleftrightarrow k\to\infty$。令

$$\varphi(x)\equiv 0, \quad \forall x\in[0,1)。$$

则在 $E=[0,1)$ 上，有

(i) $\{\varphi_n\}$ 处处均不收敛；

(ii) $\varphi_n\Rightarrow\varphi$。

证(i)：$\forall x_0\in[0,1)$，$\forall k\geqslant 2$，$\exists i,j(1\leqslant i,j\leqslant k)$，使

$$f_i^{(k)}(x_0)=1, \quad f_j^{(k)}(x_0)=0,$$

即必存在无穷多个 φ_n 使 $\varphi_n(x_0)=1$，也必存在另外无穷多个 φ_n，使 $\varphi_n(x_0)=0$，故 $\{\varphi_n(x_0)\}$ 不收敛。

证(ii)：只需注意：当 $\varepsilon>1$ 时，

$$mE[|\varphi_n-\varphi|\geqslant\varepsilon]=0, \quad n=1,2,\cdots。$$

当 $0<\varepsilon\leqslant 1$ 时，

$$mE[|\varphi_n-\varphi|\geqslant\varepsilon]=mE[f_i^{(k)}\geqslant\varepsilon]=\frac{1}{k}\to 0 \quad (n\to\infty)。$$

三、依测度收敛与其他收敛概念的关系

定理 4.4.3 设 $f_n(n=1,2,\cdots)$ 和 f 均为可测集 E 上的几乎处处有限的可测函数。若 $\forall\delta>0$，均存在可测子集 e，使得

1) $me < \delta$;

2) 在 $E \setminus e$ 上, $f_n \xrightarrow{一致} f$,

则在 E 上, $f_n \Rightarrow f$。

按几乎一致收敛的定义,本定理也可述为:

$$几乎一致收敛 \Longrightarrow 依测度收敛。$$

证明 $\forall \varepsilon > 0, \delta > 0$。由已知, $\exists e \subset E$,使得 $me < \delta$,在 $E \setminus e$ 上, $f_n \xrightarrow{一致} f$。对 $\varepsilon > 0$, $\exists N \in \mathbf{N}$,使 $\forall n \geqslant N$, $\forall x \in E \setminus e$,有

$$|f_n(x) - f(x)| < \varepsilon。$$

即当 $n \geqslant N$ 时,

$$E[|f_n - f| \geqslant \varepsilon] \subset e。$$

所以,当 $n \geqslant N$ 时,

$$mE[|f_n - f| \geqslant \varepsilon] \leqslant me < \delta。$$

故得:在 E 上, $f_n \Rightarrow f$。

因一致收敛可推得几乎一致收敛,故有以下推论:

推论 1 一致收敛 $\Longrightarrow$ 依测度收敛。

望读者用一致收敛和依测度收敛之定义,直接证明该推论,以加深对这两概念的认识。

定理 4.4.4(Lebesgue 定理) 设

1° $mE < +\infty$;

2° $f_n (n = 1, 2, \cdots)$ 和 f 均为 E 上的几乎处处有限的可测函数;

3° 在 E 上, $f_n \xrightarrow{a.e.} f$。

则在 E 上, $f_n \Rightarrow f$。

证明 这是 Egoroff 定理和定理 4.4.3 的直接结果。

注 6 Lebesgue 定理可简述为:

$$当\ mE < +\infty\ 时,几乎处处收敛 \Longrightarrow 依测度收敛。$$

该定理之逆定理不成立,例 3 即为其反例。

该定理中的条件"$mE < +\infty$"不能去掉,例 2 即为其反例。因而,当 $mE = +\infty$ 时,几乎处处收敛和依测度收敛互不包含。

为证明下面的 Riesz 定理,我们先引入两引理。

引理 2 设 $f_n (n = 1, 2, \cdots)$ 和 f 均为可测集 E 上处处有限的可测函数,令

$$T = \overline{\lim_{n \to \infty}} E\left[|f_n - f| \geqslant \frac{1}{n}\right] \tag{2}$$

若 $mT = 0$,则在 E 上, $f_n \xrightarrow{a.e.} f$。

证明 由式(2)知

$$E[f_n \not\to f] \subset T, \qquad (\text{定理 } 1.1.23)$$

故由 $mT = 0$,即知 $mE[f_n \not\to f] = 0$,故在 E 上,$f_n \xrightarrow{a.e.} f$。

引理 3 设$\{E_n\}$为可测集列,若

$$mE_n \leqslant \frac{1}{2^n}, \quad n = 1,2,\cdots,$$

则

$$m(\overline{\lim_{n\to\infty}} E_n) = 0。$$

证明 这是§3.3推论3的直接推论。

定理 4.4.5(Riesz 定理) 若在 E 上,$f_n \Rightarrow f$,则$\{f_n\}$必存在子列$\{f_{n_i}\}$,使在 E 上,$f_{n_i} \xrightarrow{a.e.} f$。

证明 不妨设 $f_n(n = 1,2,\cdots)$ 和 f 均为 E 上的处处有限的可测函数。

因 $f_n \Rightarrow f$,由本节注 5,存在自然数列的子列$\{n_i\}$,使

$$mE[|f_{n_i} - f| \geqslant \frac{1}{i}] < \frac{1}{2^i}, \qquad i = 1,2,\cdots$$

$$\Longrightarrow m(\overline{\lim_{i\to\infty}} E[|f_{n_i} - f| \geqslant \frac{1}{i}]) = 0 \qquad (\text{引理 } 3)$$

$$\Longrightarrow \text{在 } E \text{ 上},f_{n_i} \xrightarrow{a.e.} f。 \qquad (\text{引理 } 2)$$

证毕。

§4.5 可测函数的结构

在§4.2中,我们已知(例4):若 f 是可测集 E 上的处处有限的函数,则在 E 上,有

$$f \text{ 连续} \underset{\not\Longleftarrow}{\Longrightarrow} f \text{ 可测}。$$

在本节中,我们将进一步揭示可测函数与连续函数之间的密切联系,得到 Lusin 定理等重要结论。我们将会看到,对于一个可测函数只要从定义域中去掉某个其测度可任意小的集合后,该函数在剩下的集合上就会成为一个连续函数。我们也将看到,一个几乎处处有限的可测函数可表示为一列连续函数的极限。这些结果使我们对可测函数的结构有了更为深刻的认识。这些结果,在理论上和应用上,都有重要意义。

一、Lusin 定理

定理 4.5.1(Lusin 定理 Ⅰ)　设 E 为 $\mathbf{R}^n$ 中的可测集,f 为 E 上的几乎处处有限的可测函数,则 $\forall \varepsilon > 0$,均存在闭集 $F \subset E$,满足:

(i) $m(E \setminus F) < \varepsilon$;

(ii) f 在 F 上连续。

证明

(Ⅰ) 设 f 为简单函数,即

$$f(x) = c_i, \forall x \in E_i, i = 1,2,\cdots,n,$$

其中 $E_1, E_2, \cdots, E_n$ 均可测,两两不交,且

$$E = \bigcup_{i=1}^{n} E_i。$$

$\forall \varepsilon > 0$,由定理 3.4.3,存在闭集 $F_i, i = 1,2,\cdots,n$,使得

$$F_i \subset E_i,\text{且 } m(E_i \setminus F_i) < \frac{\varepsilon}{n},\quad i = 1,2,\cdots,n。$$

令

$$F = \bigcup_{i=1}^{n} F_i,$$

则 F 为闭集,且

$$E \setminus F = \bigcup_{i=1}^{n} (E_i \setminus F_i)。\qquad (\S 3.4 \text{ 引理 } 1)$$

故

$$m(E \setminus F) \leqslant \sum_{i=1}^{n} m(E_i \setminus F_i) < \varepsilon。$$

由§4.1 连续函数的性质 5 知,f 在 F 上连续,故 F 即为所求。

(Ⅱ) 设 f 为 E 上的有界可测函数,则由定理 4.2.5,存在简单函数列 $\{\varphi_n\}$,使得在 E 上,有

$$\varphi_n \xrightarrow{\text{一致}} f。$$

由(Ⅰ),$\forall n \in \mathbf{N}$,均存在闭集 $F_n \subset E$,使得

$$m(E \setminus F_n) < \frac{\varepsilon}{2^{n+1}},\text{且 } \varphi_n \text{ 在 } F_n \text{ 上连续。}$$

令

$$F = \bigcap_{n=1}^{\infty} F_n,$$

则 $F \subset E$,F 为闭集。又

$$E\setminus F = E\setminus \bigcap_{n=1}^{\infty} F_n = \bigcup_{n=1}^{\infty}(E\setminus F_n),$$

故

$$m(E\setminus F) \leqslant \sum_{n=1}^{\infty} m(E\setminus F_n) < \sum_{n=1}^{\infty} \frac{\varepsilon}{2^{n+1}} < \varepsilon。$$

根据§4.1连续函数的性质2，由 $F\subset F_n$，可知 φ_n 在 F 上连续，$n=1,2,\cdots$。

由 $F\subset E$，故在 F 上，也有 $\varphi_n \xrightarrow{一致} f$。从而，由§4.1连续函数的性质4，知 f 在 F 上连续，即 F 为所求。

（Ⅲ）设 f 为 E 上的一般的几乎处处有限的可测函数，不妨设 f 处处有限。令

$$g(x) = \frac{f(x)}{1+|f(x)|}, \quad \forall x\in E。$$

则 g 为 E 上的有界可测函数，且

$$|g(x)| < 1, \quad \forall x\in E。$$

由（Ⅱ），$\forall \varepsilon > 0$，存在闭集 $F\subset E$，使得

$$m(E\setminus F) < \varepsilon，且 g 在 F 上连续。$$

此时易知

$$f(x) = \frac{g(x)}{1-|g(x)|}, \quad \forall x\in E。$$

故 f 在 F 上连续，即 F 为所求。

定理证毕。

二、Lusin 定理的另一种形式

下面我们将建立另一形式的 Lusin 定理。为明确起见，我们将下面将建立的 Lusin 定理（定理4.5.2）称为 Lusin 定理Ⅱ。

引理1 设 F 为 $\mathbf{R}^n$ 中的闭集，f 为 F 上的连续函数。$\forall a\in \mathbf{R}^1$，集合

$$F[f\geqslant a] 和 F[f\leqslant a]$$

均为闭集。

证明留作习题。

引理2 设 $E\subset \mathbf{R}^n$，$f(x)$ 为 E 上的连续函数，$h(y)$ 为 $\mathbf{R}^1$ 上的连续函数，则复合函数 $h(f(x))$ 为 E 上的连续函数。

其证明方法与数学分析中相应结论之证明方法相同，故由读者自证。

引理3 设 A,B 为 $\mathbf{R}^n$ 中互不相交的闭集，$-\infty < a < b < +\infty$，则存在 $\mathbf{R}^n$ 上的连续函数 g，使得

$$g(x) = a, \quad \forall x\in A,$$

$$g(x)=b,\quad \forall x\in B,$$
$$a\leqslant g(x)\leqslant b,\quad \forall x\in \mathbf{R}^n。$$

证明　不妨设 A,B 均非空。在 $\mathbf{R}^n$ 上，令

$$g(x)=\frac{a\rho(x,B)+b\rho(x,A)}{\rho(x,A)+\rho(x,B)}。$$

用关于点集间距离的性质的定理 2.5.2 和点集间距离的连续性(定理 2.5.4)，不难验证函数 g 即为所求。

下面我们引入关于闭集上的连续函数在整个空间上保持连续性的延拓的一个引理及其推论。

引理 4　设 F 为 $\mathbf{R}^n$ 中的非空闭集，f 为 F 上的连续函数，且 $\exists M>0$，使得

$$|f(x)|\leqslant M,\quad \forall x\in F,\tag{1}$$

则存在 $\mathbf{R}^n$ 上连续函数 g，使得

$$g(x)=f(x),\quad \forall x\in F,\tag{2}$$
$$|g(x)|\leqslant M,\quad \forall x\in \mathbf{R}^n。\tag{3}$$

证明

(Ⅰ) 令

$$A=F\left[\frac{M}{3}\leqslant f\leqslant M\right],$$

$$B=F\left[-M\leqslant f\leqslant -\frac{M}{3}\right],$$

则

$$F\setminus(A\cup B)=F\left[-\frac{M}{3}<f<\frac{M}{3}\right]。$$

由 f 在 F 上的连续性及引理 1，知 A 和 B 均为 F 的闭子集，且两两不交，由引理 3，存在 $\mathbf{R}^n$ 上的连续函数 $g_1(x)$，使得

$$g_1(x)=\frac{M}{3},\quad \forall x\in A,$$

$$g_1(x)=-\frac{M}{3},\quad \forall x\in B,$$

$$-\frac{M}{3}\leqslant g_1(x)\leqslant \frac{M}{3},\quad \forall x\in \mathbf{R}^n。$$

因而易知

$$|g_1(x)|\leqslant \frac{M}{3},\quad \forall x\in \mathbf{R}^n,$$

$$|f(x)-g_1(x)|\leqslant \frac{2}{3}M,\quad \forall x\in F。\tag{4}$$

（Ⅱ）因 $f-g_1$ 仍为 F 上的连续函数，又满足式(4)，因此，将函数 $f-g_1$ 作为（Ⅰ）中的 f，我们又可得 $\mathbf{R}^n$ 上的连续函数 g_2，满足

$$|g_2(x)|\leqslant\frac{1}{3}\cdot\frac{2}{3}M,\quad\forall x\in\mathbf{R}^n,$$

$$|f(x)-g_1(x)-g_2(x)|\leqslant\frac{2}{3}\cdot\frac{2}{3}M=(\frac{2}{3})^2M,\quad\forall x\in F。$$

（Ⅲ）由数学归纳法不难证明，此过程可一直进行下去，从而得 $\mathbf{R}^n$ 上的一列连续函数 $\{g_n\}$，满足

$$|g_n(x)|\leqslant\frac{1}{3}\cdot(\frac{2}{3})^{n-1}M,\quad\forall x\in\mathbf{R}^n,\tag{5}$$

$$\left|f(x)-\sum_{i=1}^{n}g_i(x)\right|\leqslant(\frac{2}{3})^nM,\quad\forall x\in F。\tag{6}$$

由式(5)知级数

$$\sum_{n=1}^{\infty}g_n(x)$$

在 $\mathbf{R}^n$ 上一致收敛，记其和函数为 $g(x)$，则 $g(x)$ 为 $\mathbf{R}^n$ 上的连续函数(§4.1 连续函数性质 4)。

由式(6)知，在 F 上，级数 $\sum\limits_{n=1}^{\infty}g_n(x)$ 一致收敛于 $f(x)$，故得式(2)。

又，$\forall x\in\mathbf{R}^n$，有

$$|g(x)|\leqslant\sum_{n=1}^{\infty}|g_n(x)|\leqslant\frac{M}{3}\sum_{n=1}^{\infty}(\frac{2}{3})^{n-1}=M。$$

即式(3)成立。引理证毕。

推论 1　设 F 为 $\mathbf{R}^n$ 中的非空闭集，f 为 F 上的连续函数，则存在 $\mathbf{R}^n$ 上的连续函数 g，使得

$$g(x)=f(x),\quad\forall x\in F。$$

证明

（Ⅰ）令

$$\varphi(x)=\arctan f(x)。$$

则 φ 为 F 上的连续函数(引理 2)，且

$$|\varphi(x)|<\frac{\pi}{2},\quad\forall x\in F。$$

由引理 4，存在 $\mathbf{R}^n$ 上的连续函数 ψ，使得

$$\psi(x)=\varphi(x),\quad\forall x\in F,$$

$$|\psi(x)|\leqslant\frac{\pi}{2},\quad\forall x\in\mathbf{R}^n。$$

（Ⅱ）令

$$C = \{x \in \mathbf{R}^n : |\psi(x)| = \frac{\pi}{2}\},$$

则由引理 1 知，C 为闭集。因在 F 上，$|\psi(x)| < \frac{\pi}{2}$，故 $C \cap F = \varnothing$。再由引理 3，存在 $\mathbf{R}^n$ 上的连续函数 ξ，使得

$$\xi(x) = 0, \quad \forall x \in C,$$
$$\xi(x) = 1, \quad \forall x \in F,$$
$$0 \leqslant \xi(x) \leqslant 1, \quad \forall x \in \mathbf{R}^n。$$

则 $\xi\psi$ 仍为 $\mathbf{R}^n$ 上的连续函数，且

$$(\xi\psi)(x) = \varphi(x), \quad \forall x \in F,$$
$$|(\xi\psi)(x)| < \frac{\pi}{2}, \quad \forall x \in \mathbf{R}^n。$$

（Ⅲ）令

$$g(x) = \tan((\xi\psi)(x)), \quad \forall x \in \mathbf{R}^n,$$

则 g 为 $\mathbf{R}^n$ 上的连续函数（引理 2），且当 $x \in F$ 时，有

$$g(x) = \tan((\xi\psi)(x)) = \tan\varphi(x) = \tan(\arctan f(x)) = f(x)。$$

证毕。

定理 4.5.2（Lusin 定理 Ⅱ）　设 E 为 $\mathbf{R}^n$ 中的可测集，f 为 E 上的几乎处处有限的可测函数。则 $\forall \varepsilon > 0$，均存在闭集 $F \subset E$，及 $\mathbf{R}^n$ 上的连续函数 g，满足：

(i) $m(E \setminus F) < \varepsilon$；

(ii) $g(x) = f(x), \quad \forall x \in F$；

(iii) 若再有条件：$\exists M > 0$，使得

$$|f(x)| \leqslant M, \quad \forall x \in E, \tag{7}$$

则

$$|g(x)| \leqslant M, \quad \forall x \in \mathbf{R}^n。 \tag{8}$$

证明　由定理 4.5.1，$\forall \varepsilon > 0$ 存在闭集 $F \subset E$，使得

$$m(E \setminus F) < \varepsilon，且 f 在 F 上连续。$$

由推论 1，存在 $\mathbf{R}^n$ 上的连续函数 g，满足

$$g(x) = f(x), \quad \forall x \in F。$$

结论(i)、(ii)得证。

若此时式(7)成立，则由引理 4 知，g 可满足式(8)。

证毕。

三、将可测函数表示为连续函数列的极限

定理 4.5.3 设 E 为 $\mathbf{R}^n$ 中的可测集，f 为 E 上的几乎处处有限的函数，则 f 为 E 上的可测函数 $\Longleftrightarrow$ 存在 $\mathbf{R}^n$ 上的连续函数列 $\{g_n\}$，使得

$$f=\lim_{n\to\infty}g_n,\quad a.e.\text{ 于 } E。\tag{9}$$

证明

证"$\Longrightarrow$"：由 Lusin 定理 Ⅱ，$\forall n\in\mathbf{N}$，$\exists F_n\subset E$ 及 $\mathbf{R}^n$ 上的连续函数 g_n，使得

$$m(E\setminus F_n)<\frac{1}{n},$$

$$g_n(x)=f(x),\quad \forall x\in F_n,$$

则 $\forall\varepsilon>0$，有

$$E[|g_n-f|\geqslant\varepsilon]\subset(E\setminus F_n),$$

故

$$mE[|g_n-f|\geqslant\varepsilon]\leqslant m(E\setminus F_n)<\frac{1}{n}\to 0\quad(n\to\infty),$$

即在 E 上，有

$$g_n\Rightarrow f\quad(n\to\infty)。$$

由 Riesz 定理，即知存在 $\{g_n\}$ 的子列 $\{g_{n_i}\}$ 使得

$$f=\lim_{i\to\infty}g_{n_i},\quad a.e.\text{ 于 } E。$$

故 $\{g_{n_i}\}$ 即为所求。

证"$\Longleftarrow$"：因 g_n 为 $\mathbf{R}^n$ 上的连续函数列，故也是 E 上的连续函数列，因而也是 E 上的可测函数列，由式(9)及§4.3 推论 1，即得 f 在 E 上的可测性。

定理证毕。

习 题

1. 证明：简单函数的和、差、积和商(分母不为零)仍为简单函数。
2. 设 x_0 为点集 E 之孤立点，证明：E 上的任何实函数在 x_0 处均(关于 E)连续。
3. 证明§4.1 关于连续函数的性质 5。
4. 证明：有界闭集上的连续函数均为有界函数。
5. 证明：$\mathbf{R}^1$ 中的可测集 E 上的单调函数均为 E 上的可测函数。
6. 证明定理 4.2.2。

7. 设 $mE<+\infty$，f 为 E 上的几乎处处有限的可测函数。证明：$\forall\varepsilon>0$，存在闭集 $F\subset E$，使 $m(E\setminus F)<\varepsilon$，且在 F 上 f 是有界函数。

8. 设 $\{f_n\}$ 为可测集 E 上的可测函数列，证明：若 $\forall\varepsilon>0$，均有

$$\sum_{n=1}^{\infty}mE[|f_n|\geqslant\varepsilon]<+\infty。$$

则必有

$$\lim_{n\to\infty}f_n(x)=0,\quad a.e.\ 于\ E。$$

并以反例说明：该命题之逆命题不成立。

9. 设 $mE<+\infty$，f 为 E 上的可测函数。令

$$A_y=E[f=y],\quad \forall y\in\mathbf{R}^1。$$

证明：集合

$$\{y:mA_y>0\}$$

为至多可数集。

10. 设 $f_n(n=1,2,\cdots)$ 和 f 均为可测集 E 上的几乎处处有限的可测函数。证明：集合 $E[f_n\to f]$ 和 $E[f_n\nrightarrow f]$ 均为可测集。

11. 设 f,g 均为集 E 上的可测函数。证明：集合 $E[f>g]$ 为可测集。

12. 构造反例说明：$|f|$ 可测 $\not\Longrightarrow f$ 可测。

13. 设在 $\mathbf{R}^p$ 中，$f(x)$ 是集 E_1 上的可测函数；在 $\mathbf{R}^q$ 中，$g(y)$ 为集 E_2 上的可测函数。证明：在 $\mathbf{R}^{p+q}$ 中，$f(x)g(y)$ 为 $E=E_1\times E_2$ 上的可测函数。

14. 设 $f(x)=f(\xi_1,\xi_2,\cdots,\xi_n)$ 为 $\mathbf{R}^n$ 上的可微函数。证明：所有偏导函数

$$\frac{\partial}{\partial\xi_i}f(\xi_1,\xi_2,\cdots,\xi_n),\quad i=1,2,\cdots,n$$

均为 $\mathbf{R}^n$ 上的可测函数。

15. 构造反例说明：Egoroff 定理中的条件"$mE<+\infty$"不能去掉。

16. 设 $mE<+\infty$，$f_n(n=1,2,\cdots)$ 均为 E 上的几乎处处有限的可测函数，且

$$\lim_{n\to\infty}f_n(x)=0,\quad a.e.\ 于\ E。$$

证明：存在 E 的子集列 $\{E_k\}$，使得

$$E_k\subset E_{k+1},\quad k=1,2,\cdots,$$

$$\lim_{k\to\infty}mE_k=mE,$$

$$在\ E_k\ 上，f_n\xrightarrow{一致}0\quad(n\to\infty),k=1,2,\cdots。$$

17. 设 $mE<+\infty$，$f_n(n=1,2,\cdots)$ 均为 E 上的几乎处处有限的可测函数，且

$$\lim_{n\to\infty}f_n(x)=0,\quad a.e.\ 于\ E。$$

证明：存在$\{f_n\}$的子列$\{f_{n_i}\}$，使得级数

$$\sum_{i=1}^{\infty} f_{n_i}(x)$$

在 E 上几乎处处绝对收敛。

18. 设 $f_n(n=1,2,\cdots)$ 和 f 均为集 E 上的几乎处处有限的可测函数，$\forall \delta>0$，均存在 E 的可测子集 E_δ，使得

$$m(E\setminus E_\delta)<\delta, \text{且在 } E_\delta \text{ 上}, f_n \xrightarrow{\text{一致}} f。$$

证明：在 E 上，$f_n \xrightarrow{a.e.} f$。

（此命题即 Egoroff 定理的逆定理，不过不需要条件 $mE<+\infty$）

19. 设在可测集 E 上，有

$$f_n \Rightarrow f, \quad g_n \Rightarrow g。$$

证明：

(i) $af_n \Rightarrow af\,(a\in \mathbf{R}^1)$；

(ii) $f_n+g_n \Rightarrow f+g$；

(iii) 当 $mE<+\infty$ 时，有 $f_n g_n \Rightarrow fg$；

(iv) $|f_n| \Rightarrow |f|$。

并以反例说明：当 $mE=+\infty$ 时，结论(iii)不成立。

20. 证明（依测度收敛极限的唯一性）：设在 E 上，有

$$f_n \Rightarrow f \text{ 且 } f_n \Rightarrow g,$$

则在 E 上，$f \overset{a.e.}{=} g$。

21. 设 $f_n(n=1,2,\cdots)$ 和 f 均为可测集 E 上的几乎处处有限的可测函数，证明：在 E 上有

$$f_n \Rightarrow f \iff \forall \varepsilon>0, \forall \delta>0, \exists N\in \mathbf{N}, \text{使得} \forall n,m\geqslant N, \text{均有}$$
$$mE[|f_n-f_m|\geqslant \varepsilon]<\delta。$$

22. 设

1° 在可测集 E 上，$f_n \Rightarrow f$；

2° $|f_n(x)|\leqslant K$， $a.e.$ 于 E， $K>0$， $n=1,2,\cdots$。

证明：$|f(x)|\leqslant K$， $a.e.$ 于 E。

23. 设在可测集 E 上，$f_n \Rightarrow f$。证明：必存在$\{f_n\}$的子列$\{f_{n_i}\}$，满足：$\forall \delta>0$，均存在 E 的可测子集 e，使得

$$me<\delta, \text{且在 } E\setminus e \text{ 上}, f_{n_i} \xrightarrow{\text{一致}} f。$$

24. 设在集 E 上，$f_n \Rightarrow f$，且

$$f_n \leqslant f_{n+1}, \quad n=1,2,\cdots。$$

证明：在 E 上，$f_n \xrightarrow{a.e.} f$。

25. 设 F 为 $\mathbf{R}^n$ 中的闭集，f 为 F 上的连续函数，证明：$\forall a \in \mathbf{R}^1$，集合 $F[f \geqslant a]$ 均为闭集。

26. 证明 Lusin 定理的逆定理：设可测集 $E \subset \mathbf{R}^n$，f 为 E 上的广义实函数，满足：$\forall \varepsilon > 0$，均存在闭集 $F \subset E$，使

$$m(E \backslash F) < \varepsilon，且 f 在 F 上连续。$$

则 f 为 E 上的几乎处处有限的可测函数。

27. 将 Lusin 定理中的 ε 换为 0，结论仍对否？为什么？

Lebesgue积分

通过前面四章，在集合论、点集论、测度论和可测函数论四方面的准备工作的基础上，本章中，我们来完成本书的中心任务：建立新的积分理论，即 Lebesgue 积分理论。

本章中，§5.1 和§5.2 依次对非负简单函数、非负可测函数和一般可测函数建立积分概念及其初等性质与极限定理。§5.3 讨论 Lebesgue 积分与 Riemann 积分的关系。§5.4 研究在 Lebesgue 积分中，将重积分化为累次积分以及累次积分交换积分次序的问题，即建立 Lebesgue 积分理论中的重要结论——Fubini 定理。关于 Lebesgue 意义下的不定积分问题，我们将在下一章中讨论。

本书的附录二"Lebesgue 积分的另一种建立方式"，作为本章内容的一个补充，可使读者进一步加深对 Lebesgue 积分的认识。

§5.1　非负可测函数的积分

本节中，均设 E 为 $\mathbf{R}^n$ 中的可测集，E 的子集的特征函数均以 E 为基本集。所涉及的函数 f,g 等均为 E 上的非负函数。如无特别声明，均有 $n\in\mathbf{N}$。

一、非负简单函数的积分

定义 5.1.1　设 f 为可测集 E 上的非负简单函数

$$f(x)=\sum_{i=1}^{n}c_i\chi_{E_i}(x)。\tag{1}$$

其中 $E_i(i=1,2,\cdots,n)$ 均为 E 的两两不交的可测子集，且

$$E=\bigcup_{i=1}^{n}E_i。$$

$c_i(i=1,2,\cdots,n)$ 均为非负实常数，则称

$$\sum_{i=1}^{n} c_i m E_i \tag{2}$$

为 f 在 E 上的 **Lebesgue 积分或积分**，记为$\int_E f\mathrm{d}x$。若 f 在 E 上的积分值有限，则称 f 在 E 上 **Lebesgue 可积或可积**。

注 1

(i) 易证：该积分定义是确定的，即对于非负简单函数 f 形如式(1)的不同形式的表达式，定义 5.1.1 中的积分值均相等。

(ii) 任何非负简单函数 f 的积分均存在，且积分值满足

$$0 \leqslant \int_E f\mathrm{d}x \leqslant +\infty。$$

例 1 设 A 为 E 的可测子集，则按积分定义显然有

$$\int_E \chi_A \mathrm{d}x = mA。$$

例如，对于 $E=[0,1]$ 上的 Dirichlet 函数 $D(x)$，即有

$$\int_E D(x)\mathrm{d}x = 0。$$

定理 5.1.1(积分的几何意义) 设 f 为 E 上的非负简单函数，则

$$\int_E f\mathrm{d}x = mG(E,f)。\tag{3}$$

证明 由非负简单函数均非负可测及定理 4.2.6，知 $G(E,f)$ 可测。

设 f 如式(1)所定义，由§4.2 中下方图形的性质 3，有

$$mG(E,f) = \sum_{i=1}^{n} c_i m E_i,$$

则式(3)成立。定理得证。

定理 5.1.2(积分的初等性质) 设 f 和 g 均为 E 上的非负简单函数。

(i) 在 E 上，$f \leqslant g \Longrightarrow \int_E f\mathrm{d}x \leqslant \int_E g\mathrm{d}x$；

(ii) $\int_E (f+g)\mathrm{d}x = \int_E f\mathrm{d}x + \int_E g\mathrm{d}x$；

(iii) 设 $c \in \mathbf{R}^1, c \geqslant 0$，则

$$\int_E cf\mathrm{d}x = c\int_E f\mathrm{d}x。$$

证明

证(i)：已知条件

$\Longrightarrow mG(E,f) \leqslant mG(E,g)$　　　　（下方图形性质 4）

$\Longrightarrow \int_E f\,\mathrm{d}x \leqslant \int_E g\,\mathrm{d}x$。　　　　（定理 5.1.1）

证(ii)：设

$$f(x)=\sum_{i=1}^{n} c_i \chi_{E_i}(x),\quad g(x)=\sum_{j=1}^{k} d_j \chi_{F_j}(x)。$$

其中诸 F_j 也是 E 的两两不交的可测子集，且 $E=\bigcup_{j=1}^{k} F_j$。则

$$f(x)+g(x)=\sum_{i=1}^{n}\sum_{j=1}^{k}(c_i+d_j)\chi_{E_i\cap F_j}(x),$$

故

$$\begin{aligned}\int_E (f+g)\,\mathrm{d}x &= \sum_{i=1}^{n}\sum_{j=1}^{k}(c_i+d_j)m(E_i\cap F_j)\\ &= \sum_{i=1}^{n}\sum_{j=1}^{k}c_i m(E_i\cap F_j)+\sum_{i=1}^{n}\sum_{j=1}^{k}d_j m(E_i\cap F_j)\\ &= \sum_{i=1}^{n}c_i mE_i+\sum_{j=1}^{k}d_j mF_j\\ &= \int_E f\,\mathrm{d}x+\int_E g\,\mathrm{d}x。\end{aligned}$$

证(iii)：因

$$cf(x)=\sum_{i=1}^{n} cc_i\chi_{E_i}(x),$$

故结论(iii)可由积分定义直接推得。

二、非负可测函数的积分

1. 概念和初等性质

定义 5.1.2　设 f 为 E 上的非负可测函数，则称

$$\sup\{\int_E \varphi\,\mathrm{d}x:\varphi \text{ 为 } E \text{ 上的非负简单函数，且 } \varphi\leqslant f\}$$

为 f 在 E 上的 **Lebesgue 积分或积分**，记为 $\int_E f\,\mathrm{d}x$。若 f 在 E 上的积分有限，则称 f 在 E 上 **Lebesgue 可积或可积**。

注 2

(i) 对于非负简单函数，有定义 5.1.1 和定义 5.1.2 两种积分定义。由定理 5.1.2(i)，易知这两种定义是一致的。

(ii) 任何非负可测函数均存在积分,且其积分值满足

$$0 \leqslant \int_E f\mathrm{d}x \leqslant +\infty。$$

定理 5.1.3(积分的几何意义)　设 f 为 E 上的非负可测函数,则

$$\int_E f\mathrm{d}x = mG(E,f)。$$

证明

(Ⅰ) 因 f 在 E 上非负可测,故 $G(E,f)$ 可测。任取 E 上的非负简单函数 $\varphi(x)$,使得

$$\varphi(x) \leqslant f(x), \quad \forall x \in E。$$

则由定理 5.1.1 及下方图形性质 4,有

$$\int_E \varphi\mathrm{d}x = mG(E,\varphi) \leqslant mG(E,f)。$$

再由 φ 的任意性及定义 5.1.2,知

$$\int_E f\mathrm{d}x \leqslant mG(E,f)。$$

(Ⅱ) 由定理 4.2.4,存在 E 上的非负简单函数列 $\{\varphi_n\}$,使得在 E 上有

$$\varphi_n \leqslant \varphi_{n+1}, \quad n = 1,2,\cdots,$$
$$\varphi_n \to f。$$

此时,必有

$$0 \leqslant \varphi_n(x) \leqslant f(x), \quad \forall x \in E, \forall n \in N。$$

故由定义 5.1.2 知

$$\int_E \varphi_n\mathrm{d}x \leqslant \int_E f\mathrm{d}x, \quad \forall n \in N。$$

再由定理 5.1.1 及下方图形性质 7,有

$$\int_E f\mathrm{d}x \geqslant \int_E \varphi_n\mathrm{d}x = mG(E,\varphi_n) \to mG(E,f),$$

即

$$\int_E f\mathrm{d}x \geqslant mG(E,f)。$$

综合(Ⅰ),(Ⅱ)知结论成立。

由该定理及其证明,可得以下有用的结论:

定理 5.1.4　设 f 为 E 上的非负可测函数,$\{\varphi_n\}$为 E 上的一列非负简单函数,在 E 上满足:

1° $\varphi_n \leqslant \varphi_{n+1}, \quad n = 1,2,\cdots;$

2° $\varphi_n \to f$。

则

$$\int_E f\,\mathrm{d}x = \lim_{n\to\infty}\int_E \varphi_n\,\mathrm{d}x。$$

定理5.1.5(积分的初等性质) 设 f 和 g 均为 E 上的非负可测函数,则以下结论成立:

(i) $\int_E 1\mathrm{d}x = mE$。

(ii) 设 $n\in\mathbf{N}$ 或 $n=+\infty$,又设

$$E=\bigcup_{i=1}^{n} E_i,\quad 其中诸\ E_i\ 均可测且两两不交,$$

则

$$\int_E f\,\mathrm{d}x = \sum_{i=1}^{n}\int_{E_i} f\,\mathrm{d}x。$$

(iii) (积分的单调性)

$$在\ E\ 上, f \leqslant g \Longrightarrow \int_E f\,\mathrm{d}x \leqslant \int_E g\,\mathrm{d}x。$$

(iv) 在 E 上, $f \overset{a.e.}{=\!=} g \Longrightarrow \int_E f\,\mathrm{d}x = \int_E g\,\mathrm{d}x$。

(v) 设 E_0 为 E 之可测子集,则

$$\int_{E_0} f\,\mathrm{d}x \leqslant \int_E f\,\mathrm{d}x。$$

(vi) $\int_E (f+g)\,\mathrm{d}x = \int_E f\,\mathrm{d}x + \int_E g\,\mathrm{d}x$。 (4)

(vii) 设 $c\in\mathbf{R}^1, c\geqslant 0$,则

$$\int_E cf\,\mathrm{d}x = c\int_E f\,\mathrm{d}x。\tag{5}$$

(vi)和(vii)合在一起称为积分的线性性质。

(viii) $\int_E f\,\mathrm{d}x = 0 \Longrightarrow$ 在 E 上, $f \overset{a.e.}{=\!=} 0$。

证明 结论(i),(ii),(iii)和(iv)分别为非负可测函数积分的几何意义和下方图形的性质 1,2,4 和 6 的直接结果。结论(v)可由结论(ii)和积分值的非负性直接推出,结论(vii)的证明方法与结论(vi)完全一样。故下面仅证结论(vi)和(viii)。

证(vi):由定理 4.2.4 之(i),存在 E 上的非负简单函数列 $\{\varphi_n\}$ 和 $\{\psi_n\}$,使得在 E 上,

$$\varphi_n \leqslant \varphi_{n+1},\quad n=1,2,\cdots, 且\ \varphi_n \to f,$$

$$\psi_n \leqslant \psi_{n+1}, \quad n = 1,2,\cdots, \text{且 } \psi_n \to g。$$

故

$$\varphi_n + \psi_n \leqslant \varphi_{n+1} + \psi_{n+1}, \quad n = 1,2,\cdots,$$
$$\varphi_n + \psi_n \to f + g。$$

因而

$$\begin{aligned}
\int_E (f+g)\mathrm{d}x &= \lim_{n\to\infty}\int_E (\varphi_n + \psi_n)\mathrm{d}x && (\text{定理 } 5.1.4)\\
&= \lim_{n\to\infty}\left(\int_E \varphi_n \mathrm{d}x + \int_E \psi_n \mathrm{d}x\right) && (\text{定理 } 5.1.2)\\
&= \lim_{n\to\infty}\int_E \varphi_n \mathrm{d}x + \lim_{n\to\infty}\int_E \psi_n \mathrm{d}x\\
&= \int_E f\mathrm{d}x + \int_E g\mathrm{d}x。 && (\text{定理 } 5.1.4)
\end{aligned}$$

证(viii)：

(Ⅰ) $\forall \alpha \in \mathbf{R}^1, \alpha > 0$，令

$$E_\alpha = E[f \geqslant \alpha],$$

则由已知必有

$$mE_\alpha = 0。 \tag{6}$$

事实上，由 f 之可测性，知 E_α 可测，又由已知条件和本定理之结论(vii)，(iii)和(v)，即有

$$0 \leqslant \alpha m E_\alpha = \alpha\int_{E_\alpha} 1\mathrm{d}x = \int_{E_\alpha} \alpha\mathrm{d}x \leqslant \int_{E_\alpha} f\mathrm{d}x \leqslant \int_E f\mathrm{d}x = 0。$$

即得式(6)。

(Ⅱ) 因

$$E[f > 0] = \bigcup_{n=1}^{\infty} E\left[f \geqslant \frac{1}{n}\right],$$

又由式(6)，有

$$mE\left[f \geqslant \frac{1}{n}\right] = 0, \quad n = 1,2,\cdots。$$

故

$$mE[f > 0] = 0,$$

即在 E 上，$f \overset{a.e.}{=\!=} 0$。证毕。

由上述性质，不难证明以下推论：

推论 1 若 f 和 g 均在 E 上非负可积，则 $f+g$ 和 $cf(c\in\mathbf{R}^1, c\geqslant 0)$ 均在 E 上可积，且式(4)和(5)均成立。

推论 2 设 $mE<+\infty$，f 为 E 上的非负有界可测函数，则 f 必为 E 上的可积函数。

由此推论可知，当 $mE<+\infty$ 时，任何非负实常数函数均可积。当 $mE=+\infty$ 时，此推论不再成立。

推论 3 设 $mE>0$，可测函数 $f(x)>0$，$\forall x\in E$。则

$$\int_E f\mathrm{d}x>0。$$

2. 极限定理

定理 5.1.6（Levi 定理） 设在可测集 E 上有：

1° $f_n(n=1,2,\cdots)$ 均为非负可测函数；

2° $f_n\leqslant f_{n+1}$，$\quad n=1,2,\cdots$；

3° $f_n\xrightarrow{a.e.}f$，

则 f 为 E 上的非负可测函数，且

$$\int_E f\mathrm{d}x=\lim_{n\to\infty}\int_E f_n\mathrm{d}x。\tag{7}$$

证明 由可测函数列的极限性质（定理 4.3.6 之推论）知，f 在 E 上非负可测，故 $\int_E f\mathrm{d}x$ 有意义。

又由已知条件和下方图形性质 7，有

$$mG(E,f)=\lim_{n\to\infty}mG(E,f_n),$$

由积分之几何意义，即得式(7)。证毕。

定理 5.1.7（Lebesgue 逐项积分定理） 设 $f_n(n=1,2,\cdots)$ 均为 E 上的非负可测函数，则

$$\int_E\left(\sum_{n=1}^{\infty}f_n\right)\mathrm{d}x=\sum_{n=1}^{\infty}\int_E f_n\mathrm{d}x\tag{8}$$

证明 由可测函数列的极限性质，可知 $\sum_{n=1}^{\infty}f_n$ 在 E 上非负可测，故式(8)左端的积分有意义。

令

$$S_n(x)=\sum_{k=1}^{n}f_k(x),\quad n=1,2,\cdots,$$

则在 E 上有

(i) $S_n(n=1,2,\cdots)$ 均为非负可测函数；

(ii) $S_n\leqslant S_{n+1}$，$n=1,2,\cdots$；

(iii) $S_n \to \sum_{n=1}^{\infty} f_n$。

故由 Levi 定理，即得

$$\int_E (\sum_{n=1}^{\infty} f_n) \mathrm{d}x = \lim_{n\to\infty}\int_E S_n \mathrm{d}x$$

$$= \lim_{n\to\infty}\sum_{k=1}^{n}\int_E f_k \mathrm{d}x$$

$$= \sum_{n=1}^{\infty}\int_E f_n \mathrm{d}x。$$

证毕。

定理 5.1.8(Fatou 引理)　设 $f_n(n=1,2,\cdots)$ 均为 E 上的非负可测函数，则

$$\int_E \varliminf_{n\to\infty} f_n \mathrm{d}x \leqslant \varliminf_{n\to\infty}\int_E f_n \mathrm{d}x。$$

证明　令

$$g_N(x) = \inf_{n\geqslant N}\{f_n(x)\},\quad N=1,2,\cdots,$$

则易知在 E 上有$(N=1,2,\cdots)$

(i) g_N 均为非负可测函数；

(ii) $g_N \leqslant g_{N+1}$；

(iii) $\varliminf_{n\to\infty} f_n = \lim_{N\to\infty} g_N$；

(iv) $g_N \leqslant f_N$；

(v) $\int_E g_N \mathrm{d}x \leqslant \int_E f_N \mathrm{d}x$。　(9)

故有

$$\int_E \varliminf_{n\to\infty} f_n \mathrm{d}x = \lim_{N\to\infty}\int_E g_N \mathrm{d}x \quad \text{(Levi 定理)}$$

$$= \varliminf_{N\to\infty}\int_E g_N \mathrm{d}x$$

$$\leqslant \varliminf_{N\to\infty}\int_E f_N \mathrm{d}x \quad \text{(式(9))}$$

$$= \varliminf_{n\to\infty}\int_E f_n \mathrm{d}x。$$

证毕。

注 3　Fatou 引理的结论中"$\leqslant$"不能换为"$=$"。反例如下：

取 $E=(0,1)$，令

$$f_n(x)=\begin{cases} n, & x\in(0,\frac{1}{n}], \\ 0, & x\notin(0,\frac{1}{n}], \end{cases}\quad \forall x\in(0,1),\quad n=1,2,\cdots,$$

$$f(x)=0,\quad \forall x\in(0,1),$$

则 $f_n(n=1,2,\cdots)$ 和 f 均为 E 上的非负可测函数，且在 E 上，

$$f=\lim_{n\to\infty}f_n=\varliminf_{n\to\infty}f_n。$$

故

$$\int_E \varliminf_{n\to\infty}f_n\mathrm{d}x=\int_E f\mathrm{d}x=0。$$

另一方面，$\forall n\in\mathbf{N}$，有

$$\int_E f_n\mathrm{d}x=mG(E,f_n)=n\cdot\frac{1}{n}=1。\text{（下方图形的性质 3）}$$

故

$$\varliminf_{n\to\infty}\int_E f_n\mathrm{d}x=1,$$

因此

$$\int_E \varliminf_{n\to\infty}f_n\mathrm{d}x<\varliminf_{n\to\infty}\int_E f_n\mathrm{d}x。$$

§5.2　一般可测函数的积分

本节在 $\mathbf{R}^n$ 中的一般可测集上研究一般可测函数的积分的概念、性质和极限定理。本节中，均设 E 为 $\mathbf{R}^n$ 中的可测集，若无特别声明，f 均为 E 上的可测函数。

一、积分概念

我们已知，若 f 为 E 上的可测函数，则其正部 f^+ 和负部 f^- 均为 E 上的非负可测函数，故积分 $\int_E f^+\mathrm{d}x$ 和 $\int_E f^-\mathrm{d}x$ 均存在，且

$$0\leqslant\int_E f^+\mathrm{d}x\leqslant+\infty,\quad 0\leqslant\int_E f^-\mathrm{d}x\leqslant+\infty。$$

定义 5.2.1　设 E 为 $\mathbf{R}^n$ 上的可测集，f 为 E 上的可测函数。若 $\int_E f^+\mathrm{d}x$ 和 $\int_E f^-\mathrm{d}x$ 至少其一有限，则称 f 在 E 上的 **Lebesgue 积分存在**，且其**积分值**定义为

$$\int_E f\mathrm{d}x = \int_E f^+\,\mathrm{d}x - \int_E f^-\,\mathrm{d}x \tag{1}$$

(其值或有限或为$\pm\infty$)。若 f 在 E 上的积分值有限,则称 f 在 E 上 **Lebesgue 可积**或**可积**,称 f 为**被积函数**,称 E 为**积分域**。

积分$\int_E f\mathrm{d}x$ 有时也记为$\int_E f(x)\mathrm{d}x$。

以后若无特别声明,所谈积分均为 Lebesgue 积分。

注 1 按定义,在 E 上有:

$$f\text{ 可积}\Longrightarrow f\text{ 的积分存在}\Longrightarrow f\text{ 可测。}$$

但反之均不成立。读者可自取反例证明之。

注 2 对 E 上的非负可测函数,有按非负可测函数和按一般可测函数的两种可积性与积分值定义(定义 5.1.2 和定义 5.2.1),由 f^+ 和 f^- 的性质 8,易知这两种可积性定义等价,积分值相等。

二、可积性的充要条件

定理 5.2.1

$$f\text{ 在 }E\text{ 上可积}\Longleftrightarrow f^+,f^-\text{ 均在 }E\text{ 上(非负)可积。}$$

证明 由定义,显然:

f 在 E 上可积

$\Longleftrightarrow\int_E f^+\,\mathrm{d}x<+\infty$ 和$\int_E f^-\,\mathrm{d}x<+\infty$ 同时成立。

再由(非负)可积之定义,结论即得证。

定理 5.2.2 设 f 为 E 上的可测函数,则在 E 上

$$f\text{ 可积}\Longleftrightarrow |f|\text{ 可积,}$$

且

$$\left|\int_E f\mathrm{d}x\right|\leqslant\int_E |f|\,\mathrm{d}x。 \tag{2}$$

证明

证“$\Longrightarrow$”:在 E 上有

f 可积$\Longrightarrow f^+,f^-$ 均(非负)可积

$\Longrightarrow|f|=f^++f^-$ 可积。 (定理 5.1.5 之推论 1)

证“$\Longleftarrow$”:在 E 上$|f|$可积 $\Longrightarrow\int_E|f|\,\mathrm{d}x<+\infty$,

而在 E 上,

$$f^{+}\leqslant|f|,$$

故由非负可测函数积分之单调性，有

$$\int_E f^{+}\,\mathrm{d}x\leqslant\int_E|f|\,\mathrm{d}x<+\infty,$$

即得 f^{+} 之可积性。

同理可得 f^{-} 之可积性。从而知 f 可积。

又

$$\begin{aligned}\left|\int_E f\,\mathrm{d}x\right| &= \left|\int_E f^{+}\,\mathrm{d}x-\int_E f^{-}\,\mathrm{d}x\right| \\ &\leqslant \int_E f^{+}\,\mathrm{d}x+\int_E f^{-}\,\mathrm{d}x \\ &= \int_E (f^{+}+f^{-})\,\mathrm{d}x \qquad \text{(定理 5.1.5(vi))} \\ &= \int_E |f|\,\mathrm{d}x。\end{aligned}$$

式(2)即得证。

推论 1 设 f 为可测集 E 上的广义实函数，则在 E 上，

$$f\text{ 可积} \underset{\not\Leftarrow}{\Rightarrow} |f|\text{ 可积}。$$

实际上，此推论即是说，定理 5.2.2 中，“f 可测”之条件是必需的。

此推论之证明留作习题。

由定理 5.2.2，可得下面的重要结论。

定理 5.2.3 设 $mE<+\infty$，f 为 E 上的有界可测函数，则 f 必为 E 上的可积函数。

此结论也可简述为：

当 $mE<+\infty$ 时，f 有界可测必可积。

证明 在 E 上，

$$\begin{aligned} f\text{ 有界可测} &\Longrightarrow |f|\text{ 非负有界可测} \\ &\Longrightarrow |f|\text{ 可积} \qquad \text{(定理 5.1.5 之推论 2)} \\ &\Longrightarrow f\text{ 可积}。\end{aligned}$$

由此定理可知，当 $mE<+\infty$ 时，E 上的任何实常数函数和简单函数均可积。

注意：当 $mE=+\infty$ 时，此定理不再成立，其反例由读者自举。

三、积分的几何意义

定理 5.2.4 设函数 f 在可测集 E 上的积分存在，则

$$\int_E f\mathrm{d}x = mG(E,f^+) - mG(E,f^-)。\tag{3}$$

证明 这是积分定义(定义 5.2.1)和非负可测函数积分的几何意义(定理 5.1.3)的直接结果。

四、积分的初等性质

1. 关于积分域的性质

定理 5.2.5 若 $mE=0$,则 E 上的任何广义实函数均可积,且

$$\int_E f\mathrm{d}x = 0。\tag{4}$$

证明 因零测集上的任何函数均可测,故 f^+,f^- 均非负可测,且由积分的几何意义和下方图形的性质 5,即有

$$\int_E f^+\mathrm{d}x = mG(E,f^+) = 0。$$

同理

$$\int_E f^-\mathrm{d}x = 0。$$

从而知 f 可积且式(4)成立。

定理 5.2.6 设 E_0 为 E 之可测子集,则

(i) f 在 E 上的积分存在 $\Longrightarrow f$ 在 E_0 上的积分存在。

(ii) f 在 E 上可积 $\Longrightarrow f$ 在 E_0 上可积。

证明 仅证结论(i),结论(ii)由读者自证。

f 在 E 上的积分存在

$\Longrightarrow f^+,f^-$ 均在 E 上非负可测,且 $\int_E f^+\mathrm{d}x$ 和 $\int_E f^-\mathrm{d}x$ 至少其一有限

$\Longrightarrow f^+,f^-$ 均在 E_0 上非负可测。 (定理 4.3.2)

且由定理 5.1.5(v),

$$\int_{E_0} f^+\mathrm{d}x \leqslant \int_E f^+\mathrm{d}x,\quad \int_{E_0} f^-\mathrm{d}x \leqslant \int_E f^-\mathrm{d}x,$$

故 $\int_{E_0} f^+\mathrm{d}x$ 和 $\int_{E_0} f^-\mathrm{d}x$ 至少其一有限,因此,f 在 E_0 上的积分存在。

定理 5.2.7(积分关于积分域的有限可加性和可数可加性)

(i) 设

1° E_1,E_2 均可测,且 $E_1\cap E_2=\varnothing$;

2° f 在 E_1 和 E_2 上均可积,

则 f 在 $E_1 \cup E_2$ 上可积，且

$$\int_{E_1 \cup E_2} f \mathrm{d}x = \int_{E_1} f \mathrm{d}x + \int_{E_2} f \mathrm{d}x。$$

(ii) 设

1° $E = \bigcup_{n=1}^{\infty} E_n$，其中诸 E_n 均可测且两两不交；

2° f 在 E 上的积分存在，

则

$$\int_E f \mathrm{d}x = \sum_{n=1}^{\infty} \int_{E_n} f \mathrm{d}x。 \tag{5}$$

证明 仅证命题(ii)，命题(i)之证法类似，由读者自证。

因 f 在 E 上积分存在，故 f^+, f^- 均非负可测，故有

$$\begin{aligned}\int_E f \mathrm{d}x &= \int_E f^+ \mathrm{d}x - \int_E f^- \mathrm{d}x \\ &= \sum_{n=1}^{\infty} \int_{E_n} f^+ \mathrm{d}x - \sum_{n=1}^{\infty} \int_{E_n} f^- \mathrm{d}x \qquad \text{(定理 5.1.5(ii))} \\ &= \sum_{n=1}^{\infty} \left(\int_{E_n} f^+ \mathrm{d}x - \int_{E_n} f^- \mathrm{d}x \right) \qquad \text{(级数性质)} \\ &= \sum_{n=1}^{\infty} \int_{E_n} f \mathrm{d}x。\end{aligned}$$

推论 2 设 E_1, E_2 均可测，f 在 E_1, E_2 上均可积，则 f 在 $E_1 \cup E_2$ 上也可积。

用下方图形的性质 8 和 9 以及积分的几何意义，不难证得以下两条性质(其证明均留作习题)。

定理 5.2.8(积分关于积分域的下连续性) 设

1° $E = \bigcup_{n=1}^{\infty} E_n$，其中诸 E_n 均可测，且

$$E_1 \subset E_2 \subset \cdots \subset E_n \subset \cdots;$$

2° f 在 E 上的积分存在，

则

$$\int_E f \mathrm{d}x = \lim_{n \to \infty} \int_{E_n} f \mathrm{d}x。$$

定理 5.2.9(积分关于积分域的上连续性) 设

1° $E = \bigcap_{n=1}^{\infty} E_n$，其中诸 E_n 均可测，且

$$E_1 \supset E_2 \supset \cdots \supset E_n \supset \cdots;$$

2° f 在 E_1 上可积，

则 f 在 E 上可积，且

$$\int_E f\,dx = \lim_{n\to\infty}\int_{E_n} f\,dx。$$

2. 关于两函数的关系的性质

定理 5.2.10(积分的单调性)　设 f 和 g 均在 E 上可积，且

$$f(x) \leqslant g(x),\quad \forall x \in E, \tag{6}$$

则

$$\int_E f\,dx \leqslant \int_E g\,dx。 \tag{7}$$

证明　由式(6)，不难证明

$$f^+(x) \leqslant g^+(x), f^-(x) \geqslant g^-(x),\quad \forall x \in E。$$

因而由非负可测函数之积分的单调性，即有

$$\int_E f^+\,dx \leqslant \int_E g^+\,dx,\quad \int_E f^-\,dx \geqslant \int_E g^-\,dx。$$

最后由积分定义(定义 5.2.1)，即得式(7)。

注 3　不难验证，将定理中的条件"可积"换为"积分存在"，定理仍然成立。

定理 5.2.11　设

$$在 E 上, f \overset{a.e.}{=\!=} g,$$

则

(i) f 在 E 上的积分存在 $\Longrightarrow g$ 在 E 上的积分存在；

(ii) f 在 E 上可积 $\Longrightarrow g$ 在 E 上可积，

且(不管是积分存在还是可积)有

$$\int_E f\,dx = \int_E g\,dx。$$

证明　仅证(ii)，(i)由读者自证。

由已知，$\exists E_0 \subset E$，使得 $mE_0 = 0$，且在 $E\backslash E_0$ 上，$f \overset{处处}{=\!=} g$。这样，由 $E = (E\backslash E_0) \cup E_0$，故有：

f 在 E 上可积

$\Longrightarrow f$ 在 $E\backslash E_0$ 上可积　　(定理 5.2.6)

$\Longrightarrow g$ 在 $E\backslash E_0$ 上可积

$\Longrightarrow g$ 在 E 上可积。　　(定理 5.2.5 和定理 5.2.7)

再由定理 5.2.7(i) 和定理 5.2.5，有

$$\int_E f\,dx = \int_{E\backslash E_0} f\,dx + \int_{E_0} f\,dx$$

$$= \int_{E\backslash E_0} f\,dx = \int_{E\backslash E_0} g\,dx$$

$$= \int_{E \setminus E_0} g \mathrm{d}x + \int_{E_0} g \mathrm{d}x$$

$$= \int_E g \mathrm{d}x。$$

注 4 由此定理可有以下结论和做法：

(i) 改变一函数在一零测集上的值，不会改变其积分存在性、可积性和积分值。

(ii) 若 $\exists E_0 \subset E, mE_0 = 0$，$f$ 在 $E \setminus E_0$ 上积分存在(或可积)。此时，即使 f 在 E_0 上无定义，我们也说 f 在 E 上积分存在(或可积)，并且规定

$$\int_E f \mathrm{d}x = \int_{E \setminus E_0} f \mathrm{d}x。$$

就是说，当我们研究函数的积分问题时(像研究函数的可测性问题一样)允许该函数在一零测集上无定义。

定理 5.2.12 设在 E 上，

1° 函数 f 可测；

2° 函数 g 非负可积，且 $|f| \leqslant g$，

则 f 在 E 上可积。

证明 在 E 上，

$$f \text{ 可测} \Longrightarrow |f| \text{ 非负可测。}$$

$$|f| \leqslant g \Longrightarrow \int_E |f| \mathrm{d}x \leqslant \int_E g \mathrm{d}x, \qquad \text{(定理 5.1.5(iii))}$$

故由 g 之可积性，知 $|f|$ 之可积性，从而由定理 5.2.2，即得 f 之可积性。

定理 5.2.13

f 在 E 上可积 $\Longrightarrow -f$ 在 E 上也可积，且

$$\int_E (-f) \mathrm{d}x = -\int_E f \mathrm{d}x。$$

证明 用§4.1 中 f^+, f^- 的性质 6，即可证此定理。

3. 关于可积函数函数值的性质

定理 5.2.14 若 f 为 E 上的可积函数，则 f 在 E 上必几乎处处取有限值，即

$$mE[|f| = +\infty] = 0。$$

即：可积函数必几乎处处有限。(注意，可积函数不一定是有界函数。)

证明 令

$$E_0 = E[|f| = +\infty]。$$

注意到，在 E 上有

$$
\begin{aligned}
f\text{ 可积} &\Longrightarrow |f|\text{ 可积} && \text{(本节推论 1)}\\
&\Longrightarrow |f|\text{ 可测}\\
&\Longrightarrow E_0\text{ 可测。} && \text{(定理 4.3.1)}
\end{aligned}
$$

又$\forall n\in\mathbf{N}$,有

$$
\begin{aligned}
\int_E |f|\,\mathrm{d}x &\geqslant \int_{E_0} |f|\,\mathrm{d}x && \text{(定理 5.1.5)}\\
&\geqslant \int_{E_0} n\,\mathrm{d}x && \text{(积分之单调性)}\\
&= nmE_0\text{。}
\end{aligned}
$$

故

$$0\leqslant mE_0\leqslant \frac{1}{n}\int_E |f|\,\mathrm{d}x\to 0\quad (n\to\infty),$$

从而得 $mE_0=0$。证毕。

4. 线性性质

定理 5.2.15 设 f 和 g 均在 E 上可积,则

(i) $f+g$ 在 E 上也可积;

(ii) $\int_E (f+g)\,\mathrm{d}x=\int_E f\,\mathrm{d}x+\int_E g\,\mathrm{d}x$。 (8)

证明

证(i):注意到,在 E 上有

$$
\begin{aligned}
f,g\text{ 均可积} &\Longrightarrow f,g\text{ 均可测}\\
&\Longrightarrow f+g\text{ 可测。}
\end{aligned}
$$

同时,

$$
\begin{aligned}
f,g\text{ 均可积} &\Longrightarrow |f|,|g|\text{ 均可积} && \text{(定理 5.2.2 之推论 1)}\\
&\Longrightarrow |f|+|g|\text{ 可积,} && \text{(定理 5.1.5 之推论 1)}
\end{aligned}
$$

又

$$|f+g|\leqslant |f|+|g|\text{。}$$

故由定理 5.2.12,即知 $f+g$ 之可积性。

证(ii):由定理 5.2.14 知,f,g 和 $f+g$ 均在 E 上几乎处处有限,因而,对于证明式(8)的成立,可不妨设它们均处处有限,这样,它们的正部和负部也均处处有限,同时,由已知,它们也均非负可测。

由函数正部和负部的定义,在 E 上有

$$(f+g)^+-(f+g)^-=f+g=f^+-f^-+g^+-g^-\text{。}$$

由于上式各函数的有限性,故可移项,得

$$(f+g)^{+}+f^{-}+g^{-}=(f+g)^{-}+f^{+}+g^{+}。$$

将上式两端积分后，由非负可测函数的积分的线性性质，可有

$$\int_E (f+g)^{+}\,\mathrm{d}x+\int_E f^{-}\,\mathrm{d}x+\int_E g^{-}\,\mathrm{d}x$$
$$=\int_E (f+g)^{-}\,\mathrm{d}x+\int_E f^{+}\,\mathrm{d}x+\int_E g^{+}\,\mathrm{d}x。$$

因上式各项均为有限数，故可移项，得

$$\int_E (f+g)^{+}\,\mathrm{d}x-\int_E (f+g)^{-}\,\mathrm{d}x$$
$$=\left(\int_E f^{+}\,\mathrm{d}x-\int_E f^{-}\,\mathrm{d}x\right)+\left(\int_E g^{+}\,\mathrm{d}x-\int_E g^{-}\,\mathrm{d}x\right)。$$

由积分定义，即得式(8)。

定理证毕。

定理 5.2.16 设 f 在 E 上可积，$c\in\mathbf{R}^1$，则

(i) cf 在 E 上可积；

(ii) $\int_E cf\,\mathrm{d}x=c\int_E f\,\mathrm{d}x$。

证明 当 $c=0$ 时，结论显然成立。由定理 5.2.13，仅需证 $c>0$ 之情形即可，故下设 $c>0$。

注意到：对非负可测函数，有相应的定理 5.1.5 及推论 1 成立，利用函数的正部与负部的性质 7：

$$(cf)^{+}=cf^{+},$$
$$(cf)^{-}=cf^{-}。$$

故可以有

$$\begin{aligned} f \text{ 可积} &\Longrightarrow f^{+},f^{-} \text{ 均可积}\\ &\Longrightarrow cf^{+},cf^{-} \text{ 均可积}\\ &\Longrightarrow (cf)^{+},(cf)^{-} \text{ 均可积}\\ &\Longrightarrow cf \text{ 可积。}\end{aligned}$$

结论(i)得证。因此又有

$$\begin{aligned}\int_E cf\,\mathrm{d}x &=\int_E (cf)^{+}\,\mathrm{d}x-\int_E (cf)^{-}\,\mathrm{d}x\\ &=c\int_E f^{+}\,\mathrm{d}x-c\int_E f^{-}\,\mathrm{d}x\\ &=c\left(\int_E f^{+}\,\mathrm{d}x-\int_E f^{-}\,\mathrm{d}x\right)\\ &=c\int_E f\,\mathrm{d}x。\end{aligned}$$

结论(ii)得证。

定理证毕。

5. 可积函数积分的绝对连续性

定理 5.2.17(可积函数的积分的绝对连续性)　设 f 在 E 上可积，则 $\forall \varepsilon > 0$，$\exists \delta > 0$，使得只要 $A \subset E, mA < \delta$ 均有

$$\left|\int_A f \mathrm{d}x\right| \leqslant \int_A |f| \mathrm{d}x < \varepsilon。$$

证明　在 E 上令

$$g = |f|。$$

则由 f 之可积性，知 g 之可积性。

由定义 5.1.2，$\forall \varepsilon > 0$，存在非负简单函数 φ，使得

$$\varphi(x) \leqslant g(x), \quad \forall x \in E。$$

且

$$\int_E \varphi \mathrm{d}x > \int_E g \mathrm{d}x - \frac{\varepsilon}{2}。$$

故

$$\int_E (g - \varphi) \mathrm{d}x = \int_E g \mathrm{d}x - \int_E \varphi \mathrm{d}x < \frac{\varepsilon}{2}。$$

因简单函数为有界函数，故 $\exists M > 0$，使得

$$\varphi(x) \leqslant M, \quad \forall x \in E。$$

这样，取 $\delta = \frac{\varepsilon}{2M}$，则当 $A \subset E, mA < \delta$ 时，有

$$\int_A \varphi \mathrm{d}x \leqslant M \cdot mA < \frac{\varepsilon}{2}。$$

从而当 $A \subset E, mA < \delta$ 时，

$$\begin{aligned}\left|\int_A f \mathrm{d}x\right| &\leqslant \int_A |f| \mathrm{d}x = \int_A g \mathrm{d}x \\ &= \int_A (g - \varphi) \mathrm{d}x + \int_A \varphi \mathrm{d}x \\ &\leqslant \int_E (g - \varphi) \mathrm{d}x + \int_A \varphi \mathrm{d}x \\ &< \frac{\varepsilon}{2} + \frac{\varepsilon}{2} = \varepsilon。\end{aligned}$$

定理证毕。

6. 积分变量的平移变换

引理 1　设 $E \subset \mathbf{R}^n$，$x_0 \in \mathbf{R}^n$，则

$$\chi_E(x+x_0)=\chi_{E-\{x_0\}}(x)。$$

其中 $E-\{x_0\}=\{x-x_0:x\in E\}$,特征函数以 $\mathbf{R}^n$ 为基本集。

此引理之证明留作习题。

定理 5.2.18(积分变量的平移定理) 设 f 在 $\mathbf{R}^n$ 上可积,$x_0\in\mathbf{R}^n$,则 $f(x+x_0)$ 也在 $\mathbf{R}^n$ 上可积,且

$$\int_{\mathbf{R}^n}f(x+x_0)\mathrm{d}x=\int_{\mathbf{R}^n}f(x)\mathrm{d}x。$$

证明 不妨设在 $\mathbf{R}^n$ 上 $f\geqslant 0$。

(Ⅰ)设 φ 为 $\mathbf{R}^n$ 上的非负简单函数:

$$\varphi(x)=\sum_{i=1}^{m}c_i\chi_{E_i}(x)。$$

由引理 1,则

$$\varphi(x+x_0)=\sum_{i=1}^{m}c_i\chi_{E_i-\{x_0\}}(x)。$$

因而按非负简单函数的积分定义,有

$$\begin{aligned}\int_{\mathbf{R}^n}\varphi(x+x_0)\mathrm{d}x&=\sum_{i=1}^{m}c_im(E_i-\{x_0\})\\&=\sum_{i=1}^{m}c_imE_i\qquad\text{(测度的平移不变性)}\\&=\int_{\mathbf{R}^n}\varphi(x)\mathrm{d}x。\end{aligned}$$

(Ⅱ)设 f 为 $\mathbf{R}^n$ 上的非负可测函数,则存在非负简单函数列 $\{\varphi_k(x)\}$,使得在 $\mathbf{R}^n$ 上满足

$$\varphi_k(x)\leqslant\varphi_{k+1}(x),\quad k=1,2,\cdots,$$
$$\varphi_k(x)\to f(x)。$$

由定理 5.1.4,有

$$\int_{\mathbf{R}^n}f(x)\mathrm{d}x=\lim_{k\to\infty}\int_{\mathbf{R}^n}\varphi_k(x)\mathrm{d}x。$$

此时,$\{\varphi_k(x+x_0)\}$ 仍为非负简单函数列,且

$$\varphi_k(x+x_0)\leqslant\varphi_{k+1}(x+x_0),\quad k=1,2,\cdots,$$
$$\varphi_k(x+x_0)\to f(x+x_0)。$$

故 $f(x+x_0)$ 为非负可测函数且由定理 5.1.4 和(Ⅰ)之结果,有

$$\int_{\mathbf{R}^n} f(x+x_0)\mathrm{d}x = \lim_{k\to\infty}\int_{\mathbf{R}^n} \varphi_k(x+x_0)\mathrm{d}x$$
$$= \lim_{k\to\infty}\int_{\mathbf{R}^n} \varphi_k(x)\mathrm{d}x$$
$$= \int_{\mathbf{R}^n} f\mathrm{d}x。$$

这已说明 $f(x+x_0)$ 在 $\mathbf{R}^n$ 上的可积性。定理证毕。

在下面的例题中，对闭区间$[a,b]$上的可积函数f，$\forall\, x\in[a,b]$，记$\int_{[a,x]} f\mathrm{d}x$ 为 $\int_a^x f\mathrm{d}x$。下面的例题给出了证明“一函数几乎处处为零”和“两函数几乎处处相等”这两结论的非常有用的两个工具。

例 1　设 f 为$[a,b]$上的可积函数，且

$$\int_a^x f\mathrm{d}x = 0,\quad \forall\, x\in[a,b],$$

则

$$f(x) = 0,\quad a.e. \text{ 于}[a,b]。$$

证明

（Ⅰ）由已知条件可推得以下结论：

(i) 任取开区间 $I=(\alpha,\beta)\subset[a,b]$，则

$$\int_I f\mathrm{d}x = \int_{(\alpha,\beta)} f\mathrm{d}x = \int_a^\beta f\mathrm{d}x - \int_a^\alpha f\mathrm{d}x = 0。$$

(ii) 任取开集 $G\subset[a,b]$，则由 $\mathbf{R}^1$ 中开集的构造定理，有

$$G = \bigcup_{n=1}^m I_n,$$

其中 $m\in\mathbf{N}$ 或 $m=+\infty$，诸 I_n 为$[a,b]$中的两两不交的开区间。

由积分关于积分域的可数可加性和（Ⅰ）之结果，则

$$\int_G f\mathrm{d}x = \sum_{n=1}^m \int_{I_n} f\mathrm{d}x = 0$$

(iii) 任取闭集 $F\subset[a,b]$，取

$$G = (a,b)\setminus F,$$

则 G 为开集，故易知

$$\int_F f\mathrm{d}x = \int_a^b f\mathrm{d}x - \int_G f\mathrm{d}x = 0。$$

（Ⅱ）若本例之结论不正确，则集合

$$E_+ = \{x : x\in[a,b], f(x)>0\},$$
$$E_- = \{x : x\in[a,b], f(x)<0\}$$

中至少其一之测度大于零，不妨设

$$mE_+ > 0。$$

则由可测集的构造定理知，存在闭集 $F \subset E_+$，使

$$mF > 0。$$

因在 F 上处处有 $f(x) > 0$，从而由定理 5.1.5 之推论 3，有

$$\int_F f\,\mathrm{d}x > 0。$$

与（Ⅰ）中之结论矛盾。证毕。

由该例题直接可得：

例 2 设 f 和 g 均为$[a,b]$上的可积函数，且

$$\int_a^x f\,\mathrm{d}x = \int_a^x g\,\mathrm{d}x,\quad \forall x \in [a,b],$$

则

$$f(x) = g(x),\quad a.e. \text{于} [a,b]。$$

五、极限定理

为建立下面的 Vitali 定理，我们首先引入关于可积函数族的积分性质的一个概念。

定义 5.2.2 设 $\mathbf{F}$ 为可测集 E 上的一个可积函数族，若 $\forall \varepsilon > 0$，$\exists \delta > 0$，使得只要 $A \subset E$，$mA < \delta$，$\forall f \in \mathbf{F}$ 均有

$$\left|\int_A f\,\mathrm{d}x\right| < \varepsilon,$$

则称函数族 $\mathbf{F}$ 在 E 上的积分具有**等度绝对连续性**。

下面所列出的关于可积函数族积分的绝对连续性的诸条性质，都是运用这一概念解决问题的基本技能。我们仅证最后一性质，其余均由读者自证。

性质 1 若 $\mathbf{F}$ 仅由有限个可积函数所组成，则 $\mathbf{F}$ 在 E 上的积分必定有等度绝对连续性。

性质 2 若 $\mathbf{F}$ 在 E 上的积分具有等度绝对连续性，又 E_0 为 E 之可测子集，则 $\mathbf{F}$ 在 E_0 上的积分也具有等度绝对连续性。

性质 3 设在可测集 E 上，有

1° $f_n(n = 1,2,\cdots)$ 均为可测函数；

2° F 为非负可积函数，且

$$|f_n| \leqslant F,\quad n = 1,2,\cdots,$$

则可积函数列$\{f_n\}$在 E 上的积分具有等度绝对连续性。

性质 4 $\{f_n\}$在 E 上的积分具有等度绝对连续性

$\Longleftrightarrow\{|f_n|\}$在 E 上的积分具有等度绝对连续性。

证明

证"$\Longrightarrow$":由已知,$\forall\varepsilon>0,\exists\delta>0$,使得只要 $A\subset E,mA<\delta,\forall n\in\mathbf{N}$ 均有

$$\left|\int_A f_n\mathrm{d}x\right|<\frac{\varepsilon}{2}。$$

此时对集 A,我们令

$$A_n^+=A[f_n\geqslant 0],\quad A_n^-=A[f_n<0],$$

则

$$mA_n^+<\delta,\text{且 } mA_n^-<\delta。$$

因而,当 $A\subset E,mA<\delta$ 时,$\forall n\in\mathbf{N}$ 均有

$$\begin{aligned}\int_A|f_n|\mathrm{d}x&=\int_{A_n^+}|f_n|\mathrm{d}x+\int_{A_n^-}|f_n|\mathrm{d}x\\&=\int_{A_n^+}f_n\mathrm{d}x-\int_{A_n^-}f_n\mathrm{d}x\\&\leqslant\left|\int_{A_n^+}f_n\mathrm{d}x\right|+\left|\int_{A_n^-}f_n\mathrm{d}x\right|\\&<\frac{\varepsilon}{2}+\frac{\varepsilon}{2}=\varepsilon。\end{aligned}$$

必要性即证得。

证"$\Longleftarrow$":由不等式($A\subset E,A$ 可测)

$$\left|\int_A f\mathrm{d}x\right|\leqslant\int_A|f|\mathrm{d}x$$

即证。

定理 5.2.19(Vitali 定理) 设

1° $mE<+\infty$;

2° $\{f_n\}$为在 E 上的积分具有等度绝对连续性的可积函数列;

3° 在 E 上,$f_n\Rightarrow f$(或 $f_n\xrightarrow{a.e.}f$),

则

(i) f 在 E 上可积,

(ii) $\int_E f\mathrm{d}x=\lim\limits_{n\to\infty}\int_E f_n\mathrm{d}x$。

证明 仅证当 $f_n\Rightarrow f$ 时。

（Ⅰ）证明

$$\lim_{n,m\to\infty}\int_E |f_n - f_m|\,\mathrm{d}x = 0。$$

即$\forall \varepsilon > 0$，$\exists N\in \mathbf{N}$，使得$\forall n,m \geqslant N$，均有

$$\int_E |f_n - f_m|\,\mathrm{d}x < \varepsilon。\tag{9}$$

由已知条件 2° 及可积函数族积分的绝对连续性的性质 4 知，可积函数列 $\{|f_n|\}$ 在 E 上的积分也具有等度绝对连续性，即对上述之 $\varepsilon > 0$，$\exists \delta > 0$，使得只要 $A\subset E$，$mA < \delta$，$\forall n\in \mathbf{N}$ 均有

$$\int_A |f_n|\,\mathrm{d}x < \frac{\varepsilon}{4}。\tag{10}$$

又由 $f_n \Rightarrow f$ 和依测度收敛的等价条件（定理4.4.2(ii)），对该ε和δ，$\exists N\in\mathbf{N}$，使得 $\forall n,m \geqslant N$，均有

$$mE\left[|f_n - f_m| \geqslant \frac{\varepsilon}{2(1+mE)}\right] < \delta。\tag{11}$$

令

$$E_{nm} = E\left[|f_n - f_m| \geqslant \frac{\varepsilon}{2(1+mE)}\right],\quad n,m = 1,2,\cdots。$$

则当 $n,m \geqslant N$ 时，有

$$\begin{aligned}\int_E |f_n - f_m|\,\mathrm{d}x &= \int_{E_{nm}} |f_n - f_m|\,\mathrm{d}x + \int_{E\setminus E_{nm}} |f_n - f_m|\,\mathrm{d}x \\ &\leqslant \int_{E_{nm}} |f_n|\,\mathrm{d}x + \int_{E_{nm}} |f_m|\,\mathrm{d}x + \frac{\varepsilon}{2(1+mE)}\cdot m(E\setminus E_{nm}) \\ &< \frac{\varepsilon}{4} + \frac{\varepsilon}{4} + \frac{\varepsilon}{2} = \varepsilon。\end{aligned}$$

故式(9)得证。

（Ⅱ）证明

$$\lim_{n\to\infty}\int_E |f_n - f|\,\mathrm{d}x = 0。\tag{12}$$

由 $f_n \Rightarrow f$ 和 Riesz 定理，知存在$\{f_n\}$ 的子列$\{f_{n_i}\}$，使得

$$\lim_{i\to\infty} f_{n_i} = f,\quad a.e. 于 E。$$

故 $\forall n\in \mathbf{N}$，有

$$\lim_{i\to\infty} |f_n - f_{n_i}| = |f_n - f|,\quad a.e. 于 E。$$

这样，由式(9)，$\forall \varepsilon > 0$，$\exists N\in\mathbf{N}$，使得当 $n \geqslant N$，$n_i \geqslant N$ 时，有

$$\int_E |f_n - f_{n_i}|\,\mathrm{d}x < \frac{\varepsilon}{2}。$$

因而，当 $n \geqslant N$ 时，由 Fatou 引理，可得

$$\begin{aligned}\int_E |f_n - f| \mathrm{d}x &= \int_E \lim_{i\to\infty} |f_n - f_{n_i}| \mathrm{d}x \\ &\leqslant \varliminf_{i\to\infty} \int_E |f_n - f_{n_i}| \mathrm{d}x \\ &\leqslant \frac{\varepsilon}{2} < \varepsilon。\end{aligned}$$

式(12)即得证，且知当 n 充分大后，$|f_n - f|$ 在 E 上均可积。

（Ⅲ）证本定理之结论(i)和(ii)。

因在 E 上，有

$$|f| \leqslant |f - f_n| + |f_n|,$$

又当 n 充分大后，$|f - f_n|$ 和 $|f_n|$ 均可积，故由定理 5.2.12 即得 f 之可积性。

又由

$$\left|\int_E f \mathrm{d}x - \int_E f_n \mathrm{d}x\right| \leqslant \int_E |f - f_n| \mathrm{d}x, \quad n = 1,2,\cdots,$$

故由式(12)即得结论(ii)。

定理证毕。

定理 5.2.20（Lebesgue 控制收敛定理） 设在 E 上，

1° $f_n (n = 1,2,\cdots)$ 均为可测函数；

2° F 为非负可积函数，且

$$|f_n| \leqslant F, \quad n = 1,2,\cdots; \tag{13}$$

3° $f_n \Rightarrow f$，

则

(i) f 在 E 上可积，

(ii) $\int_E f \mathrm{d}x = \lim_{n\to\infty} \int_E f_n \mathrm{d}x$。

证明

证(i)：由 $f_n \Rightarrow f$ 及 Riesz 定理，存在$\{f_n\}$的子列$\{f_{n_i}\}$，使得

$$在 E 上，f_{n_i} \xrightarrow{a.e.} f \ (i \to \infty)。$$

由此及式(13)，可得

$$|f| \leqslant F, \quad a.e. 于 E。 \tag{14}$$

故由定理 5.2.12 即知 f 之可积性。

证(ii)：以下不妨设式(14)在 E 上处处成立。

将 E 表示为一列递增的有界可测集$\{E_k\}$之并，即

$$E=\bigcup_{k=1}^{\infty}E_k\text{，其中诸 }E_k\text{ 均可测，且 }E_1\subset E_2\subset\cdots\text{。}$$

则由积分关于积分域的下连续性，有

$$0\leqslant\int_E F\mathrm{d}x=\lim_{k\to\infty}\int_{E_k}F\mathrm{d}x<+\infty\text{。}$$

故 $\forall\,\varepsilon>0$，$\exists\,k\in\mathbf{N}$，使得

$$0\leqslant\int_{E\setminus E_k}F\mathrm{d}x=\int_E F\mathrm{d}x-\int_{E_k}F\mathrm{d}x<\frac{\varepsilon}{4}\text{。}$$

在该 E_k 上，由已知条件及可积函数族积分的等度绝对连续性的性质 3，Vitali 定理的条件全部满足，故由 Vitali 定理，得

$$\int_{E_k}f\mathrm{d}x=\lim_{n\to\infty}\int_{E_k}f_n\mathrm{d}x\text{。}$$

故对上述之 ε，$\exists\,N\in\mathbf{N}$，使得当 $n\geqslant N$ 时，

$$\left|\int_{E_k}(f-f_n)\mathrm{d}x\right|=\left|\int_{E_k}f\mathrm{d}x-\int_{E_k}f_n\mathrm{d}x\right|<\frac{\varepsilon}{2}\text{。}$$

因而，当 $n\geqslant N$ 时，有

$$\begin{aligned}\left|\int_E f\mathrm{d}x-\int_E f_n\mathrm{d}x\right|&=\left|\int_E(f-f_n)\mathrm{d}x\right|\\&\leqslant\left|\int_{E_k}(f-f_n)\mathrm{d}x\right|+\left|\int_{E\setminus E_k}(f-f_n)\mathrm{d}x\right|\\&<\frac{\varepsilon}{2}+\int_{E\setminus E_k}|f|\mathrm{d}x+\int_{E\setminus E_k}|f_n|\mathrm{d}x\\&\leqslant\frac{\varepsilon}{2}+2\int_{E\setminus E_k}F\mathrm{d}x\\&<\frac{\varepsilon}{2}+\frac{\varepsilon}{2}=\varepsilon\text{。}\end{aligned}$$

结论(ii)即得证。

定理证毕。

注 5 因“$mE<\infty$ 时，几乎处处收敛 $\Longrightarrow$ 依测度收敛”，故从(ii)的证明过程中不难看出，对于 Lebesgue 控制收敛定理，将已知条件 3°“$f_n\Rightarrow f$”改为“$f_n\xrightarrow{a.e.}f$”，结论仍然成立。

因当 $mE<+\infty$ 时，E 上的实常数函数均可积，故由 Lebesgue 控制收敛定理可直接得以下极限定理：

定理 5.2.21(Lebesgue 有界收敛定理) 设

1° $mE<+\infty$；

2° $f_n(n=1,2,\cdots)$ 均为 E 上的可测函数，且存在常数 $K>0$，使对 $\forall\,x\in E$，有

$$|f_n(x)| \leqslant K, \quad n = 1,2,\cdots;$$

3° 在 E 上，$f_n \Rightarrow f$，

则

(i) f 在 E 上可积，

(ii) $\int_E f\mathrm{d}x = \lim\limits_{n\to\infty}\int_E f_n\mathrm{d}x$。

§5.3 Lebesgue 积分与 Riemann 积分的关系

前言

(i) 本节中，我们将 Lebesgue 积分简称为(L)积分，仍记为$\int_E f\mathrm{d}x$，有时为强调起见，也记为(L)$\int_E f\mathrm{d}x$；将 Riemann 积分简称为(R)积分，记为(R)$\int_a^b f\mathrm{d}x$。

下面，将有限区间$[a,b]$上的有界函数的(R)积分(即所谓"定积分")简称为$[a,b]$上的(R)积分或(R)常义积分，以与(R)广义积分相区别。

(ii) 为下面叙述方便，我们略提一下(R)常义积分的定义。

设 f 为$[a,b]$上的有界函数，以 D 表示$[a,b]$上的一个(R)分划：

$$D: a = x_0 < x_1 < \cdots < x_{i-1} < x_i < \cdots < x_n = b。$$

令

$$\Delta x_i = x_i - x_{i-1}, \quad i = 1,2,\cdots,n。$$

$$B_i = \sup_{x\in[x_{i-1},x_i]} f(x), \quad b_i = \inf_{x\in[x_{i-1},x_i]} f(x), \quad i = 1,2,\cdots,n。$$

其(R)大和与小和分别为

$$S_D = \sum_{i=1}^n B_i\Delta x_i, \quad s_D = \sum_{i=1}^n b_i\Delta x_i。$$

设$\{S_D\}$和$\{s_D\}$分别为在$[a,b]$上的所有(R)分划之下，其大和全体与小和全体。(R)积分的上、下积分即为

$$\overline{\int_a^b} f\mathrm{d}x = \inf\{S_D\}, \quad \underline{\int_a^b} f\mathrm{d}x = \sup\{s_D\}。$$

这样，f 的(R)可积性即定义为

$$\overline{\int_a^b} f\mathrm{d}x = \underline{\int_a^b} f\mathrm{d}x。$$

f 在$[a,b]$上的(R)积分值即定义为

$$(\mathrm{R})\int_a^b f\,\mathrm{d}x=\overline{\int_a^b} f\,\mathrm{d}x=\underline{\int_a^b} f\,\mathrm{d}x。$$

(iii) 本节中,我们首先研究(R)可积函数的构造,即建立(R)可积的充要条件。然后,仅就一维情形,研究(L)积分和(R)常义积分的关系,研究(L)积分与(R)广义积分的关系。

一、(R)可积函数的构造

定理 5.3.1 设 f 为闭区间$[a,b]$上的有界函数,则

$$f\text{ 在}[a,b]\text{上(R)可积}\Longleftrightarrow f\text{ 在}[a,b]\text{上几乎处处连续。}$$

证明 先做证明必要性和充分性都需要的一些准备工作。以下令 $E=[a,b]$。$\forall n\in\mathbf{N}$,将$[a,b]$作 2^n 等分的(R)积分分划,记为 D_n:

$$a=x_0^{(n)}<x_1^{(n)}<\cdots<x_{i-1}^{(n)}<x_i^{(n)}<\cdots<x_{2^n}^{(n)}=b。$$

令$(i=1,2,\cdots,2^n)$

$$\Delta x_i^{(n)}=x_i^{(n)}-x_{i-1}^{(n)},$$

$$B_i^{(n)}=\sup_{x\in[x_{i-1}^{(n)},x_i^{(n)}]}f(x),\quad b_i^{(n)}=\inf_{x\in[x_{i-1}^{(n)},x_i^{(n)}]}f(x)。$$

得(R)积分的大和与小和分别为

$$S_n'=\sum_{i=1}^{2^n}B_i^{(n)}\Delta x_i^{(n)},\quad s_n'=\sum_{i=1}^{2^n}b_i^{(n)}\Delta x_i^{(n)}。$$

因

$$\max_{1\leqslant i\leqslant 2^n}\Delta x_i^{(n)}=\frac{b-a}{2^n}\to 0\quad(n\to\infty),\tag{1}$$

故由(R)积分知识,有

$$f\text{ 在}[a,b]\text{上(R)可积}\Longleftrightarrow S_n'-s_n'\to 0。$$

$\forall n\in\mathbf{N}$,在$[a,b]$上定义函数 $B_n(x)$ 和 $b_n(x)$ 如下:

$$B_n(x)=B_i^{(n)},\forall x\in[x_{i-1}^{(n)},x_i^{(n)}),\quad i=1,2,\cdots,2^n,$$

$$B_n(b)=B_{2^n}^{(n)}。$$

$$b_n(x)=b_i^{(n)},\forall x\in[x_{i-1}^{(n)},x_i^{(n)}),\quad i=1,2,\cdots,2^n,$$

$$b_n(b)=b_{2^n}^{(n)}。$$

则

(i) $\{B_n(x)\}$和$\{b_n(x)\}$均为 $E=[a,b]$上的简单函数列,故均为可测函数列;

(ii) 在对$[a,b]$作 2^n 等分之后,由分划 D_n 和 D_{n+1} 之间的关系,用上、下确界的性质,不难证明,在$[a,b]$上,有

$$b_n(x)\leqslant b_{n+1}(x)\leqslant f(x)\leqslant B_{n+1}(x)\leqslant B_n(x),n=1,2,\cdots;\tag{2}$$

(iii) $\forall n\in\mathbf{N}$,S_n'和s_n'可分别表示为$B_n(x)$和$b_n(x)$的(L)积分:

$$S_n'=\int_{[a,b]}B_n(x)\mathrm{d}x,$$

$$s_n'=\int_{[a,b]}b_n(x)\mathrm{d}x,$$

$$S_n'-s_n'=\int_{[a,b]}(B_n(x)-b_n(x))\mathrm{d}x。\tag{3}$$

下面我们证明本定理。

证"$\Longrightarrow$":

(Ⅰ) 因 f 在$[a,b]$上(R)可积,故

$$S_n'-s_n'\to 0。\tag{4}$$

(Ⅱ) 证

$$\lim_{n\to\infty}B_n(x)=\lim_{n\to\infty}b_n(x)=f(x),\quad a.e.\text{ 于}[a,b]。\tag{5}$$

在$[a,b]$上,令

$$\overline{f}(x)=\lim_{n\to\infty}B_n(x),\quad \underline{f}(x)=\lim_{n\to\infty}b_n(x)。$$

则 $\overline{f}(x)$ 和 $\underline{f}(x)$ 均为$[a,b]$上的可测函数,且由式(2),显然

$$b_n(x)\leqslant\underline{f}(x)\leqslant f(x)\leqslant\overline{f}(x)\leqslant B_n(x),\forall n。\tag{6}$$

故

$$0\leqslant\overline{f}(x)-\underline{f}(x)\leqslant B_n(x)-b_n(x),\forall n。$$

由积分之单调性,有

$$0\leqslant\int_{[a,b]}(\overline{f}(x)-\underline{f}(x))\mathrm{d}x\leqslant\int_{[a,b]}(B_n(x)-b_n(x))\mathrm{d}x,\forall n。$$

由式(3)和(4),令 $n\to\infty$,即有

$$\int_{[a,b]}(\overline{f}(x)-\underline{f}(x))\mathrm{d}x=0。$$

由定理 5.1.5(viii),可知

$$\overline{f}(x)=\underline{f}(x),\quad a.e.\text{ 于}[a,b]。$$

这样,由式(6)及 $\overline{f}(x)$ 和 $\underline{f}(x)$ 之定义,可得式(5)。

(Ⅲ) 令

$$E_1=\{x:x\in[a,b],\lim_{n\to\infty}B_n(x)\neq f(x)\text{ 或}\lim_{n\to\infty}b_n(x)\neq f(x)\}$$
$$\cup\{x:x\text{ 为分划 }D_n\text{ 的分点},n=1,2,\cdots\},$$

则 $mE_1=0$。

下面证明:$[a,b]\backslash E_1$ 中的点全为 f 的连续点。

$\forall x_0\in[a,b]\backslash E_1$,由 E_1 之定义,

$$\lim_{n\to\infty}B_n(x_0)=\lim_{n\to\infty}b_n(x_0)=f(x_0)。$$

故$\forall\varepsilon>0$,$\exists n_0\in\mathbf{N}$,使得

$$f(x_0)-\varepsilon<b_{n_0}(x_0)\leqslant B_{n_0}(x_0)<f(x_0)+\varepsilon。$$

此时,设 $x_0\in[x_{i-1}^{(n_0)},x_i^{(n_0)}]$,因 x_0 不是 D_{n_0} 之分点,故$\exists\delta>0$,使得

$$O(x_0,\delta)\subset[x_{i-1}^{(n_0)},x_i^{(n_0)}]。$$

因而,当 $x\in O(x_0,\delta)$ 时,有

$$f(x_0)-\varepsilon<b_{n_0}(x_0)\leqslant f(x)\leqslant B_{n_0}(x_0)<f(x_0)+\varepsilon。$$

由此即知,f 在 x_0 处连续。从而,知$[a,b]\setminus E_1$ 中的点全为 f 的连续点。

至此,由 $mE_1=0$,即已证得 f 在 E 上几乎处处连续,必要性证毕。

证"$\Longleftarrow$":设 E_0 为 f 在$[a,b]$上的不连续点之全体所成之集,则由已知条件知:$mE_0=0$。

下面的分划 D_n,S_n'和s_n'以及 $B_n(x)$ 和 $b_n(x)(n=1,2,\cdots)$ 仍如前述。为证 f 在$[a,b]$ 上(R)可积,只需证明

$$S_n'-s_n'\to 0。\tag{7}$$

为此,我们分两步进行。

(Ⅰ)证

$$\lim_{n\to\infty}[B_n(x)-b_n(x)]=0,\quad a.e.\ 于[a,b]。\tag{8}$$

$\forall x_0\in[a,b]\setminus E_0$。因 f 在 x_0 处连续,故$\forall\varepsilon>0$,$\exists\delta>0$,使得$\forall x\in[a,b]\cap O(x_0,\delta)$,有

$$|f(x)-f(x_0)|<\frac{\varepsilon}{4}。\tag{9}$$

对此 $\delta>0$,$\exists N\in\mathbf{N}$,使得$\forall n\geqslant N$,均有

$$\frac{b-a}{2^n}<\delta。$$

这样,当 $n\geqslant N$ 时,若 $x_0\in[x_{i-1}^{(n)},x_i^{(n)}]$,则必有

$$[x_{i-1}^{(n)},x_i^{(n)}]\subset O(x_0,\delta)。$$

故$\forall x\in[x_{i-1}^{(n)},x_i^{(n)}]$,式(9)成立,因此,由上、下确界的性质,有

$$\Big|\sup_{x\in[x_{i-1}^{(n)},x_i^{(n)}]}f(x)-f(x_0)\Big|\leqslant\frac{\varepsilon}{4},$$

$$\Big|\inf_{x\in[x_{i-1}^{(n)},x_i^{(n)}]}f(x)-f(x_0)\Big|\leqslant\frac{\varepsilon}{4},$$

故由 $B_n(x)$ 和 $b_n(x)$ 之定义,当 $n\geqslant N$ 时,有

$$0\leqslant B_n(x_0)-b_n(x_0)\leqslant\frac{\varepsilon}{2}<\varepsilon。$$

因而知

$$\lim_{n\to\infty}[B_n(x_0)-b_n(x_0)]=0。$$

由 $mE_0=0$,即得式(8)。

(Ⅱ)因 f 在$[a,b]$上有界,故易知 $B_n(x)-b_n(x)(n=1,2,\cdots)$ 均为有界函数,因此,由 Lebesgue 有界收敛定理(定理 5.2.21),即有

$$\lim_{n\to\infty}\int_{[a,b]}(B_n(x)-b_n(x))\mathrm{d}x=0。$$

再由式(3)即得式(7),即知 f 在$[a,b]$上(R)可积,充分性证毕。

定理得证。

我们知道,在(R)积分理论体系内,并没能解决(R)可积的充要条件问题,或者说(R)可积函数的构造问题,但是,我们看到,定理 5.3.1 彻底解决了这一问题。就是说,借助于(L)积分理论,才使(R)积分的这一重要问题得以解决。这使我们再次看到(L)积分比(R)积分的优越之处,进一步看到(L)积分的重要的理论价值。

二、(L)积分与(R)常义积分的关系

定理 5.3.2 设 f 为闭区间$[a,b]$上的有界函数,则在$[a,b]$上,

(i) f(R) 可积 $\overset{\Longrightarrow}{\not\Longleftarrow}$ f(L) 可积;

(ii) 当 f(R) 可积时,两种积分值相等。

证明

证(i):

f 在$[a,b]$上(R)可积

$\Longrightarrow f$ 在$[a,b]$上有界且几乎处处连续

$\Longrightarrow f$ 在$[a,b]$上有界可测 (§4.2 之例 4)

$\Longrightarrow f$ 在$[a,b]$上(L)可积。 (定理 5.2.3)

Dirichlet 函数即为(L)可积而(R)不可积函数的一例。

证(ii):设 D 为$[a,b]$上的一个(R)分划:

$$D:a=x_0<x_1<\cdots<x_{i-1}<x_i<\cdots<x_n=b,$$

其中 Δx_i,B_i 和 $b_i(i=1,2,\cdots,n)$,S_D 和 s_D 以及 $\overline{\int_a^b} f\mathrm{d}x$ 和 $\underline{\int_a^b} f\mathrm{d}x$ 均如本节前言所述。

令

$$E_i=[x_{i-1},x_i),\quad i=1,2,\cdots,n-1,$$
$$E_n=[x_{n-1},x_n],$$

则诸 E_i 可测且两两不交,又

$$mE_i = x_i - x_{i-1} = \Delta x_i, \quad i = 1,2,\cdots,n。$$

由 f 在 $[a,b]$ 上(R)可积，由(i)知其也(L)可积，利用(L)积分关于积分域的有限可加性，有

$$(\mathrm{L})\int_{[a,b]} f\mathrm{d}x = \sum_{i=1}^{n}(\mathrm{L})\int_{E_i} f\mathrm{d}x。$$

由(L)积分之单调性，有($i = 1,2,\cdots,n$)

$$b_i\Delta x_i = b_i mE_i \leqslant (\mathrm{L})\int_{E_i} f\mathrm{d}x \leqslant B_i mE_i = B_i\Delta x_i。$$

故得

$$s_D \leqslant (\mathrm{L})\int_{[a,b]} f\mathrm{d}x \leqslant S_D。$$

由(R)上、下积分之定义，即有

$$\underline{\int_a^b} f\mathrm{d}x \leqslant (\mathrm{L})\int_{[a,b]} f\mathrm{d}x \leqslant \overline{\int_a^b} f\mathrm{d}x。$$

因此由(R)可积和(R)积分之定义，即得

$$(\mathrm{L})\int_{[a,b]} f\mathrm{d}x = (\mathrm{R})\int_a^b f\mathrm{d}x。$$

(ii) 得证。

定理证毕。

三、(L)积分与(R)广义积分的关系

为叙述方便，下面仅考虑只有一个奇点的(R)广义积分。

定理 5.3.3 设 $-\infty < a < b \leqslant +\infty$，$\forall A \in (a,b)$，$f$ 在 $[a,A]$ 上均(R)常义可积($x = b$ 为奇点)，则当 $b < +\infty$ 时，有

(i) $(\mathrm{L})\int_{[a,b]} |f|\mathrm{d}x = (\mathrm{R})\int_a^b |f|\mathrm{d}x$；

(ii) f 在 $[a,b]$ 上(L)可积 $\Longleftrightarrow$ (R)广义积分 $(\mathrm{R})\int_a^b f\mathrm{d}x$ 绝对收敛；

(iii) 若(R)广义积分 $(\mathrm{R})\int_a^b f\mathrm{d}x$ 绝对收敛，则

$$(\mathrm{L})\int_{[a,b]} f\mathrm{d}x = (\mathrm{R})\int_a^b f\mathrm{d}x。$$

当 $b = +\infty$ 时，同样有上述三条结论，只是应将结论中的 $[a,b]$ 改为 $[a,+\infty)$。

证明 仅证 $b < +\infty$ 情形，对 $b = +\infty$ 情形，证明完全类似。

证(i)：取 $b_n \in (a,b)(n = 1,2,\cdots)$，使得

$$b_n < b_{n+1}, \quad n = 1,2,\cdots, \text{且 } b_n \to b。$$

$\forall n\in N$，在$[a,b_n]$上，因 f(R) 可积，一方面，由(R) 积分知识知，$|f|$也(R)可积；另一方面，由定理 5.3.2 知，f(L)可积(当然可测) 且$|f|$也(L)可积(当然可测)。

注意到

$$[a,b)=\bigcup_{n=1}^{\infty}[a,b_n) \tag{10}$$

故知$|f|$在$[a,b)$上非负可测，因而在$[a,b]$上也非负可测，同样知 f 在$[a,b]$上也可测。

这样，对$|f|$利用积分关于积分域的下连续性和定理 5.3.2，有

$$\begin{aligned}(\mathrm{L})\int_{[a,b]}|f|\,\mathrm{d}x&=(\mathrm{L})\int_{[a,b)}|f|\,\mathrm{d}x\\&=\lim_{n\to\infty}(\mathrm{L})\int_{[a,b_n)}|f|\,\mathrm{d}x\\&=\lim_{n\to\infty}(\mathrm{R})\int_a^{b_n}|f|\,\mathrm{d}x\\&=(\mathrm{R})\int_a^b|f|\,\mathrm{d}x。\end{aligned}$$

故结论(i)成立。

证(ii)：由 f 之可测性知，f 可积 $\Longleftrightarrow$ $|f|$可积。因而，由结论(i)，显然结论(ii) 成立。

证(iii)：当(R) 广义积分(R)$\int_a^b f\mathrm{d}x$绝对收敛时，由结论(ii)，f(L) 可积。这样，对 f 本身，我们又可用积分关于积分域的下连续性和定理 5.3.2，故有

$$\begin{aligned}(\mathrm{L})\int_{[a,b]}f\mathrm{d}x&=(\mathrm{L})\int_{[a,b)}f\mathrm{d}x\\&=\lim_{n\to\infty}(\mathrm{L})\int_{[a,b_n)}f\mathrm{d}x\\&=\lim_{n\to\infty}(\mathrm{R})\int_a^{b_n}f\mathrm{d}x\\&=(\mathrm{R})\int_a^b f\mathrm{d}x。\end{aligned}$$

结论(iii)得证。

定理证毕。

四、积分计算例题

我们已学的极限定理以及(L)积分与(R)积分的关系，可用来解决某些积分计

算问题。例如，首先当然可用极限定理解决积分号下取极限的问题；也可通过将被积函数展为幂级数的方法计算某些积分；还可通过(L)积分与(R)积分的互化，计算某些积分等等。以下仅举四例。

例 1 计算$\int_{(0,+\infty)}\frac{1}{1+x^2}\mathrm{d}x$。

解 令

$$f(x)=\frac{1}{1+x^2},\quad \forall x\in[0,+\infty)。$$

因 $\forall A\in(0,+\infty)$，在$[0,A]$上，f 均(R)常义可积，故由定理 5.3.3(i)，即有

$$\begin{aligned}\int_{(0,+\infty)}\frac{1}{1+x^2}\mathrm{d}x &= (\mathrm{R})\int_0^{+\infty}\frac{1}{1+x^2}\mathrm{d}x\\ &= \lim_{A\to\infty}(\mathrm{R})\int_0^A\frac{1}{1+x^2}\mathrm{d}x\\ &= \lim_{A\to\infty}\arctan A\\ &= \frac{\pi}{2}。\end{aligned}$$

例 2 计算$\int_{[1,+\infty)}\frac{1}{x}\mathrm{d}x$。

解 与上题同理，有

$$\int_{[1,+\infty)}\frac{1}{x}\mathrm{d}x=(\mathrm{R})\int_1^{+\infty}\frac{1}{x}\mathrm{d}x=+\infty。$$

故知 $f(x)=\frac{1}{x}$ 在$[1,+\infty)$上(L)积分存在，但不可积。

例 3 证明：$\int_{[0,1]}\frac{\ln(1-x)}{x}\mathrm{d}x=-\sum_{n=1}^{\infty}\frac{1}{n^2}$。

证明 当 $0<x<1$ 时，

$$\frac{\ln(1-x)}{x}=\frac{1}{x}\sum_{n=1}^{\infty}\left(-\frac{x^n}{n}\right)=-\sum_{n=1}^{\infty}\frac{x^{n-1}}{n}。$$

因函数$\frac{x^{n-1}}{n}(n=1,2,\cdots)$均为$[0,1]$上的非负连续函数，故为非负可测函数。因此，由 Lebesgue 逐项积分定理，有

$$\begin{aligned}\int_{[0,1]}\left(\sum_{n=1}^{\infty}\frac{x^{n-1}}{n}\right)\mathrm{d}x &= \sum_{n=1}^{\infty}\int_{[0,1]}\frac{x^{n-1}}{n}\mathrm{d}x\\ &= \sum_{n=1}^{\infty}(\mathrm{R})\int_0^1\frac{x^{n-1}}{n}\mathrm{d}x\\ &= \sum_{n=1}^{\infty}\frac{1}{n^2}。\end{aligned}$$

故得

$$\int_{[0,1]} \frac{\ln(1-x)}{x}\mathrm{d}x = -\sum_{n=1}^{\infty}\frac{1}{n^2}。$$

例 4 求极限

$$\lim_{n\to\infty}(\mathrm{R})\int_0^1 \frac{\sin nx}{nx}\mathrm{d}x。$$

解 令

$$f_n(x) = \frac{\sin nx}{nx}, \quad n = 1,2,\cdots。$$

因

$$\lim_{x\to 0}\frac{\sin nx}{nx} = 1, \quad n = 1,2,\cdots,$$

故可将 $f_n(n=1,2,\cdots)$ 视为[0,1]上的连续函数，因此有

$$(\mathrm{R})\int_0^1 \frac{\sin nx}{nx}\mathrm{d}x = \int_{[0,1]}\frac{\sin nx}{nx}\mathrm{d}x, \quad n = 1,2,\cdots。$$

这样即将所求(R)积分的极限化为(L)积分的极限，从而，可用(L)积分的极限定理为工具进行计算。

因在(0,1]上，

$$f_n(x) \xrightarrow{\text{处处}} 0 \quad (n\to\infty),$$

故在[0,1]上，

$$f_n(x) \xrightarrow{a.e.} 0 \quad (n\to\infty)。$$

又

$$|f_n(x)| \leqslant 1, \quad \forall x\in[0,1], \quad n = 1,2,\cdots,$$

故由 Lebesgue 有界收敛定理，有

$$\lim_{n\to\infty}\int_{[0,1]}\frac{\sin nx}{nx}\mathrm{d}x = 0。$$

从而

$$\lim_{n\to\infty}(\mathrm{R})\int_0^1 \frac{\sin nx}{nx}\mathrm{d}x = 0。$$

注意：在[0,1]上，$f_n(x)\xrightarrow{\text{一致}}\!\!\!\!\!\!\!\times\ \ 0$（因 $f_n\left(\frac{1}{n}\right) = \sin 1, n = 1,2,\cdots$），所以，(R)积分的积分号下取极限的定理不能用。

§5.4 重积分

本节的目的是研究将重积分化为累次积分的问题，建立实变函数中的重要结论：Fubini 定理。为此，在第一、二两段中，首先建立乘积空间中集合的截口概念，研究可测集截口的可测性及其测度的积分性质，即建立所谓“截口定理”。然后，在第三段中，利用截口定理，在第四章定理 4.2.6 的基础上，进一步研究函数非负可测的几何意义，证明：其下方图形的可测性不仅是非负函数可测的必要条件，而且也是其充分条件。这个结果既是截口定理的直接派生结果，又是为 Fubini 定理的证明所做的一项准备工作。在第四段中，再为证明 Fubini 定理做一项准备工作，即建立证明该定理的三个基本工具：命题 1,2,3。最后在第五段中建立 Fubini 定理，完成本节的中心任务。通过 Fubini 定理，我们将会看到，在将重积分化为累次积分或者交换累次积分的积分次序的问题上，Lebesgue 积分确比 Riemann 积分优越得多。

本节中均设：p,q 为正整数，且

$$\mathbf{R}^{p+q}=\mathbf{R}^p\times\mathbf{R}^q。$$

一、集合的截口

定义 5.4.1 设 $E\subset\mathbf{R}^{p+q}$，$x_0\in\mathbf{R}^p$，称集合

$$\{y:y\in\mathbf{R}^q,(x_0,y)\in E\}$$

为**集合 E 在 $x=x_0$ 处的截口**，记为 E_{x_0} 或 $(E)_{x_0}$。

类似，若 $y_0\in\mathbf{R}^q$，称集合

$$\{x:x\in\mathbf{R}^p,(x,y_0)\in E\}$$

为**集合 E 在 $y=y_0$ 处的截口**，记为 E^{y_0} 或 $(E)^{y_0}$。

例 1 设 $E=I$ 为 $\mathbf{R}^{p+q}$ 中的区间，且

$$I=I_1\times I_2，其中\ I_1,I_2\ 分别为\ \mathbf{R}^p\ 和\ \mathbf{R}^q\ 中的区间。$$

当 $x_0\in\mathbf{R}^p$ 时，易知

$$I_{x_0}=\begin{cases}I_2, & \forall x_0\in I_1,\\ \varnothing, & \forall x_0\overline{\in} I_1。\end{cases}$$

截口有以下性质，这些性质都是下面建立 Fubini 定理所必需的基本技能。

性质 1 $E_1\subset E_2\Longrightarrow(E_1)_x\subset(E_2)_x$。

性质 2 $(\bigcup_{n=1}^{\infty} E_n)_x = \bigcup_{n=1}^{\infty} (E_n)_x$。

性质 3 $(\bigcap_{n=1}^{\infty} E_n)_x = \bigcap_{n=1}^{\infty} (E_n)_x$。

性质 4 $(E_2 \setminus E_1)_x = (E_2)_x \setminus (E_1)_x$。

性质 5 $E_1 \cap E_2 = \varnothing \Longrightarrow (E_1)_x \cap (E_2)_x = \varnothing$。

其证明留作习题。

二、关于可测集截口的可测性及其测度的积分性质

本段中研究：若 E 为 $\mathbf{R}^{p+q}$ 中之可测集，那么其截口 E_x 是否可测？若可测，那么 mE 和 mE_x 间有何关系？所建立的"截口定理"圆满地回答了这一问题。"截口定理"的证明思路像关于集合乘积测度的定理 3.5.1 一样，采用从区间、开集，直到一般可测集的六个步骤，虽然证明过程较长，但思路清晰。同时，这个证明过程综合地利用了我们从第一章到第五章的不少知识，这对于前面所学知识的巩固和提高，将很有益处。

数学分析中有这样一个结果：在 $\mathbf{R}^3$ 中，一立体位于平面 $x=a$ 和 $x=b(a<b)$ 之间，它被垂直于 x 轴的截面所截的面积 $A(x)$ 为 x 的连续函数，则该立体的体积 V 和其截面面积 $A(x)$ 之间有以下关系：

$$V = \int_a^b A(x)\mathrm{d}x。$$

对于 mE 和 mE_x，在一定意义下，我们将得到相类似的结果。

定理 5.4.1(截口定理)　设 E 为 $\mathbf{R}^{p+q}$ 中的可测集，则

(i) 对于几乎所有的 $x \in \mathbf{R}^p$，E_x 为 $\mathbf{R}^q$ 中的可测集；

(ii) 在 $\mathbf{R}^p$ 上几乎处处有意义的函数 $m(x)=mE_x$ 是非负可测函数，称 $m(x)$ 为**截口测度函数**；

(iii) $mE = \int_{\mathbf{R}^p} mE_x \mathrm{d}x$。

证明

(Ⅰ) 设 E 为区间。

设

$$E = I_1 \times I_2，其中 I_1 和 I_2 分别为 \mathbf{R}^p 和 \mathbf{R}^q 中的区间。$$

$\forall x \in \mathbf{R}^p$，由例 1 可知，$E_x$ 均为 $\mathbf{R}^q$ 中之可测集，且 $\forall x \in \mathbf{R}^p$，有

$$mE_x = \begin{cases} mI_2 = |I_2|, & \forall x \in I_1, \\ 0, & \forall x \overline{\in} I_1, \end{cases}$$

故 mE_x 为 $\mathbf{R}^p$ 上处处有定义的非负简单函数，因而非负可测，同时有

$$\begin{aligned}\int_{\mathbf{R}^p} mE_x \mathrm{d}x &= mI_2 \cdot mI_1 \qquad &(\text{非负简单函数的积分定义})\\ &= m(I_1 \times I_2) \qquad &(\text{定理 } 3.5.1)\\ &= mE。\end{aligned}$$

（Ⅱ）设 E 为开集。

由定理 2.4.5，E 可表示为

$$E = \bigcup_{n=1}^{\infty} I_n，\text{其中诸 } I_n \text{ 为 } \mathbf{R}^{p+q} \text{ 中两两不交的区间。}$$

由截口的性质 2，有

$$E_x = \bigcup_{n=1}^{\infty} (I_n)_x。$$

由（Ⅰ），诸 $(I_n)_x (n = 1,2,\cdots)$ 均可测，故知 E_x 可测。

由诸 I_n 两两不交，由截口性质 5，知诸 $(I_n)_x (n = 1,2,\cdots)$ 两两不交，从而由测度的可数可加性，有

$$mE_x = \sum_{n=1}^{\infty} m(I_n)_x。$$

这样，由（Ⅰ），诸 $m(I_n)_x (n = 1,2,\cdots)$ 均为非负可测函数，由可测函数列的极限性质，即知 $m(x) = mE_x$ 为非负可测函数，且

$$\begin{aligned}\int_{\mathbf{R}^p} mE_x \mathrm{d}x &= \sum_{n=1}^{\infty} \int_{\mathbf{R}^p} m(I_n)_x \mathrm{d}x \qquad &(\text{Lebesgue 逐项积分定理})\\ &= \sum_{n=1}^{\infty} mI_n \qquad &(（\text{Ⅰ}）\text{之结论})\\ &= mE。\end{aligned}$$

（Ⅲ）设 E 为有界 G_δ 集。

设 $E \subset$ 开区间 I，且

$$E = \bigcap_{n=1}^{\infty} G_n，$$

其中诸 G_n 为开集，且由第二章习题 25 知，$\{G_n\}$ 还可满足

$$I \supset G_1 \supset G_2 \supset \cdots \supset G_n \supset \cdots。$$

这样，由截口性质 3，有

$$E_x = \bigcap_{n=1}^{\infty} (G_n)_x。$$

由（Ⅱ），诸 $(G_n)_x$ 可测，故知 E_x 可测。

又由截口性质 1 知，$\{(G_n)_x\}$ 满足

$$I_x \supset (G_1)_x \supset (G_2)_x \supset \cdots \supset (G_n)_x \supset \cdots。 \qquad (1)$$

故由测度之上连续性，有

$$mE_x = \lim_{n\to\infty} m(G_n)_x\text{。}$$

这样，由（Ⅱ），诸 $m(G_n)_x(n=1,2,\cdots)$ 均为非负可测函数，仍用可测函数列的极限性质，即知 mE_x 为非负可测函数。

又由式(1)及测度的单调性，有

$$m(G_n)_x \leqslant m(I_x),\quad n=1,2,\cdots\text{。}$$

注意到 $m(I_x)$ 之可积性，故有

$$\begin{aligned}\int_{\mathbf{R}^p} mE_x\mathrm{d}x &= \lim_{n\to\infty}\int_{\mathbf{R}^p} m(G_n)_x\mathrm{d}x &&\text{(Lebesgue 控制收敛定理)}\\ &= \lim_{n\to\infty} mG_n &&\text{((Ⅱ)之结论)}\\ &= mE\text{。} &&\text{(测度之上连续性)}\end{aligned}$$

（Ⅳ）设 E 为有界零测集。

由 $mE=0$ 和可测集的构造定理（定理 3.4.5 及其注 2）可知，存在有界 G_δ 集 $H\supset E$，且

$$mH = mE = 0\text{。}$$

由（Ⅲ）可知

$$mH = \int_{\mathbf{R}^p} mH_x\mathrm{d}x,$$

故由定理 5.1.5(viii)，有

$$mH_x = 0,\quad a.e.\text{ 于 }\mathbf{R}^p\text{。}$$

由 $E\subset H$，知 $E_x\subset H_x$，$\forall x\in\mathbf{R}^p$，因零测集的子集均为零测集，故

$$mE_x = 0,\quad a.e.\text{ 于 }\mathbf{R}^p\text{。}$$

因此，结论(i)和(ii)均成立，且显然结论(iii)也成立。

（Ⅴ）设 E 为一般有界可测集。

仍由可测集的构造定理及注，存在有界 G_δ 集 $H\supset E$，使得

$$m(H\setminus E) = 0 \text{ 且 } mH = mE\text{。}\tag{2}$$

令

$$E_0 = H\setminus E,$$

则有以下诸结果：

$$mE_0 = 0,$$

$$E = H\setminus E_0\text{。}$$

$$E_x = (H\setminus E_0)_x = H_x\setminus(E_0)_x,\quad \forall x\in\mathbf{R}^p\text{。}\qquad\text{(截口性质 4)}$$

由（Ⅲ）知，H_x 可测，$\forall x\in\mathbf{R}^p$。由（Ⅳ）知，$(E_0)_x$ 为零测集，$a.e.$ 于 $\mathbf{R}^p$。故知对

几乎所有的 $x\in\mathbf{R}^p$，E_x 均可测。

又由测度的可减性和(Ⅳ)之结论，有

$$\begin{aligned}mE_x &= mH_x - m(E_0)_x \\ &= mH_x,\quad a.e.\text{ 于 }\mathbf{R}^p。\end{aligned}$$

从而，由 mH_x 为 $\mathbf{R}^p$ 上的几乎处处有定义的可测函数，知 mE_x 也为 $\mathbf{R}^p$ 上的几乎处处有定义的可测函数，同时

$$\begin{aligned}\int_{\mathbf{R}^p} mE_x\,\mathrm{d}x &= \int_{\mathbf{R}^p} mH_x\,\mathrm{d}x \\ &= mH \qquad ((\text{Ⅲ})\text{ 之结论}) \\ &= mE。\qquad (\text{式}(2))\end{aligned}$$

(Ⅵ) 设 E 为一般可测集。

此步仅略述之。由 § 3.4 之推论 4 知，E 可表示为

$$E=\bigcup_{n=1}^{\infty} E_n\text{，其中诸 } E_n \text{ 为两两不交的有界可测集。}$$

注意到以下结果：

$$E_x=\bigcup_{n=1}^{\infty}(E_n)_x,\quad \text{处处于 } \mathbf{R}^p。$$

$$mE_x=\sum_{n=1}^{\infty} m(E_n)_x,\quad a.e.\text{ 于 }\mathbf{R}^p。$$

$$\begin{aligned}\int_{\mathbf{R}^p} mE_x\,\mathrm{d}x &= \sum_{n=1}^{\infty}\int_{\mathbf{R}^p} m(E_n)_x\,\mathrm{d}x \qquad (\text{Lebesgue 逐项积分定理}) \\ &= \sum_{n=1}^{\infty} mE_n \qquad ((\text{Ⅴ})\text{ 之结论}) \\ &= mE。\qquad (\text{测度的可数可加性})\end{aligned}$$

即知结论(i)，(ii)和(iii)均成立。

定理证毕。

由截口定理，当 $mE<+\infty$ 时，显然可得以下推论：

推论 1 设 $E\subset\mathbf{R}^{p+q}$，$mE<+\infty$。则截口测度函数 $m(x)=mE_x$ 满足：

(i) 在 $\mathbf{R}^p$ 上可积；

(ii) 几乎处处有限，即 $mE_x<+\infty$， $a.e.$ 于 $\mathbf{R}^p$。

三、非负函数可测性的几何意义的进一步研究

本段在定理 4.2.6 的基础上，证明：下方图形可测是非负函数可测性的充要条件。首先，我们建立一个关于下方图形的截口的引理。

引理 1 设 $E\subset\mathbf{R}^n$，f 为 E 上的非负广义实函数，$z\in\mathbf{R}^1$，$z\geqslant 0$，则

$$(G(E,f))^z=E[f>z]。$$

证明 本引理由下方图形和截口的定义即可推得。事实上，因

$$G(E,f)=\{(x,z):x\in E,z\in\mathbf{R}^1,0\leqslant z<f(x)\}。$$

故

$$\begin{aligned}(G(E,f))^z&=\{x:x\in\mathbf{R}^n,(x,z)\in G(E,f)\}\\&=\{x:x\in\mathbf{R}^n,x\in E,z\in\mathbf{R}^1,0\leqslant z<f(x)\}\\&=\{x:x\in E,0\leqslant z<f(x)\}\\&=E[f>z]。\end{aligned}$$

注 1 当 $z<0$ 时，引理 1 不再成立。事实上，当 $z<0$ 时，

$$(G(E,f))^z=\varnothing,$$

$$E[f>z]=E。$$

定理 5.4.2 设 E 为 $\mathbf{R}^n$ 中的可测集，f 为 E 上的非负函数，则

$$f \text{ 为 } E \text{ 上的(非负)可测函数} \Longleftrightarrow G(E,f) \text{ 为 } \mathbf{R}^{n+1} \text{ 中的可测集},$$

且

$$\int_E f\,\mathrm{d}x=mG(E,f)。\tag{3}$$

证明 其必要性在定理 4.2.6 中已证，式(3)在定理 5.1.3 中已证，故下面仅证其充分性。

（Ⅰ）证：对几乎所有的 $z\in\mathbf{R}^1$，$E[f>z]$ 均可测。

首先，

$G(E,f)$ 可测

$\Longrightarrow$ 对几乎所有的 $z\in\mathbf{R}^1$，截口 $(G(E,f))^z$ 均可测　　（截口定理）

$\Longrightarrow$ 对几乎所有的 $z\in[0,+\infty)$，$(G(E,f))^z$ 均可测

$\Longrightarrow$ 对几乎所有的 $z\in[0,+\infty)$，$E[f>z]$ 可测。　　（引理 1）

而当 $z\in(-\infty,0)$ 时，

$$E[f>z]=E。\qquad\text{(注 1)}$$

故此时 $E[f>z]$ 也可测。

从而知，对几乎所有的 $z\in\mathbf{R}^1$，$E[f>z]$ 均可测。

（Ⅱ）由定理 4.2.2，即知 f 为 E 上的(非负)可测函数。

定理证毕。

四、证明 Fubini 定理的基本工具

Fubini 定理是实变函数中最重要的定理之一。对它的证明过程，必须搞透，从

而为该定理的熟练运用打下基础。Fubini 定理是在一个已知条件下证明三个结论。仔细分析这个证明过程可以看出，这三个结论的证明，实际上都是下面的三个基本命题或者说三个基本工具的逻辑组合。因此，掌握好这三个基本工具，是学好下面 Fubini 定理证明的必不可少的前提。预先把这三个基本工具搞透，那么该定理的证明思路即一目了然，甚至读者自己即可将证明作出。因此，在本段中，我们首先建立这三个基本工具，即下面的命题 1,2,3，其中除命题 2 需引入一个简单概念外，命题 1 和命题 3 均为已有结果的直接推论。为保证这三个基本工具的完整性，对个别已有结果，稍作重复。

(i) 由定理 5.4.2 及函数可积性定义，直接可得：

命题 1 设 E 为 $\mathbf{R}^n$ 中之可测集，f 为 E 上的非负可测函数，则

$$f \text{ 在 } E \text{ 上可积} \Longleftrightarrow mG(E,f) < +\infty,$$

且

$$\int_E f\mathrm{d}x = mG(E,f)。$$

(ii) 设 $f(x,y)$ 为 $\mathbf{R}^{p+q}$ 上的非负函数，将 $f(x,y)$ 的下方图形 $G(\mathbf{R}^{p+q},f)$ 简记为 G，则

$$G = \{(x,y,z): x\in\mathbf{R}^p, y\in\mathbf{R}^q, z\in\mathbf{R}^1, 0 \leqslant z < f(x,y)\}。$$

这样，$\forall x_0 \in \mathbf{R}^p$，按截口之定义，即有

$$\begin{aligned} G_{x_0} &= \{(y,z): y\in\mathbf{R}^q, z\in\mathbf{R}^1, (x_0,y,z)\in G\} \\ &= \{(y,z): y\in\mathbf{R}^q, z\in\mathbf{R}^1, 0\leqslant z < f(x_0,y)\}。\end{aligned} \tag{4}$$

下面我们对函数 $f(x,y)$ 引入一个简单概念。

定义 5.4.2 设 $f(x,y)$ 为 $\mathbf{R}^{p+q}$ 上的非负函数，$x_0\in\mathbf{R}^p$，则称函数

$$f(x_0,y),\quad y\in\mathbf{R}^q$$

为函数 $f(x,y)$ 当 $x=x_0$ 时的**截口函数**，或简称为**截口**，记为 $f_{x_0}(y)$。

类似，若 $y_0\in\mathbf{R}^q$，则称函数

$$f(x,y_0),\quad x\in\mathbf{R}^p$$

为函数 $f(x,y)$ 当 $y=y_0$ 时的**截口函数**或**截口**，记为 $f^{y_0}(x)$。

按此定义，对于 $f(x,y)$ 的截口 $f_{x_0}(y)$ 的下方图形，我们有

$$\begin{aligned} &G(\mathbf{R}^q, f(x_0,y)) \\ &= \{(y,z): y\in\mathbf{R}^q, z\in\mathbf{R}^1, 0\leqslant z < f(x_0,y)\}。\end{aligned} \tag{5}$$

由式(4) 和式(5)，我们即有：

命题 2 设 $f(x,y)$ 为 $\mathbf{R}^{p+q}$ 上的非负函数，$\forall x_0\in\mathbf{R}^p$，均有

$$G_{x_0} = G(\mathbf{R}^q, f_{x_0}(y))。$$

即：非负函数 $f(x,y)$ 的下方图形的截口等于其截口函数的下方图形。

(iii) 对非负函数 $f(x,y)$ 的下方图形 G，用截口定理及其推论 1，直接可得：

命题 3　设 $f(x,y)$ 为 $\mathbf{R}^{p+q}$ 上的非负可测函数，又设其下方图形 G 满足 $mG<+\infty$，则 G 的截口测度函数 $mG_x(x\in\mathbf{R}^p)$ 具有性质：

1) 在 $\mathbf{R}^p$ 上可积；

2) 几乎处处有限，即 $mG_x<+\infty$，　$a.e.$ 于 $\mathbf{R}^p$；

3) $\int_{\mathbf{R}^p} mG_x\,\mathrm{d}x = mG$。

五、Fubini 定理

定理 5.4.3(Fubini 定理)　设 $f(x,y)=f(u)(u=(x,y))$ 为 $\mathbf{R}^{p+q}$ 上的可积函数，则

(i) 对几乎所有的 $x\in\mathbf{R}^p$，截口函数 $f_x(y)=f(x,y)$ 关于 y 为 $\mathbf{R}^q$ 上的可积函数；

(ii) 函数

$$g(x)=\int_{\mathbf{R}^q} f(x,y)\,\mathrm{d}y$$

为 $\mathbf{R}^p$ 上几乎处处有定义的可积函数；

(iii) $$\int_{\mathbf{R}^{p+q}} f(u)\,\mathrm{d}u=\int_{\mathbf{R}^p}\mathrm{d}x\int_{\mathbf{R}^q} f(x,y)\,\mathrm{d}y。\tag{6}$$

证明

(Ⅰ) 设 $f(x,y)$ 为 $\mathbf{R}^{p+q}$ 上的非负函数。

证(i)：由以下逻辑关系，(i)即得证：

$f(u)$ 在 $\mathbf{R}^{p+q}$ 上可积				$f(x,y)$ 关于 y 在 $\mathbf{R}^q$ 上可积，$a.e.$ 于 $\mathbf{R}^p$
⇕ (命题 1)				⇕ (命题 1)
$mG<+\infty$	⟹ (命题 3)	$mG_x<+\infty$ $a.e.$ 于 $\mathbf{R}^p$	⟺ (命题 2)	$mG(\mathbf{R}^q,f_x(y))<+\infty$ $a.e.$ 于 $\mathbf{R}^p$

证(ii)：由(i)，$g(x)$在 $\mathbf{R}^p$ 上几乎处处有定义，这样，对几乎所有的 $x\in\mathbf{R}^p$，有

$$\begin{aligned} g(x) &= \int_{\mathbf{R}^q} f(x,y)\,\mathrm{d}y \\ &= mG(\mathbf{R}^q, f(x,y)) \qquad (命题 1)\\ &= mG_x。\qquad (命题 2) \end{aligned}\tag{7}$$

另一方面，

$$
\begin{aligned}
& f(u) \text{ 在 } \mathbf{R}^{p+q} \text{ 上可积} \\
\Longrightarrow & mG < +\infty && \text{(命题 1)} \\
\Longrightarrow & mG_x \text{ 在 } \mathbf{R}^p \text{ 上可积} && \text{(命题 3)} \\
\Longrightarrow & g(x) \text{ 在 } \mathbf{R}^p \text{ 上可积。} && \text{(式(7))}
\end{aligned}
$$

证(iii)：

$$
\begin{aligned}
& \int_{\mathbf{R}^{p+q}} f(u)\mathrm{d}u \\
= & mG && \text{(命题 1)} \\
= & \int_{\mathbf{R}^p} mG_x \mathrm{d}x && \text{(命题 3)} \\
= & \int_{\mathbf{R}^p} g(x)\mathrm{d}x && \text{(式(7))} \\
= & \int_{\mathbf{R}^p} \mathrm{d}x \int_{\mathbf{R}^q} f(x,y)\mathrm{d}y\text{。}
\end{aligned}
$$

(Ⅱ) 设 $f(x,y)$ 为 $\mathbf{R}^{p+q}$ 上的一般可积函数。

由在 $\mathbf{R}^{p+q}$ 上 $f(x,y)$ 可积，故 $f^+(x,y)$ 和 $f^-(x,y)$ 均可积，因而，由(Ⅰ)知，对于 $f^+(x,y)$ 和 $f^-(x,y)$，定理的结论(i)，(ii)和(iii)均成立。

证(i)：

$f^+(x,y)$ 和 $f^-(x,y)$ 在 $\mathbf{R}^{p+q}$ 上均可积

$\Longrightarrow$ 对几乎所有的 $x\in\mathbf{R}^p$，$f^+(x,y)$ 和 $f^-(x,y)$ 均关于 y 在 $\mathbf{R}^q$ 上可积

$\Longrightarrow$ 对几乎所有的 $x\in\mathbf{R}^p$，$f(x,y)$ 关于 y 在 $\mathbf{R}^q$ 上可积。

证(ii)：

$$
\begin{aligned}
g(x) &= \int_{\mathbf{R}^q} f(x,y)\mathrm{d}y \\
&= \int_{\mathbf{R}^q} f^+(x,y)\mathrm{d}y - \int_{\mathbf{R}^q} f^-(x,y)\mathrm{d}y,
\end{aligned}
$$

由(Ⅰ)知，右端两项均为 $\mathbf{R}^p$ 上的几乎处处有限的可积函数，故 $g(x)$ 亦然。

证(iii)：

$$
\begin{aligned}
& \int_{\mathbf{R}^{p+q}} f(u)\mathrm{d}u \\
= & \int_{\mathbf{R}^{p+q}} f^+(u)\mathrm{d}u - \int_{\mathbf{R}^{p+q}} f^-(u)\mathrm{d}u \\
= & \int_{\mathbf{R}^p} \mathrm{d}x \int_{\mathbf{R}^q} f^+(x,y)\mathrm{d}y - \int_{\mathbf{R}^p} \mathrm{d}x \int_{\mathbf{R}^q} f^-(x,y)\mathrm{d}y
\end{aligned}
$$

$$= \int_{\mathbf{R}^p} [\int_{\mathbf{R}^q} f^+(x,y)\mathrm{d}y - \int_{\mathbf{R}^q} f^-(x,y)\mathrm{d}y]\mathrm{d}x$$

$$= \int_{\mathbf{R}^p} \mathrm{d}x \int_{\mathbf{R}^q} f(x,y)\mathrm{d}y。$$

下面的定理 5.4.4 是关于非负可测函数的 Fubini 定理。

定理 5.4.4 若 $f(x,y)$ 为 $\mathbf{R}^{p+q}$ 上的非负可测函数，则

(i) 对几乎所有的 $x\in\mathbf{R}^p$，截口函数 $f_x(y) = f(x,y)$ 关于 y 为 $\mathbf{R}^q$ 上的非负可测函数；

(ii) 函数

$$g(x) = \int_{\mathbf{R}^q} f(x,y)\mathrm{d}y$$

为 $\mathbf{R}^p$ 上的几乎处处有定义的非负可测函数；

(iii) $\int_{\mathbf{R}^{p+q}} f(u)\mathrm{d}u = \int_{\mathbf{R}^p} \mathrm{d}x \int_{\mathbf{R}^q} f(x,y)\mathrm{d}y$。

该定理的证明过程与定理 5.4.3 类似，但更为简单，故将其证明留作习题。在此，仅提一点，该定理的证明过程实际上也只是以下三个基本工具的逻辑组合，这三个基本工具即：

命题 1′ 即定理 5.4.2。

命题 2′ 即命题 2。

命题 3′ 截口定理当 E 为非负函数 $f(x,y)$ 的下方图形 G 时之特例。

由定理 5.4.3 和 5.4.4，可推得以下关于累次积分交换积分次序的推论。

推论 2 若 $f(x,y)$ 在 $\mathbf{R}^{p+q}$ 上非负可测或可积，则

$$\int_{\mathbf{R}^p} \mathrm{d}x \int_{\mathbf{R}^q} f(x,y)\mathrm{d}y = \int_{\mathbf{R}^q} \mathrm{d}y \int_{\mathbf{R}^p} f(x,y)\mathrm{d}x = \int_{\mathbf{R}^{p+q}} f(u)\mathrm{d}u。$$

注 2 由定理 5.4.3，定理 5.4.4 和推论 2，可以看出，对(L)积分而言，在将重积分化为累次积分或者交换累次积分的积分次序时，所需要的条件仅是非负可测或可积，而这种条件已弱到不能再弱的地步。由此可见，与(R)积分相比，在作这些运算时，(L)积分是何等简便。

习 题

1. 设[0,1]上的 Dirichlet 函数为 $D(x)$，Riemann 函数为 $R(x)$，求 $\int_{[0,1]} D(x)\mathrm{d}x$ 和 $\int_{[0,1]} R(x)\mathrm{d}x$。

2. 设$E\subset \mathbf{R}^n$，$mE<+\infty$，$f(x)$是E上的几乎处处有限的非负可测函数，$\delta>0$。在$[0,+\infty)$上作分划：

$$0=y_0<y_1<\cdots<y_k<y_{k+1}<\cdots<+\infty, y_k\to+\infty。$$

满足

$$y_{k+1}-y_k<\delta,\quad k=0,1,\cdots。$$

若令

$$E_k=\{x\in E: y_k\leqslant f(x)<y_{k+1}\},\quad k=0,1,2,\cdots。$$

求证：$f(x)$在E上可积的充要条件为

$$\sum_{k=0}^{\infty}y_k mE_k<+\infty,$$

且此时有

$$\lim_{\delta\to 0}\sum_{k=0}^{\infty}y_k mE_k=\int_E f(x)\mathrm{d}x。$$

3. 证明：当$mE<+\infty$时，E上的非负可测函数$f(x)$的积分$\int_E f(x)\mathrm{d}x<+\infty$的充要条件是

$$\sum_{k=0}^{\infty}2^k mE[f\geqslant 2^k]<+\infty。$$

4. 设$mE<+\infty$，$E_1,E_2,\cdots,E_m$是E的m个可测子集，正整数$k\leqslant m$。证明：若E中每一点至少属于k个E_i，则$\exists i,1\leqslant i\leqslant m$，使$mE_i\geqslant\dfrac{k}{m}mE$。

5. 设$f(x)$为E上的可测函数，证明：$\forall a>0$，均有

$$mE[|f|\geqslant a]\leqslant\frac{1}{a}\int_E|f(x)|\mathrm{d}x,$$

$$mE[f\geqslant a]\leqslant\frac{1}{\mathrm{e}^a}\int_E\mathrm{e}^{f(x)}\mathrm{d}x。$$

6. 证明§5.2之推论1。

7. 证明定理5.2.8。

8. 证明定理5.2.9。

9. 证明§5.2引理1。

10. 设$mE<+\infty$，$f(x)$在E上可测且几乎处处有限，令

$$E_n=E[x:n-1\leqslant f(x)<n],\quad n=0,\pm1,\pm2,\cdots。$$

证明：$f(x)$在E上可积的充要条件为

$$\sum_{n=-\infty}^{\infty}|n|mE_n<+\infty。$$

11. 证明：

(i) $\dfrac{\sin x}{x}$ 在$(0,+\infty)$上不可积；

(ii) $\dfrac{1}{x}$ 在$(0,1)$上不可积。

12. 设

1° $mE<+\infty$；

2° $f_n(x),n=1,2,\cdots$ 均为 E 上的可积函数；

3° 在 E 上，$f_n(x)\xrightarrow{\text{一致}}f(x)$。

证明：$f(x)$ 在 E 上可积，且

$$\int_E f(x)\mathrm{d}x=\lim_{n\to\infty}\int_E f_n(x)\mathrm{d}x。$$

13. 设 $mE<+\infty$，证明：

$$\text{在 } E \text{ 上},f_n(x)\Rightarrow 0 \Longleftrightarrow \lim_{n\to\infty}\int_E\frac{|f_n(x)|}{1+|f_n(x)|}\mathrm{d}x=0。$$

14. 设 $f(x)$ 在 E 上可积，又

$$e_n=E[|f|\geqslant n],\quad n=1,2,\cdots,$$

证明：$\lim\limits_{n\to\infty}n(me_n)=0$。

15. 设 $\mathbf{F}$ 是可测集 E 上的可积函数族，满足

$$\sup_{f\in\mathbf{F}}\int_E|f(x)|\mathrm{d}x<+\infty。$$

证明：$\mathbf{F}$ 是其积分具等度绝对连续性的函数族的充要条件为：$\forall\varepsilon>0,\exists N\in\mathbf{N}$，使

$$\sup_{f\in\mathbf{F}}\int_{E[|f|\geqslant N]}|f(x)|\mathrm{d}x\leqslant\varepsilon。$$

16. 证明：

$$\lim_{n\to\infty}\int_{(0,+\infty)}\frac{\mathrm{d}t}{(1+\frac{t}{n})^n t^{\frac{1}{n}}}=1。$$

17. 设 $f_n(x),n=1,2,\cdots$ 均为 E 上的可测函数，满足

$$\sum_{n=1}^{\infty}\int_E|f_n(x)|\mathrm{d}x<+\infty。$$

证明：

(i) $\sum\limits_{n=1}^{\infty}f_n(x)$ 在 E 上几乎处处绝对收敛且其和函数在 E 上可积；

(ii) $\displaystyle\int_E\sum_{n=1}^{\infty}f_n(x)\mathrm{d}x=\sum_{n=1}^{\infty}\int_E f_n(x)\mathrm{d}x$。

18. 设 $f(x,t)$ 当 $|t-t_0|<\delta$ 时是 x 在 $[a,b]$ 上的可积函数，并且存在常数 $k>0$，使

$$\left|\frac{\partial}{\partial t}f(x,t)\right|\leqslant k,\ |t-t_0|<\delta,\ x\in[a,b],$$

证明：

$$\frac{\mathrm{d}}{\mathrm{d}t}\int_a^b f(x,t)\mathrm{d}x=\int_a^b\frac{\partial}{\partial t}f(x,t)\mathrm{d}x。$$

19. 证明 § 5.4 中截口的性质 1 ～ 5。

20. 设 $f(x)$ 在 $\mathbf{R}^p$ 上可积，$g(y)$ 在 $\mathbf{R}^q$ 上可积，证明：$f(x)g(y)$ 在 $\mathbf{R}^{p+q}$ 上可积。

21. 设 $f(x,y)$ 在 $\mathbf{R}^{p+q}$ 上非负可测，且 $\forall x\in\mathbf{R}^p$，$f(x,y)$ 在 $\mathbf{R}^q$ 上几乎处处有限，证明：对几乎所有的 $y\in\mathbf{R}^q$，$f(x,y)$ 在 $\mathbf{R}^p$ 上几乎处处有限。

Lebesgue积分与微分的关系

在数学分析中，我们已知，对于(R)积分，积分运算和微分运算互为逆运算，即有以下两结论：

(i) 设 $f(x)$ 在$[a,b]$上连续，则

$$\left(\int_a^x f(t)\mathrm{d}t\right)' = f(x), \quad \forall x \in [a,b]。 \tag{1}$$

(ii) 设 $f(x)$ 在$[a,b]$上可微，且 $f'(x)$ 在$[a,b]$上(R)可积，则

$$\int_a^x f'(t)\mathrm{d}t = f(x) - f(a), \quad \forall x \in [a,b]。 \tag{2}$$

本章目的就是证明，对于(L)积分，积分运算和微分运算也互为逆运算，即也有类似于上面式(1)和式(2)的两个结果，但在理论上却深入得多。

本章中，首先要深入研究三种函数，即单调函数、有界变差函数和绝对连续函数，然后在此基础上，再来建立(L)积分和微分的内在联系。

本章中的区间$[a,b]$均为有限闭区间，并像前面一样作如下规定：当 f 在$[a,b]$上(L)可积时，将$\int_{[a,b]} f\mathrm{d}x$ 记为$\int_a^b f\mathrm{d}x$，且此时记

$$\int_b^a f\mathrm{d}x = -\int_a^b f\mathrm{d}x。$$

§6.1 单调函数的微分性质

本节中所谈的单调函数，均为不严格单调实函数。关于单调函数的连续性质，在第一章中我们已经知道，单调函数的不连续点至多成一可数集。本节中我们将深入研究单调函数的微分性质，建立关于“单调函数几乎处处可微”的“Lebesgue定理”。为此首先建立“Vitali 覆盖定理”，作工具上的准备。

一、Vitali 覆盖与 Vitali 覆盖定理

定义 6.1.1 设 $E\subset\mathbf{R}^1$，$\mathbf{I}=\{I_\alpha\}$ 为 $\mathbf{R}^1$ 中的其长度大于零的闭区间族。若 $\forall x\in E$，$\forall\varepsilon>0$，$\exists I\in\mathbf{I}$，使得

$$x\in I\text{，且 }|I|<\varepsilon\text{。}$$

则称 **I** 是 E 的一个 **Vitali 覆盖**。

定理 6.1.1（Vilali 覆盖定理） 设 $E\subset\mathbf{R}^1$，且 $m^*E<+\infty$，**I** 为 E 的一个 Vitali 覆盖，则 $\forall\varepsilon>0$，均存在 **I** 中的有限个两两不交的闭区间

$$I_1,I_2,\cdots,I_n,$$

使得

$$m^*(E\setminus\bigcup_{i=1}^{n}I_i)<\varepsilon\text{。}\tag{1}$$

证明

(I) 由 $m^*E<+\infty$ 和定理 3.4.7，存在开集 $G\supset E$，且 $mG<+\infty$。因 G 之开集性，故 **I** 的子族

$$\{I:I\in\mathbf{I},I\subset G\}$$

仍为 E 的一个 Vitali 覆盖，故以下不妨设

$$I\subset G,\quad\forall I\in\mathbf{I}\text{。}$$

(Ⅱ) 任意取定实数 $\varepsilon>0$。

任取 $I_1\in\mathbf{I}$，若已有

$$m^*(E\setminus I_1)<\varepsilon,$$

则定理已证得。若

$$m^*(E\setminus I_1)\geqslant\varepsilon,$$

则再选区间 I_2。下面我们用归纳法选出后面的区间。

设 $I_1,I_2,\cdots,I_n$ 已选出。若

$$m^*(E\setminus\bigcup_{i=1}^{n}I_i)<\varepsilon,$$

则定理已证得。若

$$m^*(E\setminus\bigcup_{i=1}^{n}I_i)\geqslant\varepsilon,$$

则因 $E\setminus\bigcup_{i=1}^{n}I_i\neq\varnothing$，$\bigcup_{i=1}^{n}I_i$ 为闭集及 **I** 为 E 的 Vitali 覆盖，故

$$\{I:I\in\mathbf{I},I\cap I_i=\varnothing,i=1,2,\cdots,n\}\neq\varnothing\text{。}$$

令

$$\delta_n=\sup\{|I|:I\in\mathbf{I},I\cap I_i=\varnothing,i=1,2,\cdots,n\},$$

则

$$0<\delta_n\leqslant mG<+\infty。$$

从而可取 $I_{n+1}\in\mathbf{I}$,使得

$$I_{n+1}\cap I_i=\varnothing,\quad i=1,2,\cdots,n,$$

$$|I_{n+1}|>\frac{1}{2}\delta_n。$$

假如 $I_1,I_2,\cdots,I_{n+1}$ 仍不满足定理之要求,则归纳原则说明,此程序可继续进行。

(Ⅲ) 证:$\exists n_0\in\mathbf{N}$,使得

$$m^*(E\setminus\bigcup_{i=1}^{n_0}I_i)<\varepsilon。\tag{2}$$

(即上述程序不会任意多步地进行下去。)这样,$I_1,I_2,\cdots,I_{n_0}$ 即已满足要求,定理即已得证。

我们用反证法。假如不然,则可得 $\mathbf{I}$ 中的一闭区间列

$$I_1,I_2,\cdots,I_n,\cdots,$$

满足:$\forall n\in\mathbf{N}$,均有

1) $\{I:I\in\mathbf{I},I\cap I_i=\varnothing,i=1,2,\cdots,n\}\neq\varnothing$,

$$\delta_n=\sup\{|I|:I\in\mathbf{I},I\cap I_i=\varnothing,i=1,2,\cdots,n\},\tag{3}$$

$$0<\delta_n\leqslant mG<+\infty;\tag{4}$$

2) 诸 I_n 两两不交,且

$$|I_{n+1}|>\frac{1}{2}\delta_n;\tag{5}$$

3) $m^*(E\setminus\bigcup_{i=1}^{n}I_i)\geqslant\varepsilon$, $\quad(6)$

那么,由

$$\bigcup_{n=1}^{\infty}I_n\subset G,$$

得

$$\sum_{n=1}^{\infty}|I_n|=m(\bigcup_{n=1}^{\infty}I_n)\leqslant mG<+\infty。\tag{7}$$

因而可知,$\exists n_0\in\mathbf{N}$,使得

$$\sum_{n=n_0+1}^{\infty}|I_n|<\frac{\varepsilon}{5}。\tag{8}$$

下面证明:该 n_0 即满足式(2)之要求。

(i) 由式(5)和(7),有

$$\delta_n<2|I_{n+1}|,\quad n=1,2,\cdots,\tag{9}$$

$$|I_n| \to 0(n \to \infty), \tag{10}$$

故

$$\delta_n \to 0(n \to \infty)。 \tag{11}$$

(ii) $\forall I \in \mathbf{I}, \exists n' \in \mathbf{N}$,使得

$$I \cap I_{n'} \neq \varnothing。$$

事实上,因$|I| > 0, \delta_n \to 0$,故 $\exists m \in \mathbf{N}$,使得 $\delta_m < |I|$,则由 δ_m 之定义(式(3)), $\exists n' \in \mathbf{N}: 1 \leqslant n' \leqslant m$,使得 $I \cap I_{n'} \neq \varnothing$。

(iii) $\forall n > n_0$,以 x_n 表 I_n 之中心,令

$$I_n^* = \left(x_n - \frac{5}{2}|I_n|, x_n + \frac{5}{2}|I_n|\right),$$

即 I_n^*为 I_n 保持中心不变,其长度放大 5 倍之开区间。则

$$\sum_{n=n_0+1}^{\infty} |I_n^*| = 5 \sum_{n=n_0+1}^{\infty} |I_n| < \varepsilon。 \tag{12}$$

(iv) 证:$\forall x \in E \setminus \bigcup_{n=1}^{n_0} I_n, \exists n(x) > n_0$,使得

$$x \in I_{n(x)}^*。$$

首先,当 $x \in E \setminus \bigcup_{n=1}^{n_0} I_n$ 时,同样因 $\bigcup_{n=1}^{n_0} I_n$ 为闭集,G 为开集及 $\mathbf{I}$ 为 E 之 Vitali 覆盖,故$\exists I \in \mathbf{I}$,使得

$$x \in I, I \cap I_n = \varnothing, \quad n = 1, 2, \cdots, n_0。 \tag{13}$$

另一方面,由(ii),$\exists n \in \mathbf{N}$,使得 $I \cap I_n \neq \varnothing$,我们取

$$n(x) = \min\{n: I \cap I_n \neq \varnothing\}。$$

由 $n(x)$ 之定义和式(13),有

$$I \cap I_{n(x)} \neq \varnothing, \tag{14}$$

$$I \cap I_n = \varnothing, \quad n = 1, 2, \cdots, n(x) - 1, \tag{15}$$

$$n(x) > n_0。 \tag{16}$$

这样,由 $\delta_{n(x)-1}$ 之定义及式(9),有

$$|I| \leqslant \delta_{n(x)-1} < 2|I_{n(x)}|。 \tag{17}$$

由此,任取 $\alpha \in I \cap I_{n(x)}$,以 $x_{n(x)}$ 表示 $I_{n(x)}$ 的中心,则

$$\begin{aligned} |x - x_{n(x)}| &\leqslant |x - \alpha| + |\alpha - x_{n(x)}| \\ &\leqslant |I| + \frac{1}{2}|I_{n(x)}| \\ &< \frac{5}{2}|I_{n(x)}|, \qquad (\text{式}(17)) \end{aligned}$$

故得

$$x \in I^*_{n(x)}。$$

(v) 由(iv)之结果,即知

$$E \setminus \bigcup_{n=1}^{n_0} I_n \subset \bigcup_{n=n_0+1}^{\infty} I^*_n。$$

故

$$m^*\left(E \setminus \bigcup_{n=1}^{n_0} I_n\right) \leqslant \sum_{n=n_0+1}^{\infty} |I^*_n| < \varepsilon。\qquad (式(12))$$

即式(2)成立。

定理证毕。

二、Lebesgue 定理

1. 关于极限

设 $\varphi(h)$ 是在 $h=0$ 的某邻域内有定义的实函数。由数学分析知,$\varphi(h)$ 在 $h=0$ 处存在如下的右上、右下、左上和左下四个极限概念:

$$\overline{\lim_{h\to 0+}}\varphi(h) = \lim_{\delta\to 0} \sup_{0<h<\delta} \varphi(h),$$

$$\underline{\lim_{h\to 0+}}\varphi(h) = \lim_{\delta\to 0} \inf_{0<h<\delta} \varphi(h),$$

$$\overline{\lim_{h\to 0-}}\varphi(h) = \lim_{\delta\to 0} \sup_{-\delta<h<0} \varphi(h),$$

$$\underline{\lim_{h\to 0-}}\varphi(h) = \lim_{\delta\to 0} \inf_{-\delta<h<0} \varphi(h)。$$

其中 $\delta>0$。四个极限的值或有限或 $\pm\infty$。

同时,由数学分析知,有以下两结论成立。

引理 1 $\underline{\lim_{h\to 0+}}\varphi(h) \leqslant \overline{\lim_{h\to 0+}}\varphi(h)$,

$\underline{\lim_{h\to 0-}}\varphi(h) \leqslant \overline{\lim_{h\to 0-}}\varphi(h)$。

引理 2

$\overline{\lim_{h\to 0+}}\varphi(h) = \underline{\lim_{h\to 0+}}\varphi(h) = \overline{\lim_{h\to 0-}}\varphi(h) = \underline{\lim_{h\to 0-}}\varphi(h)$,且均为有限数

$\Longleftrightarrow \lim\limits_{h\to 0}\varphi(h)$ 存在且为有限数。

且此时,$\lim\limits_{h\to 0}\varphi(h)$ 即为 $\varphi(h)$ 在 $h=0$ 处的这四个极限的共同值。

由上述四个极限之定义,不难证得:

引理 3

$\overline{\lim_{h\to 0+}}\varphi(h) = \underline{\lim_{h\to 0+}}\varphi(h) = \overline{\lim_{h\to 0-}}\varphi(h) = \underline{\lim_{h\to 0-}}\varphi(h) = \pm\infty$

$\Longleftrightarrow \lim\limits_{h\to 0}\varphi(h) = \pm\infty$ (其中"$\Longleftrightarrow$"两端同时为 $+\infty$ 或 $-\infty$)。

由引理 2 和引理 3，即得：

引理 4

$$\overline{\lim_{h\to 0+}}\varphi(h)=\underline{\lim_{h\to 0+}}\varphi(h)=\overline{\lim_{h\to 0-}}\varphi(h)=\underline{\lim_{h\to 0-}}\varphi(h)\text{（为有限数或}\pm\infty\text{）}$$

$\Longleftrightarrow \lim\limits_{h\to 0}\varphi(h)$ 存在（为有限数或 $\pm\infty$）。

2. 关于导数

定义 6.1.2 设 $x_0\in\mathbf{R}^1$，$f(x)$ 为在 x_0 的某一邻域内有定义的实函数。令

$$D^+f(x_0)=\overline{\lim_{h\to 0+}}\frac{f(x_0+h)-f(x_0)}{h},$$

$$D_+f(x_0)=\underline{\lim_{h\to 0+}}\frac{f(x_0+h)-f(x_0)}{h},$$

$$D^-f(x_0)=\overline{\lim_{h\to 0-}}\frac{f(x_0+h)-f(x_0)}{h},$$

$$D_-f(x_0)=\underline{\lim_{h\to 0-}}\frac{f(x_0+h)-f(x_0)}{h}。$$

分别称为 $f(x)$ 在 x_0 处的**右上导数**、**右下导数**、**左上导数**和**左下导数**。

为清楚起见，我们明确以下关于导数、导数存在以及可微性概念。

定义 6.1.3 设 $x_0\in\mathbf{R}^1$，$f(x)$ 为在 x_0 的某邻域内有定义的实函数。若极限

$$\lim_{h\to 0}\frac{f(x_0+h)-f(x_0)}{h}$$

存在（为有限数或 $\pm\infty$），则称函数 $f(x)$ 在 x_0 处**导数存在**，并称该极限为 $f(x)$ 在 x_0 处的**导数**，记为 $f'(x_0)$。若 $f'(x_0)$ 为有限数，则称 $f(x)$ 在 x_0 处**可微**。

按此定义，若函数 $f(x)$ 在 x_0 处的导数存在，则未必可微。由以上关于极限和导数的各个定义及引理，很易证得以下各引理，故均由读者自证。

引理 5

(i) $D_-f(x_0)\leqslant D^-f(x_0)$，

$D_+f(x_0)\leqslant D^+f(x_0)$；

(ii) 在 x_0 的邻域内，令

$$g(x)=-f(-x),$$

则 $g(x)$ 在 $-x_0$ 的某邻域内有定义，且有

$$D^-f(x_0)=D^+g(-x_0),$$

$$D_+f(x_0)=D_-g(-x_0)。$$

引理 6

$$D_-f(x_0)=D^-f(x_0)=D_+f(x_0)=D^+f(x_0)\text{（为有限数或}\pm\infty\text{）}$$

$\Longleftrightarrow f'(x_0)$ 存在(为有限数或 $\pm\infty$)。

引理 7

(i) 若

$$D_-f(x_0) < s,$$

则 $\forall \delta > 0, \exists h, 0 < h < \delta$,使得

$$\frac{f(x_0 - h) - f(x_0)}{-h} < s。$$

(ii) 若

$$D^+f(x_0) > r,$$

则 $\forall \delta > 0, \exists l, 0 < l < \delta$,使得

$$\frac{f(x_0 + l) - f(x_0)}{l} > r。$$

3. Lebesgue 定理

定理 6.1.2(Lebesgue 定理) 若 $f(x)$ 为 $[a,b]$ 上的单调函数,则

(i) $f(x)$在$[a,b]$上几乎处处可微;

(ii) $f'(x)$在$[a,b]$上可积;

(iii) $\left|\int_a^b f'(x)\mathrm{d}x\right| \leqslant |f(b) - f(a)|$。

证明 不妨设 $f(x)$ 在$[a,b]$上单调增加。

(I) 证:

$$D^+f(x) \leqslant D_-f(x), \quad a.e. \text{ 于}[a,b]。 \tag{18}$$

令

$$E_1 = \{x: D^+f(x) > D_-f(x), a < x < b\},$$

又令 Q^+ 表示全体正有理数所成之集。$\forall r, s \in Q^+$,令

$$E_{r,s} = \{x: D^+f(x) > r > s > D_-f(x), a < x < b\},$$

则显然

$$E_1 = \bigcup_{r,s\in Q^+} E_{r,s}。 \tag{19}$$

任意取定 $r, s \in Q^+$,下面证明

$$mE_{r,s} = 0。 \tag{20}$$

若不然,则必有 $m^*E_{r,s} > 0$。

任取实数 $\varepsilon > 0$。由定理 3.4.7,存在开集 $G \supset E_{r,s}$,且

$$mG < (1+\varepsilon)m^*E_{r,s}。 \tag{21}$$

以下通过作两次 Vitali 覆盖证明式(20)成立。

(i) $\forall x \in E_{r,s}$，因

$$D_{-}f(x) < s,$$

故由 G 之开集性和引理 7，必存在 $h>0$，使得以下两式同时成立：

$$\frac{f(x-h)-f(x)}{-h} < s,$$

$$[x-h,x] \subset G。$$

令

$$\mathbf{I}_1 = \{[x-h,x]: x \in E_{r,s}, \frac{f(x-h)-f(x)}{-h} < s, [x-h,x] \subset G\},$$

则 $\mathbf{I}_1$ 为 $E_{r,s}$ 的一个 Vitali 覆盖，由定理 6.1.1 必存在 $\mathbf{I}_1$ 中的有限个两两不交的区间：

$$[x_1-h_1,x_1],[x_2-h_2,x_2],\cdots,[x_k-h_k,x_k],$$

使得

$$m^*(E_{r,s} \setminus \bigcup_{i=1}^{k}[x_i-h_i,x_i]) < \varepsilon, \tag{22}$$

且以下各式成立：

$$f(x_i)-f(x_i-h_i) < sh_i, i=1,2,\cdots,k,$$

$$\sum_{i=1}^{k} h_i = m(\bigcup_{i=1}^{k}[x_i-h_i,x_i]) \leqslant mG < (1+\varepsilon)m^*E_{r,s}, \tag{23}$$

$$\sum_{i=1}^{k}[f(x_i)-f(x_i-h_i)] \leqslant s\sum_{i=1}^{k} h_i < s(1+\varepsilon)m^*E_{r,s}。$$

又，注意到

$$E_{r,s} = (E_{r,s} \cap (\bigcup_{i=1}^{k}[x_i-h_i,x_i])) \cup (E_{r,s} \setminus \bigcup_{i=1}^{k}[x_i-h_i,x_i]),$$

故

$$m^*E_{r,s} \leqslant m^*(E_{r,s} \cap (\bigcup_{i=1}^{k}[x_i-h_i,x_i])) + m^*(E_{r,s} \setminus \bigcup_{i=1}^{k}[x_i-h_i,x_i])。$$

因而当令

$$S = E_{r,s} \cap (\bigcup_{i=1}^{k}(x_i-h_i,x_i))$$

时，则由上式及式(22)，有

$$\begin{aligned} m^*S &\geqslant m^*E_{r,s} - m^*(E_{r,s} \setminus \bigcup_{i=1}^{k}[x_i-h_i,x_i]) \\ &> m^*E_{r,s} - \varepsilon。\end{aligned} \tag{24}$$

(ii) 由 $S \subset E_{r,s}$，故 $\forall y \in S$，均有

$$D^{+}f(y) > r。$$

由 S 之构造和引理 7，必存在 $l>0$，使得以下两式同时成立：

$$\frac{f(y+l)-f(y)}{l}>r,$$

$$[y,y+l]\subset 某(x_i-h_i,x_i),\quad 1\leqslant i\leqslant k。$$

令

$$\mathbf{I}_2=\{[y,y+l]:y\in S,\frac{f(y+l)-f(y)}{l}>r,\exists i,1\leqslant i\leqslant k,使得$$

$$[y,y+l]\subset(x_i-h_i,x_i)\}。$$

则 $\mathbf{I}_2$ 为 S 的一个 Vitali 覆盖，再由定理 6.1.1 必存在 $\mathbf{I}_2$ 中的有限个两两不交的区间

$$[y_1,y_1+l_1],[y_2,y_2+l_2],\cdots,[y_t,y_t+l_t],$$

使得

$$m^*(S\setminus\bigcup_{j=1}^{t}[y_j,y_j+l_j])<\varepsilon, \tag{25}$$

且有

$$f(y_j+l_j)-f(y_j)>rl_j,\quad j=1,2,\cdots,t,$$

故

$$\sum_{j=1}^{t}[f(y_j+l_j)-f(y_j)]>r\sum_{j=1}^{t}l_j。 \tag{26}$$

注意到

$$S\subset(\bigcup_{j=1}^{t}[y_j,y_j+l_j])\cup(S\setminus\bigcup_{j=1}^{t}[y_j,y_j+l_j]),$$

故

$$m^*S\leqslant m(\bigcup_{j=1}^{t}[y_j,y_j+l_j])+m^*(S\setminus\bigcup_{j=1}^{t}[y_j,y_j+l_j])。$$

由式(25)和(24)有

$$\sum_{j=1}^{t}l_j=m(\bigcup_{j=1}^{t}[y_j,y_j+l_j])\geqslant m^*S-\varepsilon>m^*E_{r,s}-2\varepsilon。$$

从而由式(26)即得

$$\sum_{j=1}^{t}[f(y_j+l_j)-f(y_j)]>r(m^*E_{r,s}-2\varepsilon)。 \tag{27}$$

另一方面，由 $f(x)$ 的单调增加性，每一$[y_j,y_j+l_j]$ 均含于某(x_i-h_i,x_i)中，由此及式(23)，即有

$$\begin{aligned}\sum_{j=1}^{t}[f(y_j+l_j)-f(y_j)]&\leqslant\sum_{i=1}^{k}[f(x_i)-f(x_i-h_i)]\\&<s(1+\varepsilon)m^*E_{r,s}。\end{aligned} \tag{28}$$

结合式(27)和(28),可得

$$r(m^*E_{r,s}-2\varepsilon)<s(1+\varepsilon)m^*E_{r,s}。$$

令 $\varepsilon\to 0$,有

$$rm^*E_{r,s}\leqslant sm^*E_{r,s}。$$

这样,由 $r>s$,即知 $m^*E_{r,s}=0$,从而有 $mE_{r,s}=0$,即式(20)成立。

这样,由 E_1 之构造,即得 $mE_1=0$,即式(18)成立。

(Ⅱ) 证:

$$D^-f(x)\leqslant D_+f(x),\quad a.e. 于[a,b]。\tag{29}$$

令

$$E_2=\{x:D^-f(x)>D_+f(x),a<x<b\},$$

又令

$$g(x)=-f(-x),$$

则 $g(x)$ 为 $[-b,-a]$ 上的单调增加的函数。令

$$\widetilde{E}_2=\{x:D^+g(x)>D_-g(x),-b<x<-a\},$$

则由(Ⅰ)知

$$m\widetilde{E}_2=0。$$

由引理 5(ii),$\forall x\in[a,b]$,有

$$D^-f(x)=D^+g(-x),$$
$$D_+f(x)=D_-g(-x)。$$

因而

$$x\in E_2\iff -x\in\widetilde{E}_2。$$

故根据第三章习题 34 知 $\widetilde{E}_2$ 即为 E_2 之反射,且

$$m^*E_2=m^*\widetilde{E}_2,$$

从而知,$mE_2=m^*E_2=0$,即式(29)成立。

(Ⅲ) 由引理 5(i) 及式(18)和(29),可得

$$\begin{aligned}D_-f(x)&\leqslant D^-f(x)\leqslant D_+f(x)\leqslant D^+f(x)\\&\leqslant D_-f(x),\quad a.e. 于[a,b],\end{aligned}$$

故得

$$D_-f(x)=D^-f(x)=D_+f(x)=D^+f(x),\quad a.e. 于[a,b]。\tag{30}$$

(Ⅳ) 由上式及引理 6 知,$f'(x)$ 在 $[a,b]$ 上几乎处处存在。令

$$f_n(x)=n\left[f\left(x+\frac{1}{n}\right)-f(x)\right],\quad \forall x\in[a,b],n=1,2,\cdots$$

(此处规定：当$x>b$时，$f(x)=f(b)$)。因单调函数均可测，故$f_n(x)(n=1,2,\cdots)$均非负可测，且

$$\lim_{n\to\infty} f_n(x)=f'(x),\quad a.e.\text{于}[a,b]。$$

从而由 Fatou 引理即得

$$\begin{aligned}\int_a^b f'(x)\mathrm{d}x &\leqslant \varliminf_{n\to\infty}\int_a^b f_n(x)\mathrm{d}x\\ &= \varliminf_{n\to\infty} n\left[\int_a^b f\left(x+\frac{1}{n}\right)\mathrm{d}x-\int_a^b f(x)\mathrm{d}x\right]\\ &= \varliminf_{n\to\infty} n\left[\int_b^{b+\frac{1}{n}} f(x)\mathrm{d}x-\int_a^{a+\frac{1}{n}} f(x)\mathrm{d}x\right]\\ &= f(b)-\varlimsup_{n\to\infty} n\int_a^{a+\frac{1}{n}} f(x)\mathrm{d}x\\ &\leqslant f(b)-f(a)<+\infty。\end{aligned}$$

由此即知，$f'(x)$在$[a,b]$上可积，且几乎处处有限，从而知$f(x)$在$[a,b]$上几乎处处可微。至此，本定理之结论(i)，(ii)和(iii)均已证得。定理证毕。

注 1　我们以反例对 Lebesgue 定理的结论作以下讨论。

1° 结论(i)不能改为"$f(x)$在$[a,b]$上处处可微"。反例如下：

设$E\subset(a,b)$，$mE=0$。在$[a,b]$上，我们将造一函数$f(x)$，满足：在$[a,b]$上，$f(x)$连续单调增加，且

$$f'(x)=+\infty,\quad \forall x\in E。\tag{31}$$

$\forall n\in\mathbf{N}$，取开集$G_n\supset E$，使得

$$mG_n<\frac{1}{2^n}。$$

构造函数列

$$f_n(x)=m([a,x]\cap G_n),\quad \forall x\in[a,b],\quad n=1,2,\cdots,$$

则在$[a,b]$上$f_n(x)(n=1,2,\cdots)$显然满足：

1) $f_n(x)$非负单调增加；

2) $|f_n(x)|<\dfrac{1}{2^n}$，　$n=1,2,\cdots$；

3) $f_n(x+h)-f_n(x)\leqslant|h|$　(当$|h|$充分小时)；

4) $f_n(x)$为连续函数。

令

$$f(x)=\sum_{n=1}^{\infty} f_n(x),\quad \forall x\in[a,b],$$

则易知 $f(x)$ 为$[a,b]$上的连续单调增加函数。

任取 $x\in E$ 和 $m\in\mathbf{N}$。取$|h|$充分小，使得

$$[x,x+h]\subset[a,b],$$
$$[x,x+h]\subset G_n,\quad n=1,2,\cdots,m。$$

因而容易推得

$$\frac{f_n(x+h)-f_n(x)}{h}=1,\quad n=1,2,\cdots,m。$$

也不难看出

$$\frac{f(x+h)-f(x)}{h}\geqslant\sum_{n=1}^{m}\frac{f_n(x+h)-f_n(x)}{h}=m。$$

故得式(31)。

2° 结论(iii)不能改为"="。我们取所谓"Cantor 函数"$\Theta(x)$作为其反例。

Cantor 函数 $\Theta(x)$ 的构造如下：

像在第二章中一样，我们仍用 C 表示 Cantor 集，用 G 表示 Cantor 开集。

（Ⅰ）$\forall n\in\mathbf{N}$，在 Cantor 开集 G 的第 n 步所保留的开区间：

$$\left(\frac{1}{3^n},\frac{2}{3^n}\right),\left(\frac{7}{3^n},\frac{8}{3^n}\right),\cdots,\left(\frac{3^n-2}{3^n},\frac{3^n-1}{3^n}\right)$$

上定义 $\Theta(x)$ 的值分别为

$$\frac{1}{2^n},\frac{3}{2^n},\cdots,\frac{2^n-1}{2^n}。$$

（Ⅱ）令

$$\Theta(0)=0,$$
$$\Theta(1)=1,$$
$$\Theta(x)=\sup\{\Theta(t):t\in G,t<x\},\quad \forall x\in C\setminus\{0,1\}。$$

则 $\Theta(x)$ 具有性质：

1）为$[0,1]$上的单调增加函数；

2）$\Theta'(x)=0,\quad \forall x\in G$，

故

$$\Theta'(x)=0,\quad a.e. 于[0,1];$$

3）其值域在$[0,1]$上稠密；

4）为$[0,1]$上的连续函数。

我们仅证 4)。事实上，若$\exists x_0\in[0,1]$，使得 $\Theta(x)$ 在 x_0 处不连续，则由 $\Theta(x)$ 之单调性，开区间$(\Theta(x_0-0),\Theta(x_0+0))$必非空，且不含 $\Theta(x)$ 的值域中的任何点。这与性质 3) 矛盾。

由 1)，

$$\int_0^1 \Theta'(x)\mathrm{d}x = 0 < 1 = \Theta(1) - \Theta(0)。$$

该反例即说明，即使连续单调函数，也不能保证 Lebesgue 定理的结论(iii) 的等号成立。

§6.2 有界变差函数

本节阐述有界变差函数的概念和性质，为下节研究绝对连续函数做一些准备工作。有界变差函数在历史上是为了描述可求长曲线而被引入的。这一函数概念具有单调函数所具有的重要性质：几乎处处可微，导函数可积；但也具有单调函数所不具备的一些重要性质，如线性运算的封闭性等。因此，有界变差函数类在分析中占重要地位。

一、有界变差函数概念

定义 6.2.1 设 f 是$[a,b]$上的实函数，任给$[a,b]$的一个分划 Δ：

$$a = x_0 < x_1 < \cdots < x_n = b。$$

令

$$\bigvee_a^b(f,\Delta) = \sum_{i=0}^{n-1} |f(x_{i+1}) - f(x_i)|$$

并称之为函数 f 在$[a,b]$上关于分划 Δ 的一个**变差**。令

$$\bigvee_a^b(f) = \sup\{\bigvee_a^b(f,\Delta): \Delta \text{ 为}[a,b]\text{的分划}\}$$

并称之为函数 f 在$[a,b]$上的**全变差**。若

$$\bigvee_a^b(f) < +\infty,$$

则称 f 为$[a,b]$上的**有界变差函数**，其全体记为 **BV**$[a,b]$ 或简记为 **BV**。

注 1 设 f 为$[a,b]$上的实函数，由以上定义易知：

(i) $\forall x,y\in[a,b]$，均有

$$|f(x) - f(y)| \leqslant \bigvee_a^b(f)$$

特别地

$$|f(a) - f(x)| \leqslant \bigvee_a^b(f),$$

$$|f(x)-f(b)|\leqslant \bigvee_a^b(f),$$

$$|f(b)-f(a)|\leqslant \bigvee_a^b(f)。$$

(ii) 设 Δ 为 $[a,b]$ 的一个分划，给 Δ 增加分点之后得一新的分划 Δ'，则有

$$\bigvee_a^b(f,\Delta)\leqslant \bigvee_a^b(f,\Delta')。$$

引理 1 设 f 为 $[a,b]$ 上的实函数，$a<c<b$，则

$$\bigvee_a^b(f)=\bigvee_a^c(f)+\bigvee_c^b(f)。\tag{1}$$

证明

(Ⅰ) 任给 $[a,c]$ 的一个分划 Δ_1：

$$a=x'_0<x'_1<\cdots<x'_n=c,$$

及 $[c,b]$ 的一个分划 Δ_2：

$$c=x''_0<x''_1<\cdots<x''_m=b,$$

则得 $[a,b]$ 的一个分划 Δ：

$$a=x'_0<x'_1<\cdots<x'_n<x''_1<\cdots<x''_m=b。$$

显然

$$\bigvee_a^c(f,\Delta_1)+\bigvee_c^b(f,\Delta_2)=\bigvee_a^b(f,\Delta)\leqslant \bigvee_a^b(f)。$$

由 Δ_1 及 Δ_2 之任意性，即得

$$\bigvee_a^c(f)+\bigvee_c^b(f)\leqslant \bigvee_a^b(f)。\tag{2}$$

(Ⅱ) 任给 $[a,b]$ 的一个分划 Δ：

$$a=x_0<x_1<\cdots<x_n=b。$$

将 c 作为分点加入到分划 Δ 中，得 $[a,b]$ 的一个新的分划 Δ'（若 c 本身即为 Δ 之分点，则 $\Delta=\Delta'$），同时也得 $[a,c]$ 和 $[c,b]$ 的分划 Δ_1 和 Δ_2，则由注 1(ii)，有

$$\begin{aligned}\bigvee_a^b(f,\Delta)&\leqslant \bigvee_a^b(f,\Delta')=\bigvee_a^c(f,\Delta_1)+\bigvee_c^b(f,\Delta_2)\\&\leqslant \bigvee_a^c(f)+\bigvee_c^b(f)。\end{aligned}$$

由 Δ 之任意性，即得

$$\bigvee_a^b(f)\leqslant \bigvee_a^c(f)+\bigvee_c^b(f)。\tag{3}$$

结合式(2)和(3)，即得式(1)，引理得证。

定理 6.2.1 设 $a<c<b$，则

$$f\in\mathbf{BV}[a,b]\Longleftrightarrow f\in\mathbf{BV}[a,c]，且\ f\in\mathbf{BV}[c,b]。$$

证明　这是引理 1 的直接结果。

由此，若 $f\in\mathbf{BV}[a,b]$，则 $\forall\, x\in[a,b]$，$f\in\mathbf{BV}[a,x]$，称函数

$$V(x)=\bigvee_a^x(f),\quad \forall\, x\in[a,b]$$

为 f 在 $[a,b]$ 上的**全变差函数**。

推论 1　当 $f\in\mathbf{BV}[a,b]$ 时，全变差函数 $V(x)$ 为 $[a,b]$ 上的非负增函数。

例 1　若 f 为 $[a,b]$ 上的单调函数，则 $f\in\mathbf{BV}[a,b]$，且

$$\bigvee_a^b(f)=|f(b)-f(a)|。$$

证明　当 f 为 $[a,b]$ 上的单调函数时，对 $[a,b]$ 的任何分划 Δ，均有

$$\bigvee_a^b(f,\Delta)=|f(b)-f(a)|,$$

因而

$$\bigvee_a^b(f)=|f(b)-f(a)|<+\infty。$$

例 2　在 $[-1,1]$ 上定义函数

$$f(x)=\begin{cases}1, & x=0,\\ 0, & x\neq 0。\end{cases}$$

则 $f\in\mathbf{BV}[-1,1]$。

证明　注意到，在 $[-1,0]$ 和 $[0,1]$ 上，f 均为单调函数，故由引理 1 及例 1，即有

$$\begin{aligned}\bigvee_{-1}^1(f)&=\bigvee_{-1}^0(f)+\bigvee_0^1(f)\\&=|f(0)-f(-1)|+|f(1)-f(0)|=2\end{aligned}$$

即 $f\in\mathbf{BV}[-1,1]$。

此例说明，存在非单调的有界变差函数。

例 3　设 f 为定义于 $[a,b]$ 上的可微函数，且 $\exists\, M>0$，使得

$$|f'(x)|\leqslant M,\quad \forall\, x\in[a,b],$$

则易知 $f\in\mathbf{BV}[a,b]$。

其证明留作习题。

例 4　在 $[0,1]$ 上定义函数

$$f(x)=\begin{cases}x\cos\dfrac{\pi}{2x}, & 0<x\leqslant 1,\\ 0, & x=0。\end{cases}$$

则 $f\overline{\in}\mathbf{BV}[0,1]$。

证明　$\forall\, n\in\mathbf{N}$，在 $[0,1]$ 上作分划 Δ_n：

$$0<\frac{1}{2n}<\frac{1}{2n-1}<\cdots<\frac{1}{3}<\frac{1}{2}<1。$$

则容易验证

$$\bigvee_0^1(f,\Delta_n)=1+\frac{1}{2}+\cdots+\frac{1}{n},$$

故得

$$\bigvee_0^1(f)=+\infty,$$

即 $f\notin \mathbf{BV}[0,1]$。

此例说明,连续函数未必是有界变差函数。

二、有界变差函数的性质

定理 6.2.2

(i) $f\in\mathbf{BV}[a,b]\Longrightarrow f$ 是 $[a,b]$ 上的有界函数。

(ii) $f,g\in\mathbf{BV}[a,b]$

$\Longrightarrow f\pm g,fg,cf\in\mathbf{BV}[a,b]$,其中 c 为任意实数。

证明

证(i):$\forall x\in[a,b]$,由注 1 得

$$|f(x)|\leqslant|f(x)-f(a)|+|f(a)|\leqslant\bigvee_a^b(f)+|f(a)|<+\infty,$$

f 之有界性即得证。

证(ii):任给 $[a,b]$ 上的一个分划 Δ:

$$a=x_0<x_1<\cdots<x_n=b,$$

则

$$\begin{aligned}\bigvee_a^b(f\pm g,\Delta)&=\sum_{i=0}^{n-1}|(f(x_{i+1})\pm g(x_{i+1}))-(f(x_i)\pm g(x_i))|\\&\leqslant\sum_{i=0}^{n-1}(|f(x_{i+1})-f(x_i)|+|g(x_{i+1})-g(x_i)|)\\&=\bigvee_a^b(f,\Delta)+\bigvee_a^b(g,\Delta)\\&\leqslant\bigvee_a^b(f)+\bigvee_a^b(g)<+\infty。\end{aligned}$$

故知 $f\pm g\in\mathbf{BV}[a,b]$。

又由本定理之结论(i),存在正数 M 和 K,使得

$$|f(x)|\leqslant M,|g(x)|\leqslant K,\quad\forall x\in[a,b]。$$

于是，

$$\begin{aligned}\bigvee_a^b(fg,\Delta) &= \sum_{i=0}^{n-1}|f(x_{i+1})g(x_{i+1})-f(x_i)g(x_i)| \\ &= \sum_{i=0}^{n-1}|f(x_{i+1})g(x_{i+1})-f(x_{i+1})g(x_i)+f(x_{i+1})g(x_i)-f(x_i)g(x_i)| \\ &\leqslant M\sum_{i=0}^{n-1}|g(x_{i+1})-g(x_i)|+K\sum_{i=0}^{n-1}|f(x_{i+1})-f(x_i)| \\ &\leqslant M\bigvee_a^b(g)+K\bigvee_a^b(f)<+\infty。\end{aligned}$$

故知 $fg\in \mathbf{BV}[a,b]$。

因当在 $[a,b]$ 上，$h(x)\equiv c$ 时，有 $h\in\mathbf{BV}[a,b]$，故知 $hf=cf\in\mathbf{BV}[a,b]$。

定理 6.2.3(Jordan 分解定理)

$f\in\mathbf{BV}[a,b] \Longleftrightarrow$ 在 $[a,b]$ 上，f 可表示为两单调增加函数之差。

证明

证"$\Longleftarrow$"：由例 1 及定理 6.2.2，结论显然。

证"$\Longrightarrow$"：令

$$U(x)=V(x)-f(x),\quad \forall x\in[a,b],$$

则

$$f(x)=V(x)-U(x)。$$

我们已知 $V(x)$ 为 $[a,b]$ 上的单调增加函数，而当 $a\leqslant x\leqslant x'\leqslant b$ 时，有

$$\begin{aligned}U(x')-U(x) &= [V(x')-f(x')]-[V(x)-f(x)] \\ &= [V(x')-V(x)]-[f(x')-f(x)] \\ &= \bigvee_x^{x'}(f)-[f(x')-f(x)] \qquad \text{(引理 1)} \\ &\geqslant 0。\qquad \text{(注 1(i))}\end{aligned}$$

故 $U(x)$ 也是 $[a,b]$ 上的单调增加函数。定理得证。

注 2 对该定理之必要性，可有更强之结论：

$f\in\mathbf{BV}[a,b]\Longrightarrow$ 在 $[a,b]$ 上，f 可表示为两非负单调函数之差。

证明留作习题。

定理 6.2.4 若 $f\in\mathbf{BV}[a,b]$，则

(i) f 在 $[a,b]$ 上几乎处处可微；

(ii) f' 在 $[a,b]$ 上可积；

(iii) $\int_a^b|f'(x)|\,\mathrm{d}x\leqslant\bigvee_a^b(f)$。

证明 由定理 6.1.2 和 Jordan 分解定理，结论(i)和(ii)显然。下面证明(iii)。

因在$[a,b]$上，$f(x)$ 和 $V(x)$ 均几乎处处可微，故有

$$\begin{aligned}|f'(x)| &= \lim_{n\to\infty} n\left|f(x+\frac{1}{n})-f(x)\right| \\ &\leqslant \lim_{n\to\infty} n \bigvee_{x}^{x+\frac{1}{n}}(f) \qquad\qquad (注 1(i)) \\ &= \lim_{n\to\infty} n\left[V(x+\frac{1}{n})-V(x)\right] \\ &= V'(x), \quad a.e. 于[a,b]。\end{aligned}$$

于是，由$|f'(x)|$和 $V'(x)$ 的可积性，即有

$$\begin{aligned}\int_a^b |f'(x)|\mathrm{d}x &\leqslant \int_a^b V'(x)\mathrm{d}x \\ &\leqslant V(b)-V(a) \qquad (定理 6.1.2) \\ &= V(b) \\ &= \bigvee_a^b(f)。\end{aligned}$$

结论(iii)得证。定理证毕。

§6.3 绝对连续函数

本节阐述绝对连续函数的概念和性质。本节内容是下一节研究(L)积分与微分的关系的直接基础。以下之 ε,δ,B 和 M 均为实数。

一、绝对连续函数概念

定义 6.3.1 设 f 为$[a,b]$上的实函数。若$\forall\varepsilon>0$，$\exists\delta>0$，使得对于$[a,b]$上任意有限个两两不交的开区间：

$$(a_1,b_1),(a_2,b_2),\cdots,(a_n,b_n),$$

只要

$$\sum_{i=1}^{n}(b_i-a_i)<\delta,$$

就有

$$\sum_{i=1}^{n}|f(b_i)-f(a_i)|<\varepsilon, \tag{1}$$

则称 f 为$[a,b]$上的**绝对连续函数**，其全体记为 **AC**$[a,b]$ 或简记为 **AC**。

注 1　在上述定义中，仅将式(1)改为

$$\left|\sum_{i=1}^{n}(f(b_i)-f(a_i))\right|<\varepsilon, \tag{2}$$

则得到关于绝对连续函数的另一形式的定义。两种定义之等价性，留作习题。

注 2　若 $a<c<b$，则显然：

$$f\in \mathbf{AC}[a,b] \Longrightarrow f\in \mathbf{AC}[a,c]。$$

例 1　设 f 为定义于 $[a,b]$ 上的可微函数，且 $\exists M>0$，使得

$$|f'(x)|\leqslant M,\quad \forall x\in[a,b],$$

则易知 $f\in \mathbf{AC}[a,b]$。

二、绝对连续函数的性质

定理 6.3.1

(i) $f\in \mathbf{AC}[a,b] \Longrightarrow f$ 为 $[a,b]$ 上的一致连续函数；

(ii) $f,g\in \mathbf{AC}[a,b] \Longrightarrow f\pm g, fg, cf\in \mathbf{AC}[a,b]$，其中 c 为任意实数。

证明　(i) 显然，故仅证(ii)。

对于 $[a,b]$ 上的任意有限个两两不交的开区间：

$$(a_1,b_1),(a_2,b_2),\cdots,(a_n,b_n),$$

由

$$\begin{aligned}&|[f(b_i)\pm g(b_i)]-[f(a_i)\pm g(a_i)]|\\ \leqslant\ &|f(b_i)-f(a_i)|+|g(b_i)-g(a_i)|,\quad i=1,2,\cdots,n,\end{aligned}$$

则易知 $f\pm g\in \mathbf{AC}[a,b]$。

又由本定理之结论(i)知，f 和 g 均为 $[a,b]$ 上的连续函数，故存在正数 M 和 K，使得

$$|f(x)|\leqslant M, |g(x)|\leqslant K,\quad \forall x\in[a,b]。$$

从而

$$\begin{aligned}&|f(b_i)g(b_i)-f(a_i)g(a_i)|\\ \leqslant\ &|f(b_i)g(b_i)-f(a_i)g(b_i)|+|f(a_i)g(b_i)-f(a_i)g(a_i)|\\ \leqslant\ &K|f(b_i)-f(a_i)|+M|g(b_i)-g(a_i)|,\end{aligned}$$

则也易知 $fg\in \mathbf{AC}[a,b]$。

显然对于常数函数 $g(x)\equiv c$，有 $g\in \mathbf{AC}[a,b]$，故知 $cf\in \mathbf{AC}[a,b]$。

定理 6.3.2　设

1° $f(x)\in \mathbf{AC}[a,b]$；

2° $g(t)\in \mathbf{AC}[\alpha,\beta]$，且为 $[\alpha,\beta]$ 上的严格增加函数，其中

$$g(\alpha)=a,g(\beta)=b,$$

则 $f(g(t))\in\mathbf{AC}[\alpha,\beta]$。

证明留作习题。

定理 6.3.3 $f\in\mathbf{AC}[a,b]\Longrightarrow f\in\mathbf{BV}[a,b]$。

证明

（Ⅰ）取 $\varepsilon=1$，则 $\exists\delta>0$，使对于 $[a,b]$ 上任意有限个两两不交的开区间：

$$(a_1,b_1),(a_2,b_2),\cdots,(a_n,b_n),$$

只要

$$\sum_{i=1}^{n}(b_i-a_i)<\delta$$

就有

$$\sum_{i=1}^{n}|f(b_i)-f(a_i)|<1。$$

（Ⅱ）取 $m\in\mathbf{N}$，使得

$$\frac{b-a}{m}<\delta。$$

将 $[a,b]$ 做 m 等分，设分点为

$$a=y_0<y_1<\cdots<y_m=b,$$

则

$$y_{i+1}-y_i<\delta,\quad i=0,1,2,\cdots,m-1。$$

此时

$$\bigvee_a^b(f)=\sum_{i=0}^{m-1}\bigvee_{y_i}^{y_{i+1}}(f)。\tag{3}$$

（Ⅲ）任取 $i\in\mathbf{N},0\leqslant i\leqslant m-1$，我们研究 $\bigvee_{y_i}^{y_{i+1}}(f)$，任给 $[y_i,y_{i+1}]$ 一个分划 Δ：

$$y_i=x_0<x_1<\cdots<x_n=y_{i+1},$$

则得 $[y_i,y_{i+1}]$ 上的有限个两两不交的开区间：

$$(x_0,x_1),(x_1,x_2),\cdots,(x_{n-1},x_n),$$

其区间长度之和

$$\sum_{j=0}^{n-1}(x_{j+1}-x_j)=y_{i+1}-y_i<\delta。$$

故得

$$\sum_{j=0}^{n-1}|f(x_{j+1})-f(x_j)|<1,$$

即

$$\bigvee_{y_i}^{y_{i+1}}(f,\Delta)<1。$$

从而

$$\bigvee_{y_i}^{y_{i+1}}(f)\leqslant 1,\quad i=0,1,2,\cdots,m-1。$$

(Ⅳ) 由式(3),即知

$$\bigvee_a^b(f)\leqslant m,$$

故 $f\in\mathbf{BV}[a,b]$。

定理 6.3.4 若 $f\in\mathbf{AC}[a,b]$,则

(i) f 在$[a,b]$上几乎处处可微;

(ii) f' 在$[a,b]$上可积;

(iii) $\int_b^a f'(t)\mathrm{d}t=f(b)-f(a)$。

证明 由定理 6.3.3 和 6.2.4,结论(i)和(ii)显然成立,故仅需证明结论(iii)。证(iii)的主要思路是:将结论(iii)化为积分号下取极限的问题。

(Ⅰ) 当 $x\in(b,b+1]$ 时,令 $f(x)\equiv f(b)$,则易知 $f\in\mathbf{AC}[a,b+1]$。

这样,$\forall\varepsilon>0,\exists\delta>0$,使对于$[a,b+1]$上的任意有限个两两不交的开区间:

$$(a_1,b_1),(a_2,b_2),\cdots,(a_n,b_n),$$

只要

$$\sum_{i=1}^n(b_i-a_i)<\delta,$$

就有

$$\sum_{i=1}^n|f(b_i)-f(a_i)|<\frac{\varepsilon}{2}。\tag{4}$$

构造函数列

$$\lambda_n(x)=n[f(x+\frac{1}{n})-f(x)],\quad\forall x\in[a,b],\quad n=1,2,\cdots,$$

则在$[a,b]$上,$\lambda_n(x)$均为连续函数,故均可积,当然也(R)可积。并有

$$f'(x)=\lim_{n\to\infty}\lambda_n(x),\quad a.e.\text{ 于}[a,b]。$$

下面证明:在$[a,b]$上,$\{\lambda_n(x)\}$的积分具有等度绝对连续性。为此,只需证:对上述任给的正数 ε,只要 $A\subset[a,b]$,$mA<\delta$,则$\forall n\in\mathbf{N}$,均有

$$\left|\int_A\lambda_n(x)\mathrm{d}x\right|<\varepsilon。$$

以下分四步进行。

1° 设

$$A=\bigcup_{i=1}^{k}I_i$$

其中 $k\in\mathbf{N}$,诸 $I_i=(a_i,b_i)$ 为$[a,b]$上两两不交的开区间,且

$$mA=\sum_{i=1}^{k}(b_i-a_i)<\delta。$$

则 $\forall n\in\mathbf{N}$,有

$$\left|\int_A\lambda_n(x)\mathrm{d}x\right|=\left|\sum_{i=1}^{k}\int_{a_i}^{b_i}n[f(x+\frac{1}{n})-f(x)]\mathrm{d}x\right|$$

$$=\left|\sum_{i=1}^{k}n[\int_{a_i+\frac{1}{n}}^{b_i+\frac{1}{n}}f(x)\mathrm{d}x-\int_{a_i}^{b_i}f(x)\mathrm{d}x]\right|$$

$$=\left|\sum_{i=1}^{k}n[\int_{b_i}^{b_i+\frac{1}{n}}f(x)\mathrm{d}x-\int_{a_i}^{a_i+\frac{1}{n}}f(x)\mathrm{d}x]\right|$$

$$=\left|\sum_{i=1}^{k}n\int_0^{\frac{1}{n}}[f(b_i+t)-f(a_i+t)]\mathrm{d}t\right|$$

$$\leqslant n\int_0^{\frac{1}{n}}[\sum_{i=1}^{k}|f(b_i+t)-f(a_i+t)|]\mathrm{d}t$$

$$\leqslant\frac{\varepsilon}{2}<\varepsilon。\qquad(式(4))$$

(注意:$\{(a_i+t,b_i+t):i=1,2,\cdots,k\}$ 均为$[a,b+1]$上的两两不交的开区间,且其长度之和为$\sum_{i=1}^{k}(b_i-a_i)$。)

2° 设 A 为$[a,b]$上的开集,且 $mA<\delta$,则由开集的构造定理知:

$$A=\bigcup_{i=1}^{\infty}I_i,其中诸 I_i 为[a,b]上两两不交的开区间。$$

故 A 可表示为

$$A=\bigcup_{k=1}^{\infty}(\bigcup_{i=1}^{k}I_i),$$

且

$$m(\bigcup_{i=1}^{k}I_i)\leqslant mA<\delta,\quad k=1,2,\cdots。$$

这样,由积分关于积分域的下连续性及 1° 之结论,$\forall n\in\mathbf{N}$,有

$$\left|\int_A\lambda_n(x)\mathrm{d}x\right|=\left|\lim_{k\to\infty}\int_{\bigcup_{i=1}^{k}I_i}\lambda_n(x)\mathrm{d}x\right|\leqslant\frac{\varepsilon}{2}<\varepsilon。$$

3° 设 A 为$[a,b]$上的 G_δ 集,且 $mA<\delta$。不妨设 $A\subset(a,b)$,则由 G_δ 集之定义及第二章习题 25,A 可表示为

$$A=\bigcap_{k=1}^{\infty}G_k,$$

其中诸 G_k 均为开集，且

$$(a,b)\supset G_1\supset G_2\supset\cdots\supset G_k\supset\cdots。$$

故

$$mG_1<+\infty,$$

$$mA=\lim_{k\to\infty}mG_k。\qquad\text{（测度之上连续性）}$$

由 $mA<\delta$，故当 k 充分大之后，均有

$$mG_k<\delta。$$

任意取定 $n\in\mathbf{N}$，当 k 充分大后，由 2° 即有

$$\left|\int_{G_k}\lambda_n(x)\mathrm{d}x\right|\leqslant\frac{\varepsilon}{2}。$$

由积分关于积分域的上连续性，有

$$\left|\int_A\lambda_n(x)\mathrm{d}x\right|=\left|\lim_{k\to\infty}\int_{G_k}\lambda_n(x)\mathrm{d}x\right|\leqslant\frac{\varepsilon}{2}<\varepsilon。$$

4° 设 A 为 $[a,b]$ 上的一般可测集，且 $mA<\delta$，也不妨设 $A\subset(a,b)$。由可测集的构造定理知，存在 G_δ 集 $H\supset A$，使得

$$m(H\setminus A)=0\ 及\ mH=mA<\delta。$$

且由 § 3.4 注 2 知，可使 $H\subset(a,b)$。

这样，由 3°，$\forall n\in\mathbf{N}$，即有

$$\left|\int_A\lambda_n(x)\mathrm{d}x\right|=\left|\int_H\lambda_n(x)\mathrm{d}x\right|\leqslant\frac{\varepsilon}{2}<\varepsilon。$$

到此，在 $[a,b]$ 上 $\{\lambda_n(x)\}$ 的积分的等度绝对连续性即已得证。

（Ⅱ）由 Vitali 定理，有

$$\begin{aligned}\int_a^b f'(x)\mathrm{d}x&=\lim_{n\to\infty}\int_a^b\lambda_n(x)\mathrm{d}x\\&=\lim_{n\to\infty}\int_a^b n\left[f\left(x+\frac{1}{n}\right)-f(x)\right]\mathrm{d}x\\&=\lim_{n\to\infty}n\left[\int_{a+\frac{1}{n}}^{b+\frac{1}{n}}f(x)\mathrm{d}x-\int_a^b f(x)\mathrm{d}x\right]\\&=\lim_{n\to\infty}n\left[\int_b^{b+\frac{1}{n}}f(x)\mathrm{d}x-\int_a^{a+\frac{1}{n}}f(x)\mathrm{d}x\right]\\&=\lim_{n\to\infty}n\left[\frac{f(b)}{n}-\frac{f(\xi_n)}{n}\right]\qquad\text{（(R)积分中值定理）}\\&\qquad\qquad\left(a\leqslant\xi_n\leqslant a+\frac{1}{n},n=1,2,\cdots\right)\\&=f(b)-f(a)。\qquad\text{（}f\text{ 在}[a,b]\text{上之连续性）}\end{aligned}$$

定理证毕。

§6.4 Lebesgue 积分与微分的关系

在前面三节准备的基础上，本节讨论(L)积分与微分的关系，同时建立(L)积分的分部积分公式。

一、(L)积分与微分的关系

定义 6.4.1 设 $f(x)$ 为$[a,b]$上的可积函数，c 为任一实数。称

$$F(x)=\int_a^x f(t)\mathrm{d}t+c,\quad \forall x\in[a,b] \tag{1}$$

为 $f(x)$ 的 **Lebesgue 不定积分**，简称为**不定积分**。

定理 6.4.1 可积函数的不定积分为绝对连续函数。

证明 设 $f(x)$ 为$[a,b]$上的可积函数。下面证明由式(1)所定义的不定积分 $F(x)\in\mathbf{AC}[a,b]$。

任取 $\varepsilon>0$。

由 $f(x)$ 之可积性，知 $|f(x)|$ 之可积性。故其积分具有绝对连续性，即对该 $\varepsilon>0$，$\exists\delta>0$，使得只要 $A\subset[a,b]$，$mA<\delta$，即有

$$\int_A |f(x)|\mathrm{d}x<\varepsilon。 \tag{2}$$

这样，对于$[a,b]$上的任意有限个两两不交的开区间：

$$(a_1,b_1),(a_2,b_2),\cdots,(a_n,b_n),$$

并满足

$$\sum_{i=1}^n (b_i-a_i)<\delta,$$

则有

$$m(\bigcup_{i=1}^n (a_i,b_i))<\delta,$$

故由式(2)，有

$$\int_{\bigcup_{i=1}^n (a_i,b_i)} |f(t)|\mathrm{d}t<\varepsilon。$$

而

$$\sum_{i=1}^n |F(b_i)-F(a_i)|=\sum_{i=1}^n \left|\int_{a_i}^{b_i} f(t)\mathrm{d}t\right|$$

$$\leqslant \sum_{i=1}^{n}\int_{a_i}^{b_i}|f(t)|\,\mathrm{d}t$$

$$=\int_{\bigcup\limits_{i=1}^{n}(a_i,b_i)}|f(t)|\,\mathrm{d}t,$$

从而有

$$\sum_{i=1}^{n}|F(b_i)-F(a_i)|<\varepsilon。$$

故 $F(x)\in\mathbf{AC}[a,b]$。证毕。

定理 6.4.2 设 $f(x)\in\mathbf{AC}[a,b]$,则

$$\int_a^x f'(t)\mathrm{d}t=f(x)-f(a),\quad \forall\, x\in[a,b]。\tag{3}$$

证明 只需注意到,由§6.3注2,当 $f(x)\in\mathbf{AC}[a,b]$ 时,则 $\forall\, x, a<x\leqslant b$,均有 $f(x)\in\mathbf{AC}[a,x]$。故本定理是定理 6.3.4 的直接推论。

该定理即说明,对于(L)积分,当 $f\in\mathbf{AC}$ 时,则积分运算是微分运算之逆运算。这比(R)积分的相应结果前进了一大步。

以上两定理,使我们对绝对连续函数有以下进一步的认识(证明是显然的)。

推论 1 绝对连续函数是其导函数的不定积分。

推论 2 $f\in\mathbf{AC}[a,b]\Longleftrightarrow f$ 是一可积函数的不定积分。

定理 6.4.3 设 $f(x)$ 在$[a,b]$上可积,令

$$F(x)=\int_a^x f(t)\mathrm{d}t,\quad \forall\, x\in[a,b],\tag{4}$$

则

(i) $F\in\mathbf{AC}[a,b]$;

(ii) 在$[a,b]$上,$F(x)$几乎处处可微;

(iii) $F'(x)=\left(\int_a^x f(t)\mathrm{d}t\right)'=f(x),\quad a.e.$ 于$[a,b]$。

证明 结论(i)和(ii)是定理 6.4.1 和定理 6.3.4 的直接结果。同时由定理 6.4.2 有

$$\int_a^x F'(t)\mathrm{d}t=F(x)-F(a)=\int_a^x f(t)\mathrm{d}t,\quad \forall\, x\in[a,b]。$$

故由§5.2例2,即得

$$F'(x)=f(x),a.e.\ 于[a,b]。$$

定理证毕。

该定理即说明,对于(L)积分,当 $f(x)$ 在$[a,b]$上(L)可积时,则微分运算是积分运算之逆运算。我们已知,对于(R)积分,当 $f(x)$ 在$[a,b]$上连续时,微分是积分

之逆。而 $f(x)$ 之(L)可积性弱于其连续性，故对于“微分是积分之逆”这一结论，(L)积分所需条件也比(R)积分有所减弱。

定理 6.4.4 设 $f(x)$ 在$[a,b]$上可积，则在$[a,b]$上存在函数 $F(x)$，满足

(i) $F(x)\in \mathbf{AC}[a,b]$；

(ii) $F'(x)=f(x)$, $a.e.$ 于$[a,b]$，

且对于任何满足(i)和(ii)的函数 $F(x)$，均有

$$\int_a^b f(x)\mathrm{d}x=F(b)-F(a)=F(x)\Big|_a^b。\tag{5}$$

这即为(L)积分的 Newton-Leibniz 公式。

证明 由定理 6.4.3，按式(4)取 $F(x)$，即满足(i)和(ii)。对于任何满足(i)和(ii)的函数 $F(x)$，即有

$$\begin{aligned}\int_a^b f(x)\mathrm{d}x&=\int_a^b F'(x)\mathrm{d}x\\&=F(b)-F(a)。\qquad(\text{定理 } 6.3.3)\end{aligned}$$

定理证毕。

二、分部积分公式

定理 6.4.5 设 $f,g\in \mathbf{AC}[a,b]$，则

$$\int_a^b fg'\mathrm{d}x=f(x)g(x)\Big|_a^b-\int_a^b gf'\mathrm{d}x。\tag{6}$$

证明

(Ⅰ) 由 $f,g\in \mathbf{AC}[a,b]$，故 $fg\in \mathbf{AC}[a,b]$，因而有以下两式成立：

$$(fg)'=f'g+fg',\quad a.e.\text{ 于}[a,b]；\tag{7}$$

$$\int_a^b (fg)'\mathrm{d}x=f(x)g(x)\Big|_a^b。\tag{8}$$

(Ⅱ) 在$[a,b]$上

$f\in\mathbf{AC}\Longrightarrow f'$ 可积 $\Longrightarrow |f'|$可积；

$g\in\mathbf{AC}\Longrightarrow g$ 为连续函数

$\Longrightarrow \exists M>0$，使得$|g(x)|\leqslant M$, $\forall x\in[a,b]$。

故得

$$|f'(x)g(x)|\leqslant M|f'(x)|,\quad \forall x\in[a,b]。$$

从而知 $f'g$ 在$[a,b]$上可积。同理，fg' 在$[a,b]$上可积。

(Ⅲ) 由式(7)及 $f'g$ 和 fg' 之可积性，即有

$$\int_a^b (fg)'\mathrm{d}x=\int_a^b f'g\mathrm{d}x+\int_a^b fg'\mathrm{d}x。$$

从而再由式(8)即得式(6)。证毕。

习 题

1. 证明§6.2 例 3。

2. 证明§6.2 注 2。

3. 设 $f\in \mathbf{AC}[a,b]$,证明

$$\int_a^b |f'(x)|\mathrm{d}x = \bigvee_a^b(f)。$$

4. 证明§6.3 注 1。

5. 证明:$\mathbf{R}^1$ 中不存在满足以下条件的可测集 E:$\forall x\in[0,1]$,均有

$$m([0,x]\cap E) = \frac{1}{2}x。$$

6. 证明定理 6.3.2。

7. 设 $f(x)$ 在$[a,b]$上可积,且

$$\int_a^b x^n f(x)\mathrm{d}x = 0, \quad n = 1,2,\cdots。$$

令

$$F(x) = \int_a^x f(t)\mathrm{d}t, \quad a\leqslant x\leqslant b,$$

证明:

(i) 对任意多项式 $P(x)$,均有

$$\int_a^b F(x)P(x)\mathrm{d}x = 0。$$

(ii) $f(x) = 0, a.e.$ 于$[a,b]$。

8. 设:

(i) $f(x)\in\mathbf{AC}[a,b]$;

(ii) $E\subset[a,b], mE = 0$;

(iii) $f(E) = \{f(x):x\in E\}$。

证明:$m[f(E)] = 0$。

附录一 抽象测度与抽象积分理论简述

本教材的前六章是阐述在 $\mathbf{R}^n$ 上所建立的 Lebesgue 测度和 Lebesgue 积分理论。这一理论的进一步推广和抽象，就是建立于任意集合上的抽象测度和抽象积分理论。该理论是概率论、泛函分析等数学学科以及物理学等方面的基础理论和工具。因此，在本附录中，我们对这一理论的基本内容作一简单的阐述。

在本教材所建立的 Lebesgue 测度和 Lebesgue 积分体系下，由 $\mathbf{R}^n$ 上的 Lebesgue 测度和 Lebesgue 积分向抽象测度和抽象积分的推广，其中不少内容是非常简单的，不少定义的阐述和定理的证明完全类似，特别是在测度的概念和基本性质上以及在积分概念的建立过程中。因此对这些内容我们将一提而过。若无特别声明，本附录所谈的半开区间，均为左开右闭区间。

一、环、σ 环与单调族

本附录中均设 X 为一非空集合，并且所谈集族均为 X 的某些子集所成的集族。

（一）环

定义 1.1 设 $\mathbf{R}$ 是一个非空集族，如果对属于 $\mathbf{R}$ 的任意集合 E_1, E_2，均有

$$E_1 \cup E_2 \in \mathbf{R}, \quad E_1 \setminus E_2 \in \mathbf{R},$$

则称 $\mathbf{R}$ 是 X 上的**环**，如果 $X \in \mathbf{R}$ 则称 $\mathbf{R}$ 是一个**代数**。

注 1 显然环对有限并运算封闭，$\varnothing$ 属于任何环。

注 2 环对有限交运算也封闭。

证明 设 $\mathbf{R}$ 是空间 X 上的环，只需证对任意的 $E_1, E_2 \in \mathbf{R}$，均有 $E_1 \cap E_2 \in \mathbf{R}$ 即可。因 $E_1 \cap E_2 = (E_1 \cup E_2) \setminus ((E_1 \setminus E_2) \cup (E_2 \setminus E_1))$，故 $E_1 \cap E_2 \in \mathbf{R}$。

注 3 任意多个环的交仍是环。

证明 设 $\mathbf{R} = \bigcap_{\alpha \in A} \mathbf{R}_\alpha$，其中 $\mathbf{R}_\alpha$ 是环（$\alpha \in A$，A 为任意号标集）。显然 $\mathbf{R}$ 不空，因为 $\varnothing \in \mathbf{R}$；对 $\forall E_1, E_2 \in \mathbf{R}$，则 $E_1, E_2 \in \mathbf{R}_\alpha$ 对任意的 α 成立，故 $E_1 \cup E_2 \in \mathbf{R}_\alpha$，$E_1 \setminus E_2 \in \mathbf{R}_\alpha$ 对任意 α 成立。因而 $E_1 \cup E_2 \in \mathbf{R}$，$E_1 \setminus E_2 \in \mathbf{R}$ 成立，所以 $\mathbf{R}$ 是环。

例 1

(i) 空间 X 的有限子集(包括 $\varnothing$)的全体所组成的集族 $\boldsymbol{E}$ 是一个环,当 X 本身是有限集时,$\mathbf{E}$ 是一个代数。

(ii) 空间 X 的有限子集及可数子集(包括 $\varnothing$)的全体所组成的集族 $\mathbf{E}$ 是一个环,当 X 本身是可数集时,$\mathbf{E}$ 是一个代数。

(iii) 空间 X 的所有子集所组成的集族 2^X 是一个代数。

定理 1.1 对任一非空集族 $\mathbf{E}$,存在唯一的环 $\mathbf{R}$,使

(i) $\mathbf{E}\subset\mathbf{R}$;

(ii) 若环 $\mathbf{R}_1\supset\mathbf{E}$,则 $\mathbf{R}_1\supset\mathbf{R}$。

证明 显然包含 $\mathbf{E}$ 的环是存在的,如空间 X 的所有子集组成的环 2^X。令 $\mathbf{R}$ 是所有包含 $\mathbf{E}$ 的环的交,知 $\mathbf{R}$ 是环且 $\mathbf{R}$ 满足定理的条件(i)和(ii),而且 $\mathbf{R}$ 是唯一的。

称定理 1.1 中的 $\mathbf{R}$ 为包含 $\mathbf{E}$ 的最小环,记为 $\mathbf{R}(\mathbf{E})$。

例 2 设空间 $\mathbf{R}^n$ 中全体半开区间所组成的集族记为 $\mathbf{P}$,$\mathbf{R}^n$ 中可表示成有限个两两不交半开区间之并的集的全体记为 $\mathbf{U}$,则 $\mathbf{U}=\mathbf{R}(\mathbf{P})$。

证明 下面仅就 $\mathbf{R}^1$ 的情况证明。

两个半开区间的交仍是半开区间,而两个半开区间的差或是一个半开区间或是两个半开区间的并,总之是属于 $\mathbf{U}$ 的。

显然 $\mathbf{U}\subset\mathbf{R}(\mathbf{P})$;下证 $\mathbf{R}(\mathbf{P})\subset\mathbf{U}$,那么只需证 $\mathbf{U}$ 是一环即可。

设 $E_1,E_2\in\mathbf{U}$,记:

$E_1=\bigcup\limits_{i=1}^{n}I_i$,$E_2=\bigcup\limits_{j=1}^{m}J_j$,$I_i$ 和 J_j 均是半开区间,且诸 I_i 两两不交,诸 J_j 两两不交。则

$$E_1\cap E_2=\bigcup_{i=1}^{n}\bigcup_{j=1}^{m}(I_i\cap J_j)。$$

由诸 I_i 和诸 J_j 的两两不交性知 $I_i\cap J_j$ 是两两不交的半开区间,故 $E_1\cap E_2\in\mathbf{U}$。

又知 $E_1\backslash E_2=\bigcup\limits_{i=1}^{n}\bigcap\limits_{j=1}^{m}(I_i\backslash J_j)$。

而 $I_i\backslash J_i\in\mathbf{U}$,进而 $\bigcap\limits_{j=1}^{m}(I_i\backslash J_i)\in\mathbf{U}$,且对不同的 i,诸 $\bigcap\limits_{j=1}^{m}(I_i\backslash J_j)$ 是两两不交的,即 $E_1\backslash E_2\in\mathbf{U}$。

由于 $E_1\cup E_2=(E_1\backslash E_2)\cup E_2$,且 $(E_1\backslash E_2)\cap E_2=\varnothing$,故 $E_1\cup E_2\in\mathbf{U}$。所以 $\mathbf{U}$ 是环,$\mathbf{R}(\mathbf{P})\subset\mathbf{U}$。

(二) σ 环

定义 1.2 设 $\mathbf{S}$ 是一个非空集族。若对任何 $E_i\in\mathbf{S}(i=1,2,\cdots)$,均有

$$\bigcup_{i=1}^{\infty} E_i \in \mathbf{S}, \quad E_i \setminus E_j \in \mathbf{S}。$$

则称 $\mathbf{S}$ 是一个 σ 环。特别是如果 $X \in \mathbf{S}$，$\mathbf{S}$ 就是我们在 § 2.3 中所定义的 σ 代数(定义 2.3.5)。

注 4 若集族 $\mathbf{E}$ 是 σ 环，则 $\mathbf{E}$ 是环。

注 5 σ 环对可数交封闭。

证明 设 $E_i(i=1,2,\cdots)$ 是 σ 环 $\mathbf{S}$ 中的集，由于 $\bigcap_{i=1}^{\infty} E_i = (\bigcup_{i=1}^{\infty} E_i) \setminus \bigcup_{i=1}^{\infty} [(\bigcup_{j=1}^{\infty} E_j) \setminus E_i]$，故知 $\bigcap_{i=1}^{\infty} E_i \in \mathbf{S}$。

注 6 任意多个 σ 环的交仍是 σ 环。

证明类似注 3。

定理 1.2 对任一非空集族 $\mathbf{E}$，存在唯一的 σ 环 $\mathbf{S}$，满足：

(i) $\mathbf{E} \subset \mathbf{S}$；

(ii) 如 σ 环 $\mathbf{S}_1 \supset \mathbf{E}$，则 $\mathbf{S}_1 \supset \mathbf{S}$。

证明类似定理 1.1 的证明，只需注意到 2^X 是包含 $\mathbf{E}$ 的 σ 环。

称定理 1.2 中的 $\mathbf{S}$ 为包含 $\mathbf{E}$ 的最小 σ 环，记为 $\mathbf{S}(\mathbf{E})$。

注 7 任一非空集族 $\mathbf{E}$，有 $\mathbf{E} \subset \mathbf{R}(\mathbf{E}) \subset \mathbf{S}(\mathbf{E})$。

例 1 中的 X 如果是有限集，则它的所有有限子集所组成的集族，也就是 2^X，故是 σ 环。但当 X 是无限集时，它的所有有限子集所组成的集族就不是 σ 环，而例 1(ii)，(iii)中仍构成 σ 环。

推论 1 对任一非空集族 $\mathbf{E}$，$\mathbf{S}(\mathbf{E}) = \mathbf{S}(\mathbf{R}(\mathbf{E}))$。

证明 $\mathbf{E} \subset \mathbf{R}(\mathbf{E})$，故 $\mathbf{S}(\mathbf{E}) \subset \mathbf{S}(\mathbf{R}(\mathbf{E}))$；又由 $\mathbf{S}(\mathbf{E}) \supset \mathbf{R}(\mathbf{E})$，故 $\mathbf{S}(\mathbf{E}) \supset \mathbf{S}(\mathbf{R}(\mathbf{E}))$。所以 $\mathbf{S}(\mathbf{E}) = \mathbf{S}(\mathbf{R}(\mathbf{E}))$。

例 3 包含例 2 中集族 $\mathbf{P}$ 的最小 σ 环称为 $\mathbf{R}^n$ 中的 **Borel 集族**，记为 $\mathbf{B}$，属于 $\mathbf{B}$ 的集称为 **Borel 集**。

例 4 $\mathbf{R}^n$ 中的所有 Lebesgue 可测集构成 $\mathbf{R}^n$ 中的一个 σ 环。

为了刻画非空集族 $\mathbf{E}$ 的最小环 $\mathbf{R}(\mathbf{E})$ 和最小 σ 环 $\mathbf{S}(\mathbf{E})$，得到比例 2 更一般的性质，我们给出以下定理。

定理 1.3 设 $\mathbf{E}$ 是空间 X 的非空集族，则 $\mathbf{R}(\mathbf{E})$ 中的每个集均含于 $\mathbf{E}$ 的某有限个集的并中；$\mathbf{S}(\mathbf{E})$ 中的每个集均含于 $\mathbf{E}$ 的某可数个集的并中。

证明 只证定理的前半部分，后半部分完全类似。定义如下的集族：

$$\mathbf{R}_1 = \{A : A \subset X, \text{存在 } E_1, \cdots, E_n \in \mathbf{E}, n \in \mathbf{N}, \text{使 } A \subset \bigcup_{i=1}^{n} E_i\}。$$

显然 $\mathbf{E} \subset \mathbf{R}_1$，下面我们证明 $\mathbf{R}_1$ 是环。

设 $A_1,A_2\in\mathbf{R}_1$，则存在 $\mathbf{E}$ 中的两组集 $\{E_i^{(1)}\}$ 和 $\{E_j^{(2)}\}$，其中 $i=1,2,\cdots,n$；$j=1,2,\cdots,m$；使 $A_1\subset\bigcup_{i=1}^{n}E_i^{(1)}$，$A_2\subset\bigcup_{j=1}^{m}E_j^{(2)}$，故

$$A_1\cup A_2\subset\bigcup_{i=1}^{n}\bigcup_{j=1}^{m}(E_i^{(1)}\cup E_j^{(2)}),$$

$$A_1\setminus A_2\subset\bigcup_{i=1}^{n}E_i^{(1)}。$$

故 $\mathbf{R}_1$ 是环，所以 $\mathbf{R}(\mathbf{E})\subset\mathbf{R}_1$。定理得证。

（三）单调族

定义 1.3 设 $\mathbf{M}$ 是非空集族，如果对 $\mathbf{M}$ 中的任何单调序列 $\{E_n\}$，即 $E_1\subset E_2\subset E_3\subset\cdots\subset E_n\subset E_{n+1}\subset\cdots$ 或是 $E_1\supset E_2\supset E_3\supset\cdots\supset E_n\supset E_{n+1}\supset\cdots$，均有 $\lim\limits_{n\to\infty}E_n\in\mathbf{M}$，则称 $\mathbf{M}$ 是 X 上的**单调族**。

注 8 单调族不必对“$\cup$”，“$\setminus$”运算封闭。

例 5 X 是 $\mathbf{R}^1$，$\mathbf{M}=\{[0,3],[2,4]\}$，则 $\mathbf{M}$ 是单调族，但 $[0,3]\cup[2,4]\overline{\in}\mathbf{M}$，$[0,3]\setminus[2,4]\overline{\in}\mathbf{M}$。

注 9 每个 σ 环均是单调族，若 $\mathbf{E}$ 是环且是单调族，则 $\mathbf{E}$ 是 σ 环。

证明 先证注 9 的前半部分。对 σ 环 $\mathbf{S}$ 中的任何单调序列 $\{E_n\}$，如是单调上升，则 $\lim\limits_{n\to\infty}E_n=\bigcup\limits_{n=1}^{\infty}E_n$，否则 $\lim\limits_{n\to\infty}E_n=\bigcap\limits_{n=1}^{\infty}E_n$，无论是哪种情况，由 σ 环的定义知均有 $\lim\limits_{n\to\infty}E_n\in\mathbf{S}$。

对于后半部分，设 $E_i\in\mathbf{E}(i=1,2,\cdots)$，记 $F_n=\bigcup\limits_{i=1}^{n}E_i$，则由 $\mathbf{E}$ 是环知 $F_n\in\mathbf{E}$，且 $\{F_n\}$ 是单调序列，由 $\mathbf{E}$ 是单调族知 $\lim\limits_{n\to\infty}F_n\in\mathbf{E}$。而 $\bigcup\limits_{n=1}^{\infty}E_n=\bigcup\limits_{n=1}^{\infty}F_n=\lim\limits_{n\to\infty}F_n$，所以 $\bigcup\limits_{n=1}^{\infty}E_n\in\mathbf{E}$，且根据任意的 $E_1,E_2\in\mathbf{E}$，$E_1\setminus E_2\in\mathbf{E}$ 知 $\mathbf{E}$ 是 σ 环。

注 10 任意多个单调族的交仍是单调族。

定理 1.4 设 $\mathbf{E}$ 是空间 X 中的非空集族，则存在唯一的单调族 $\mathbf{M}$，满足：

(i) $\mathbf{E}\subset\mathbf{M}$；

(ii) 对于包含 $\mathbf{E}$ 的任何单调族 $\mathbf{M}_1$，均有 $\mathbf{M}_1\supset\mathbf{M}$。

证明类似于定理 1.1 和定理 1.2，且注意到 2^X 是包含 $\mathbf{E}$ 的一单调族。

称定理 1.4 中的 $\mathbf{M}$ 为包含非空集族 $\mathbf{E}$ 的最小单调族，记为 $\mathbf{M}(\mathbf{E})$。

定理 1.5 设 $\mathbf{R}$ 是空间 X 中的环，则

$$\mathbf{S}(\mathbf{R})=\mathbf{M}(\mathbf{R})。$$

证明 由定义 1.3 后的注 9 知只需证 $\mathbf{M}(\mathbf{R})$ 是环即可。

定义如下集族：

对任何 $A\in\mathbf{M}(\mathbf{R})$ 定义：

$$\mathbf{K}(A)=\{B\mid B\in\mathbf{M}(\mathbf{R}),\text{且 } A\backslash B,B\backslash A,A\cup B \text{ 均属于 } \mathbf{M}(\mathbf{R})\}。$$

下证 $\mathbf{K}(A)$ 是单调族。

设 $\{B_n\}$ 是 $\mathbf{K}(A)$ 中的一单调列，则 $\{A\backslash B_n\}$，$\{B_n\backslash A\}$ 和 $\{A\cup B_n\}$ 均是单调列，且由 $\mathbf{K}(A)$ 的定义知它们均是 $\mathbf{M}(\mathbf{R})$ 中的单调列，故 $\lim\limits_{n\to\infty}(A\backslash B_n)\in\mathbf{M}(\mathbf{R})$，$\lim\limits_{n\to\infty}(B_n\backslash A)\in\mathbf{M}(\mathbf{R})$，$\lim\limits_{n\to\infty}(A\cup B_n)\in\mathbf{M}(\mathbf{R})$，令 $B=\lim\limits_{n\to\infty}B_n$，则 $B\in\mathbf{M}(\mathbf{R})$，知 $B\in\mathbf{K}(A)$，所以 $\mathbf{K}(A)$ 是一单调族。

当 $A\in\mathbf{R}$ 时，易知 $\mathbf{R}\subset\mathbf{K}(A)\subset\mathbf{M}(\mathbf{R})$，所以 $\mathbf{K}(A)=\mathbf{M}(\mathbf{R})$，即对任意的 $E\in\mathbf{R}$，$F\in\mathbf{M}(\mathbf{R})$ 均有 $E\backslash F,F\backslash E,E\cup F$ 属于 $\mathbf{M}(\mathbf{R})$。

对任何 $A\in\mathbf{M}(\mathbf{R})$，当 $B\in\mathbf{R}$ 时，知 $A\backslash B,B\backslash A$ 和 $A\cup B$ 均属于 $\mathbf{M}(\mathbf{R})$，所以 $\mathbf{R}\subset\mathbf{K}(A)$，故 $\mathbf{K}(A)=\mathbf{M}(\mathbf{R})$。

综合以上的证明，对任意 $\mathbf{M}(\mathbf{R})$ 中的两集 A_1 和 A_2，由 $\mathbf{K}(\mathbf{A}_1)=\mathbf{M}(\mathbf{R})$，$A_2\in\mathbf{K}(\mathbf{A}_1)$，即 $A_1\backslash A_2,A_2\backslash A_1$ 和 $A_1\cup A_2$ 均属于 $\mathbf{M}(\mathbf{R})$，故 $\mathbf{M}(\mathbf{R})$ 是包含 $\mathbf{R}$ 的一个环。

下面的推论是明显的，并经常被引用。

推论 2 如果 $\mathbf{M}$ 是包含环 $\mathbf{R}$ 的单调族，则

$$\mathbf{M}\supset\mathbf{S}(\mathbf{R})。$$

证明 由定理 1.5，$\mathbf{M}(\mathbf{R})=\mathbf{S}(\mathbf{R})$，且 $\mathbf{M}\supset\mathbf{M}(\mathbf{R})$，所以 $\mathbf{M}\supset\mathbf{S}(\mathbf{R})$。

二、环上的测度

（一）环上的测度

在 §3.1 中我们已定义了广义实数集 $\overline{\mathbf{R}}$ 和广义实值集函数的概念，这两概念也是抽象测度理论的基础，我们先看一个例子。

例 1 设 $\mathbf{E}$ 是空间 X 的所有子集组成的集族，对任意的 $A\in\mathbf{E}$，定义：

$$\mu(A)=\begin{cases}A\text{ 中元素的个数}, & A\text{ 为有限集},\\ +\infty, & A\text{ 为无限集},\end{cases}$$

则 μ 是 $\mathbf{E}$ 上的广义实值集函数。

下面我们引入环上的测度概念。

定义 1.4 设 $\mathbf{R}$ 是一个环，μ 是 $\mathbf{R}$ 上的一个广义实值集函数，若 μ 满足下列三条性质：

(i) 非负性：对任意的 $E\in\mathbf{R}$，有 $\mu(E)\geqslant 0$；

(ii) $\mu(\varnothing)=0$；

(iii) 可数可加性：若 $E_i\in\mathbf{R}(i=1,2,\cdots)$，$E_i\cap E_j=\varnothing(i\neq j$ 时$)$，且 $\bigcup\limits_{i=1}^{\infty}E_i\in\mathbf{R}$

时，有

$$\mu(\bigcup_{i=1}^{\infty}E_i)=\sum_{i=1}^{\infty}\mu(E_i)。$$

则称 μ 为环 **R** 上的一个**测度**，称 $\mu(E)$ 为**集 E 的测度**。

注 1　如果 μ 不是环 **R** 上恒取 $+\infty$ 的广义实值集函数，则由(i)，(iii)可推出(ii)。

易知例 1 中的 μ 是环 **E** 上的测度。

例 2　设 **R** 是空间 X 的所有子集所组成的环，a 是 X 中取定的一个元，在 **R** 上定义广义实值集函数 μ 如下：对任何 $E\in\mathbf{R}$，

$$\mu(E)=\begin{cases}0, & \text{当 } a\overline{\in}E \text{ 时},\\ 1, & \text{当 } a\in E \text{ 时},\end{cases}$$

那么 μ 是环 **R** 上的测度。

定理 1.6　环 **R** 上的测度 μ 有以下性质：

(i) 有限可加性：若 $E_i\in\mathbf{R}(i=1,2,\cdots,n)$，$E_i\cap E_j=\varnothing(i\neq j$ 时)，则

$$\mu(\bigcup_{i=1}^{n}E_i)=\sum_{i=1}^{n}\mu(E_i);$$

(ii) 单调性：若 $E_1,E_2\in\mathbf{R}$，$E_1\subset E_2$，则 $\mu(E_1)\leqslant\mu(E_2)$；

(iii) 次可数可加性：若 $E_i\in\mathbf{R}(i=1,2,\cdots)$，且 $\bigcup_{i=1}^{\infty}E_i\in\mathbf{R}$，则

$$\mu(\bigcup_{i=1}^{\infty}E_i)\leqslant\sum_{i=1}^{\infty}\mu(E_i);$$

(iv) 可减性：若 $E_1,E_2\in\mathbf{R}$，且 $E_1\subset E_2$，当 $\mu(E_1)<+\infty$ 时，有

$$\mu(E_2\backslash E_1)=\mu(E_2)-\mu(E_1);$$

(v) 下连续性：如果 $E_n\in\mathbf{R}(n=1,2,3,\cdots)$，且 $E_1\subset E_2\subset E_3\subset\cdots$，$\bigcup_{n=1}^{\infty}E_n\in\mathbf{R}$，则

$$\mu(\bigcup_{n=1}^{\infty}E_n)=\lim_{n\to\infty}\mu(E_n);$$

(vi) 上连续性：如果 $E_n\in\mathbf{R}(n=1,2,3,\cdots)$，且 $E_1\supset E_2\supset E_3\supset\cdots$，$\bigcap_{n=1}^{\infty}E_n\in\mathbf{R}$，且至少有一 E_n 使 $\mu(E_n)<+\infty$，则

$$\mu(\bigcap_{n=1}^{\infty}E_n)=\lim_{n\to\infty}\mu(E_n)。$$

证明的过程类似第三章中相应结论的证明。

(二) $\mathbf{R}^n$ 中环 U 上的 m_α 测度

为了使叙述简洁，我们只对 $\mathbf{R}^1$ 中的情况加以说明。设 **U** 是 $\mathbf{R}^1$ 上的环。

定义 1.5　若 $\alpha(x)$ 是定义在$(-\infty,+\infty)$上单调增加且右方连续的函数，称

$\alpha(x)$ 是 $\mathbf{R}^1$ 上的一个**分布函数**。

引理 1

(i) 对每个 $I=(a,b]\in\mathbf{P}$,定义

$$m_\alpha^0(I)=\alpha(b)-\alpha(a),$$

则 m_α^0 是 $\mathbf{P}$ 上的一个广义实值集函数。

(ii) 对每个 $E\in\mathbf{U}$,设 $E=\bigcup\limits_{i=1}^{n}E_i$,其中 $E_i(i=1,2,\cdots,n)$ 是两两不交的半开区间,此时称$\{E_1,\cdots,E_n\}$是E的一个初等分解。如果对任取的$E\in\mathbf{U}$,它的任一个初等分解记为$\{E_1,\cdots,E_n\}$,令

$$m_\alpha(E)=\sum_{i=1}^{n}m_\alpha^0(E_i),$$

则 $m_\alpha(E)$ 不随E的初等分解选取的不同而改变。从而 m_α 是环 $\mathbf{U}$ 上的一个集函数,且 m_α 限制在 $\mathbf{P}$ 上与 m_α^0 相同。

证明 (i) 是显而易见的,下面我们证明(ii)。

先假如$E\in\mathbf{P}$,设$E=(a,b]$,对于E的任一初等分解$(a,b]=\bigcup\limits_{i=1}^{n}(a_i,b_i]$,按$a_i$ 的大小顺序不妨使 $a_1\leqslant a_2\leqslant\cdots\leqslant a_n$;由于诸$(a_i,b_i]$是两两不交的,所以 $a=a_1\leqslant b_1=a_2\leqslant b_2\cdots a_{n-1}\leqslant b_{n-1}=a_n\leqslant b_n=b$。

$$\begin{aligned}&\sum_{i=1}^{n}m_\alpha^0((a_i,b_i])\\&=[\alpha(b_1)-\alpha(a_1)]+[\alpha(b_2)-\alpha(a_2)]+\cdots+[\alpha(b_n)-\alpha(a_n)]\\&=\alpha(b_n)-\alpha(a_1)\\&=\alpha(b)-\alpha(a)。\end{aligned}$$

所以当 $E=(a,b]\in\mathbf{P}$ 时,$m_\alpha(E)=\alpha(b)-\alpha(a)=m_\alpha^0(E)$。

当 $E\in\mathbf{U}$时,设$\{E_i^{(1)}\}$和$\{E_j^{(2)}\}$是E的两个初等分解$(i=1,2,\cdots,n;j=1,2,\cdots,m)$,记 $G_{ij}=E_j^{(1)}\cap E_j^{(2)}$,则 $G_{ij}\in\mathbf{P}$。由于$\{G_{ij}\}(j=1,2,\cdots,m)$ 是 $E_i^{(1)}$ 的一个初等分解,所以

$$m_\alpha^0(E_i^{(1)})=\sum_{j=1}^{m}m_\alpha^0(G_{ij}),$$

故

$$m_\alpha(E)=\sum_{i=1}^{n}m_\alpha^0(E_i^{(1)})=\sum_{i=1}^{n}\sum_{j=1}^{m}m_\alpha^0(G_{ij})。\tag{1}$$

同理

$$m_\alpha(E)=\sum_{j=1}^{m}m_\alpha^0(E_j^{(2)})=\sum_{j=1}^{m}\sum_{i=1}^{n}m_\alpha^0(G_{ij})\tag{2}$$

由式(1),(2)知对于 E 的不同初等分解,$m_\alpha(E)$ 是一定值,即是 $\mathbf{U}$ 上的一个广义实值集函数。

当 $\alpha(x)=x$ 时,我们将 m_α 记为 m。

引理 2 广义实值集函数 m_α 具有以下性质:

(i) 有限可加性;

(ii) 单调性:$E_1,E_2\in\mathbf{U}$,若 $E_1\subset E_2$,则 $m_\alpha(E_1)\leqslant m_\alpha(E_2)$;

(iii) 次有限可加性。

证明

证(i):设 $E=\bigcup\limits_{i=1}^{n}E_i$,且 E_i 是 $\mathbf{U}$ 中互不相交的集,设对每个 i,E_i 的一个初等分解是$\{E_i^j\}(j=1,2,\cdots,l_i)$,由引理1知 $m_\alpha(E_i)=\sum\limits_{j=1}^{l_i}m_\alpha^0(E_i^j)$;由已知以及初等分解的定义知

$$E_{i_1}^{j_1}\cap E_{i_2}^{j_2}=\varnothing,\text{当 } i_1\neq i_2 \text{ 或 } j_1\neq j_2 \text{ 时},$$

所以$\{E_i^j\}(i=1,2,\cdots,n;\ j=1,2,\cdots,l_i)$是 E 的一个初等分解,故

$$m_\alpha(E)=\sum_{i=1}^{n}\sum_{j=1}^{l_i}m_\alpha^0(E_i^j)=\sum_{i=1}^{n}m_\alpha(E_i)。$$

证(ii):由 α 函数的定义知对于 $\mathbf{P}$ 中的任意集 I,$m_\alpha^0(I)\geqslant 0$,故知集函数 m_α 是非负的;设 $E_3=E_2\backslash E_1$,则 $E_3\in\mathbf{U}$,且由(i)知 $m_\alpha(E_2)=m_\alpha(E_1)+m_\alpha(E_3)\geqslant m_\alpha(E_1)$。

证(iii):由 m_α 之单调性和有限可加性,此结论很易证得。

定理 1.7 $\mathbf{U}$ 上的广义实值集函数 m_α 是测度。

证明 由引理 1 和引理 2 知,只需证 m_α 满足可数可加性即可。

设$\{E_i\}(i=1,2,\cdots)$是 $\mathbf{U}$ 中一列两两不交的集,且 $\bigcup\limits_{i=1}^{\infty}E_i=E\in\mathbf{U}$,易知对任意自然数 n 均有

$$\sum_{i=1}^{n}m_\alpha(E_i)\leqslant m_\alpha(E)。$$

令 $n\to\infty$ 得到 $\sum\limits_{i=1}^{\infty}m_\alpha(E_i)\leqslant m_\alpha(E)$。下证相反的不等式成立。

设 E 的初等分解是 $E=\bigcup\limits_{i=1}^{m}(a_i,b_i]$。由 m_α 的有限可加性,为方便记,不妨设 $E=(a,b]$,则

$$m_\alpha(E)=\alpha(b)-\alpha(a)。$$

对每个 E_i 也有初等分解,那么所有 E_i 的初等分解共有可数个 $\mathbf{P}$ 中的集,不妨

记为$\{(\alpha_n,\beta_n]\}(n=1,2,\cdots)$。因为诸 E_i 互不相交,所以有

$$\sum_{i=1}^{\infty}m_\alpha(E_i)=\sum_{n=1}^{\infty}m_\alpha((\alpha_n,\beta_n])=\sum_{n=1}^{\infty}(\alpha(\beta_n)-\alpha(\alpha_n))。$$

任取 $\varepsilon>0$,由 $\alpha(x)$ 在 a 处的右连续性,故存在 $0<\delta<(b-a)$,使

$$0\leqslant\alpha(a+\delta)-\alpha(a)<\varepsilon。$$

同样由 $\alpha(x)$ 的右连续性得到

$$m_\alpha(E)-\varepsilon\leqslant m_\alpha((a+\delta,b])=m_\alpha([a+\delta,b])。$$

同理,由 $\alpha(x)$ 在每个 $\beta_n(n=1,2,\cdots)$ 的右连续性,得到一列 $\delta_n>0(n=1,2,\cdots)$,使

$$(\alpha_n,\beta_n]\subset(\alpha_n,\beta_n+\delta_n),$$

$$0\leqslant\alpha(\beta_n+\delta_n)-\alpha(\beta_n)<\frac{\varepsilon}{2^n},$$

$$m_\alpha((\alpha_n,\beta_n+\delta_n])<m_\alpha((\alpha_n,\beta_n])+\frac{\varepsilon}{2^n}。$$

由于$[a+\delta,b]\subset(a,b]=E$,所以开区间列$\{(\alpha_n,\beta_n+\delta_n):n=1,2,\cdots\}$必覆盖$[a+\delta,b]$。由 Borel 有限覆盖定理,可以从中选取有限个开区间同样覆盖$[a+\delta,b]$,不妨记这有限个开区间为$\{(\alpha_{n_k},\beta_{n_k}+\delta_{n_k}):k=1,2,\cdots,l\}$。由 m_α 的单调性和次有限可加性得

$$\begin{aligned}m_\alpha([a+\delta,b])&\leqslant m_\alpha\left(\bigcup_{k=1}^{l}(\alpha_{n_k},\beta_{n_k}+\delta_{n_k})\right)\\&\leqslant m_\alpha\left(\bigcup_{k=1}^{l}(\alpha_{n_k},\beta_{n_k}+\delta_{n_k}]\right)\\&\leqslant\sum_{k=1}^{l}m_\alpha((\alpha_{n_k},\beta_{n_k}+\delta_{n_k}])\leqslant\sum_{n=1}^{\infty}m_\alpha((\alpha_n,\beta_n+\delta_n])\\&\leqslant\sum_{n=1}^{\infty}\left\{m_\alpha((\alpha_n,\beta_n]+\frac{\varepsilon}{2^n}\right\}=\sum_{i=1}^{\infty}m_\alpha(E_i)+\varepsilon,\end{aligned}$$

即有 $m_\alpha(E)-\varepsilon\leqslant\sum_{i=1}^{\infty}m_\alpha(E_i)+\varepsilon$,由 $\varepsilon>0$ 的任意性知,$m_\alpha(E)\leqslant\sum_{i=1}^{\infty}m_\alpha(E_i)$。

定理证毕。

三、σ 环上的外测度、测度的扩张

我们知道对一普通的环 **R**(如当 **R** 不是 σ 环时),则它只是对有限交和并运算是封闭的,对于可数交和并它不是封闭的,故在环 **R** 上建立的测度不能满足集合的极限运算的要求,所以有必要将环 **R** 上的测度扩张到一 σ 环上。

本节所采用的步骤是先构造一个包含 $\mathbf{R}$ 的 σ 环 $\mathbf{H}(\mathbf{R})$，然后利用 $\mathbf{R}$ 上的测度构造 $\mathbf{H}(\mathbf{R})$ 上的外测度，再采用前几章所采用的方法利用 $\mathbf{H}(\mathbf{R})$ 上的外测度构造一个 σ 环 $\mathbf{R}^*$ 及其上的测度。

（一）σ 环 $\mathbf{H}(\mathbf{R})$ 上的外测度

定义 1.6 设 $\mathbf{R}$ 是一个环，$\mathbf{H}(\mathbf{R})$ 是 $\mathbf{R}$ 中一列集的并的子集所组成的集族，即

$$\mathbf{H}(\mathbf{R}) = \{E\text{：存在 } E_i \in \mathbf{R}, i = 1,2,\cdots;\text{使 } E \subset \bigcup_{i=1}^{\infty} E_i\}。$$

例 1 $\mathbf{R}^n$ 中环 $\mathbf{U}$ 所引出的集族 $\mathbf{H}(\mathbf{U})$ 是 $\mathbf{R}^n$ 的子集族。

注 1 对任何环 $\mathbf{R}$，$\mathbf{R} \subset \mathbf{H}(\mathbf{R})$。

注 2 当 $E \in \mathbf{H}(\mathbf{R})$ 时，E 的任何子集 F 必定也属于 $\mathbf{H}(\mathbf{R})$。

注 3 $\mathbf{H}(\mathbf{R})$ 是一个 σ 环。

证明 显然对任意 $E_1, E_2 \in \mathbf{H}(\mathbf{R})$ 有

$$E_1 \backslash E_2 \in \mathbf{H}(\mathbf{R})。$$

下证 $\mathbf{H}(\mathbf{R})$ 对可数并运算封闭。

设 $\{E_i\}(i = 1,2,\cdots)$ 是 $\mathbf{H}(\mathbf{R})$ 中的一集列，对每个 $E_i \in \mathbf{H}(\mathbf{R})$，存在 $\mathbf{R}$ 中的集列 $\{E_i^j\}(j = 1,2,\cdots)$ 使 $E_i \subset \bigcup_{j=1}^{\infty} E_i^j$，则 $\bigcup_{i=1}^{\infty} E_i \subset \bigcup_{i=1}^{\infty}\bigcup_{j=1}^{\infty} E_i^j$，其中 $E_i^j(i,j = 1,2,\cdots)$ 是 $\mathbf{R}$ 中的一列集，因此 $\bigcup_{i=1}^{\infty} E_i \in \mathbf{H}(\mathbf{R})$。

定义 1.7 设 μ 是环 $\mathbf{R}$ 上的测度，在 $\mathbf{H}(\mathbf{R})$ 上作如下集函数 μ^*：

$$\mu^*(E) = \inf\{\sum_{i=1}^{\infty} \mu(E_i) : E_i \in \mathbf{R} \text{ 且 } E \subset \bigcup_{i=1}^{\infty} E_i\}, \forall E \in \mathbf{H}(\mathbf{R}),$$

称 μ^* 为由测度 μ 所引出的外测度。

例 2 由例 1 知，环 $\mathbf{U}$ 上的测度 m 引出的 $H(\mathbf{U})$ 上的外测度即是 Lebesgue 外测度，而 m_α 测度引出的外测度我们称为 Lebesgue-Stieltjes 外测度。

引理 1 由环 $\mathbf{R}$ 上的测度 μ 所引出的外测度 μ^* 有下列性质：

(i) 非负性：对任意 $E \in \mathbf{H}(\mathbf{R})$，$\mu^*(E) \geqslant 0$，且 $\mu^*(\varnothing) = 0$；

(ii) 单调性：若 $E_1, E_2 \in \mathbf{H}(\mathbf{R})$，$E_1 \subset E_2$，则 $\mu^*(E_1) \leqslant \mu^*(E_2)$；

(iii) 次可数可加性：若 $E_i \in \mathbf{H}(\mathbf{R})(i = 1,2,\cdots)$，则

$$\mu^*(\bigcup_{i=1}^{\infty} E_i) \leqslant \sum_{i=1}^{\infty} \mu^*(E_i)。$$

证明 (i)(ii) 由 μ^* 的定义即知，(iii) 的证明与第三章 Lebesgue 外测度相关性质的证明相同。

由 μ^* 的次可数可加性显然可以推出 μ^* 的次有限可加性。

定理 1.8 设 μ^* 是由环 $\mathbf{R}$ 上测度 μ 所引出的外测度，则

(i) 当 $E\in\mathbf{R}$ 时，$\mu^*(E)=\mu(E)$。

(ii) 当 $E\in\mathbf{R}$ 时，对任意 $T\in\mathbf{H}(\mathbf{R})$ 恒有

$$\mu^*(T\cap E)+\mu^*(T\setminus E)=\mu^*(T)。$$

证明

(i) 如果 $E\in\mathbf{R}$，对任何一列 $\{E_i\}(i=1,2,\cdots)$，$E_i\in\mathbf{R}$，且 $E\subset\bigcup\limits_{i=1}^{\infty}E_i$，由测度的次可加性 $\mu(E)\leqslant\mu(\bigcup\limits_{i=1}^{\infty}E_i)\leqslant\sum\limits_{i=1}^{\infty}\mu(E_i)$，故 $\mu(E)\leqslant\mu^*(E)$。其次由 $\mu(\varnothing)=0$ 以及 μ^* 的定义知，$\mu^*(E)\leqslant\mu(E)$，所以 $\mu(E)=\mu^*(E)$。

(ii) 由于 $T=(T\cap E)\cup(T\setminus E)$，根据 μ^* 的次可加性知

$$\mu^*(T)\leqslant\mu^*(T\cap E)+\mu^*(T\setminus E)。$$

下证相反方向的不等式。对任给 $\varepsilon>0$，由 $\mu^*(T)$ 的定义，存在 $\mathbf{R}$ 中的一列集 $\{E_i\}(i=1,2,\cdots)$，使得 $T\subset\bigcup\limits_{i=1}^{\infty}E_i$，且

$$\mu^*(T)+\varepsilon\geqslant\sum_{i=1}^{\infty}\mu(E_i)。$$

记 $E_i'=E\cap E_i$，$E_i''=E_i\setminus E$，则由 μ 的有限可加性，

$$\mu(E_i)=\mu(E_i')+\mu(E_i''),$$

又由

$$((\bigcup_{i=1}^{\infty}E_i)\cap E)\supset(T\cap E),\quad((\bigcup_{i=1}^{\infty}E_i)\setminus E)\supset(T\setminus E)$$

及 μ^* 的次可数可加性、单调性得：

$$\begin{aligned}&\sum_{i=1}^{\infty}\mu(E_i)\\&=\sum_{i=1}^{\infty}\mu(E_i')+\sum_{i=1}^{\infty}\mu(E_i'')\\&\geqslant\mu^*(\bigcup_{i=1}^{\infty}E_i')+\mu^*(\bigcup_{i=1}^{\infty}E_i'')\\&=\mu^*((\bigcup_{i=1}^{\infty}E_i)\cap E)+\mu^*((\bigcup_{i=1}^{\infty}E_i)\setminus E)\\&\geqslant\mu^*(T\cap E)+\mu^*(T\setminus E)。\end{aligned}$$

所以

$$\mu^*(T)+\varepsilon\geqslant\mu^*(T\cap E)+\mu^*(T\setminus E)。$$

由 ε 的任意性知

$$\mu^*(T)\geqslant\mu^*(T\cap E)+\mu^*(T\setminus E)。$$

所以(ii)成立。

注 4　如果 X 能够分解成 n 个互不相交的集 $E_1,\cdots,E_n$，且 $E_1,\cdots,E_n$ 中至少有 $n-1$ 个属于 $\mathbf{R}$，则下式成立：

$$\mu^*(T)=\sum_{i=1}^{n}\mu^*(T\cap E_i),\quad \forall\, T\in\mathbf{H}(\mathbf{R})。$$

（二）测度的扩张——μ^* 可测集

由于在 $\mathbf{H}(\mathbf{R})$ 中 μ^* 只是满足次可数可加性，所以我们此时需在 $\mathbf{H}(\mathbf{R})$ 中找出一 σ 环 $\mathbf{R}^*$，使得在 $\mathbf{R}^*$ 上 μ^* 是测度即满足可数可加性。

定义 1.8　设 μ 是环 $\mathbf{R}$ 上的测度，μ^* 是由 μ 所引出的 $\mathbf{H}(\mathbf{R})$ 上的外测度，若 $E\in\mathbf{H}(\mathbf{R})$，且对任何 $T\in\mathbf{H}(\mathbf{R})$ 有

$$\mu^*(T)=\mu^*(T\cap E)+\mu^*(T\setminus E),\tag{1}$$

就称 E 是 **μ^* 可测集**。μ^* 可测集的全体所组成的集族记为 $\mathbf{R}^*$。像在 Lebesgue 测度理论中一样，条件(1)也称为 Caratheodory 条件。

易知 $\mathbf{R}\subset\mathbf{R}^*$。

在我们证明 $\mathbf{R}^*$ 是 σ 环之前，先作这样一个思考，即如果在 $\mathbf{R}^*$ 上再做 $\mathbf{H}(\mathbf{R}^*)$，然后由 $\mathbf{H}(\mathbf{R}^*)$ 上的外测度得出满足可数可加性的 σ 环 $\mathbf{R}^{**}$，那么，依次做下去，是否也会使得这种扩张一直进行下去呢？下面的定理说明这种扩张只一次就结束了。

定理 1.9　设 $\mathbf{R}^*$ 是 $\mathbf{H}(\mathbf{R})$ 的任一子环，如果 $\mathbf{R}^*\supset\mathbf{R}$，则 $\mathbf{H}(\mathbf{R}^*)=\mathbf{H}(\mathbf{R})$，且 $\mathbf{R}^*$ 上测度 μ^* 所引出的外测度 μ^{**} 与 $\mathbf{R}$ 上测度 μ 所引出的外测度 μ^* 相等。其中 $\mathbf{R}^*$ 上的测度 μ^* 限制在 $\mathbf{R}$ 上即是 μ。

证明　由 $\mathbf{R}\subset\mathbf{R}^*$ 易知 $\mathbf{H}(\mathbf{R})\subset\mathbf{H}(\mathbf{R}^*)$。

对任何 $E\in\mathbf{H}(\mathbf{R}^*)$，由 $\mathbf{H}(\mathbf{R}^*)$ 的定义知存在 $\mathbf{R}^*$ 中可数个集 $\{E_i\}(i=1,2,\cdots)$，使得 $E\subset\bigcup_{i=1}^{\infty}E_i$；又由 $\mathbf{R}^*\subset\mathbf{H}(\mathbf{R})$ 知对每一 $E_i(i=1,2,\cdots)$ 均有 $\mathbf{R}$ 中一列集 $\{E_i^j\}(j=1,2,\cdots)$ 使得 $E_i\subset\bigcup_{j=1}^{\infty}E_i^j(i=1,2,\cdots)$，故知 $E\subset\bigcup_{i=1}^{\infty}\bigcup_{j=1}^{\infty}E_i^j$，即 $E\in\mathbf{H}(\mathbf{R})$。故 $\mathbf{H}(\mathbf{R}^*)\subset\mathbf{H}(\mathbf{R})$。

所以 $\mathbf{H}(\mathbf{R}^*)=\mathbf{H}(\mathbf{R})$。

下证 $\mu^*=\mu^{**}$。

对任何 $E\in\mathbf{H}(\mathbf{R})=\mathbf{H}(\mathbf{R}^*)$，

$$\mu^*(E)=\inf\{\sum_{i=1}^{\infty}\mu(E_i):E_i\in\mathbf{R},\text{且 }E\subset\bigcup_{i=1}^{\infty}E_i\}$$

$$= \inf\{\sum_{i=1}^{\infty}\mu^*(E_i): E_i \in \mathbf{R}, \text{且 } E \subset \bigcup_{i=1}^{\infty} E_i\}$$

$$\geqslant \inf\{\sum_{i=1}^{\infty}\mu^*(E_i^*): E_i^* \in R^*, \text{且 } E \subset \bigcup_{i=1}^{\infty} E_i^*\}$$

$$= \mu^{**}(E)\text{。}$$

下证 $\mu^{**}(E) \geqslant \mu^*(E)$。事实上，对任何 $\varepsilon > 0$，必有 $\mathbf{R}^*$ 中的集列 $\{E_i^*\}(i = 1,2,\cdots)$，使 $E \subset \bigcup_{i=1}^{\infty} E_i^*$，且

$$\sum_{i=1}^{\infty}\mu^*(E_i^*) \leqslant \mu^{**}(E) + \varepsilon\text{。}$$

而对每一 $E_i^*(i = 1,2,\cdots)$ 存在 $\mathbf{R}$ 中的集列 $\{E_i^j\}(j = 1,2,\cdots)$ 使 $E_i^* \subset \bigcup_{j=1}^{\infty} E_i^j$，且

$$\mu^*(E_i^*) + \frac{\varepsilon}{2^i} \geqslant \sum_{j=1}^{\infty}\mu(E_i^j),$$

故 $E \subset \bigcup_{i=1}^{\infty}\bigcup_{j=1}^{\infty} E_i^j$。由 μ^* 的定义知

$$\mu^*(E) \leqslant \sum_{i=1}^{\infty}\sum_{j=1}^{\infty}\mu(E_i^j) \leqslant \mu^{**}(E) + 2\varepsilon,$$

由 ε 的任意性知，$\mu^*(E) \leqslant \mu^{**}(E)$。

总结以上两方面知，$\mu^*(E) = \mu^{**}(E)$。

引理 2 μ^* 可测集的全体 $\mathbf{R}^*$ 是一个环。

证明 只需证对任给 $A, B \in \mathbf{R}^*$，有

$$A \cup B \in \mathbf{R}^*, A \setminus B \in \mathbf{R}^*\text{。}$$

也即对任给 $T \in \mathbf{H}(\mathbf{R})$，有

$$\mu^*(T) = \mu^*(T \cap (A \cup B)) + \mu^*(T \setminus (A \cup B)), \tag{2}$$

$$\mu^*(T) = \mu^*(T \cap (A \setminus B)) + \mu^*(T \setminus (A \setminus B))\text{。} \tag{3}$$

其中式(2)之证明可参阅(L)积分理论中定理 3.3.3 之证明。

式(2)和式(3)之证明也可取以下思路：首先在(1)中令 $E = A$，再适当选取 T；然后在(1)中令 $E = B$，再适当选取 T，即不难得出此两式。详细过程由读者自己作出。(可参阅参考文献[3]，P109，引理 1 之证明。)

注 5 在 $\mathbf{R}^*$ 上也有类似注 4 的性质。

定理 1.10 μ^* 可测集的全体 $\mathbf{R}^*$ 是 σ 环，并且 μ^* 是 $\mathbf{R}^*$ 上的测度。

证明 本定理的证明思路与(L)积分理论中的定理 3.3.7 完全类似。为清楚起见，在此详证之。

结论的第一部分只需证 $\mathbf{R}^*$ 对可数并是封闭的即可。设 $\{E_n\}(n=1,2,\cdots)$ 是 $\mathbf{R}^*$ 上的一列集，不妨假设诸 E_n 是两两不交的。设 $E=\bigcup_{i=1}^{\infty}E_i$。

对任给 $T\in\mathbf{H}(\mathbf{R})$，则 $T=(T\cap E)\cup(T\setminus E)$。由 μ^* 的次可加性知

$$\mu^*(T)\leqslant\mu^*(T\cap E)+\mu^*(T\setminus E)。$$

下面证相反的不等式。

由 $E_i\cap E_i=\varnothing(i\neq j)$，将式(1)中的 T 和 E 分别取为 $T\cap(E_1\cup E_2)$ 和 E_1，即可得

$$\mu^*(T\cap(E_1\cup E_2))=\mu^*(T\cap E_1)+\mu^*(T\cap E_2),$$

所以对每一自然数 n 有

$$\mu^*(T\cap(\bigcup_{i=1}^{n}E_i))=\sum_{i=1}^{n}\mu^*(T\cap E_i)。$$

根据引理 2 对任一自然数 n，$\bigcup_{i=1}^{n}E_i\in\mathbf{R}^*$，故

$$\begin{aligned}\mu^*(T)&=\mu^*(T\cap(\bigcup_{i=1}^{n}E_i))+\mu^*(T\setminus(\bigcup_{i=1}^{n}E_i))\\&\geqslant\mu^*(T\cap(\bigcup_{i=1}^{n}E_i))+\mu^*(T\setminus E)\\&=\sum_{i=1}^{n}\mu^*(T\cap E_i)+\mu^*(T\setminus E)。\end{aligned}$$

令 $n\to\infty$，则

$$\begin{aligned}\mu^*(T)&\geqslant\sum_{i=1}^{\infty}\mu^*(T\cap E_i)+\mu^*(T\setminus E)\\&\geqslant\mu^*(T\cap(\bigcup_{i=1}^{\infty}E_i))+\mu^*(T\setminus E)\\&=\mu^*(T\cap E)+\mu^*(T\setminus E)。\end{aligned}$$

所以 $E\in\mathbf{R}^*$，即 $\mathbf{R}^*$ 是 σ 环。

对于第二部分，只需证在 $\mathbf{R}^*$ 上 μ^* 的可数可加性成立。

由第一部分的证明知，若 $E=\bigcup_{i=1}^{\infty}E_i$，且诸 E_i 两两不交，$E_i\in\mathbf{R}^*$，$E\in\mathbf{R}^*$，则对任给 $T\in\mathbf{H}(\mathbf{R})$ 有

$$\mu^*(T)=\sum_{i=1}^{\infty}\mu^*(T\cap E_i)+\mu^*(T\setminus E)。$$

上式中的 T 用 E 代替即得

$$\mu^*(E)=\sum_{i=1}^{\infty}\mu^*(E_i)。$$

所以 μ^* 是 σ 环 $\mathbf{R}^*$ 上的测度。

注 6 由定理 1.9 以及本定理的结论易知 $\mathbf{R}^*$ 是 $\mathbf{H}(\mathbf{R})$ 中包含 $\mathbf{R}$ 且以 μ^* 为其测度的最大集族。

定义 1.9 设 μ 是环 $\mathbf{R}$ 上的一个测度，如 $\hat{\mathbf{R}}$ 是环，$R\subset\hat{\mathbf{R}}$，且 $\hat{\mathbf{R}}$ 上也有一测度 $\hat{\mu}$，当 $E\in\mathbf{R}$ 时 $\mu(E)=\hat{\mu}(E)$，则称测度 $\hat{\mu}$ 是测度 μ 在环 $\hat{\mathbf{R}}$ 上的一个扩张。

由此定义知，σ 环 $\mathbf{R}^*$ 上的测度 μ^* 是环 $\mathbf{R}$ 上的测度 μ 在 $\mathbf{R}^*$ 上的一个扩张。

（三）$\mathbf{R}^*$ 的进一步讨论

定义 1.10 设 μ 是环 $\mathbf{R}$ 上的测度。

(i) 如果 $E\in\mathbf{R}$ 使 $\mu(E)<+\infty$，则称 E 有**有限测度**。

如果对任何 $E\in\mathbf{R}$，均有 $\mu(E)<+\infty$，即 E 有有限测度，那么称 μ 是**有限的**。

如果 $X\in\mathbf{R}$（即 $\mathbf{R}$ 是个代数）且 $\mu(X)<+\infty$，则称 μ 是**全有限的**。

(ii) 如果 $E\in\mathbf{R}$，且有 $\mathbf{R}$ 中的集列 $\{E_n\}(n=1,2,\cdots)$，使 $E\subset\bigcup\limits_{i=1}^{\infty}E_i$ 且对任意 i，$\mu(E_i)<+\infty$，则称 E 的测度是 **$\boldsymbol{\sigma}$-有限的**。

如果 $\mathbf{R}$ 中每个集的测度均是 σ-有限的，则称测度 μ 是 **$\boldsymbol{\sigma}$-有限的**。

如果 $X\in\mathbf{R}$（$\mathbf{R}$ 是一代数），且 X 的测度是 σ-有限的，则称测度 μ 是**全 $\boldsymbol{\sigma}$-有限的**。

引理 3 如果 $E\in\mathbf{H}(\mathbf{R})$ 而且 $\mu^*(E)=0$，那么 $E\in\mathbf{R}^*$。（外测度为零的集是 μ^* 可测集）

证明 对任给 $T\in\mathbf{H}(\mathbf{R})$ 知 $m^*(T\cap E)\leqslant m^*(E)=0$，故知 $m^*(T\cap E)=0$。由

$$\mu^*(T\setminus E)\leqslant\mu^*(T)\leqslant\mu^*(T\cap E)+\mu^*(T\setminus E)=\mu^*(T\setminus E)$$

知上述不等号全是等号，所以

$$\mu^*(T)=\mu^*(T\cap E)+\mu^*(T\setminus E),$$

即知 E 是 μ^* 可测集。

我们称 μ 测度为零的集合是 **$\boldsymbol{\mu}$-零集**。

定义 1.11 设 μ 是环 $\mathbf{R}$ 上的测度，如果 $\mathbf{R}$ 中任何 μ-零集的任何子集均属于 $\mathbf{R}$，则称 μ 是 $\mathbf{R}$ 上的一个**完全测度**。

引理 4 μ^* 是 $\mathbf{R}^*$ 上的完全测度。

证明 设 $E\in\mathbf{R}^*$ 且 $\mu^*(E)=0$，E_1 是 E 的任一子集，由 $\mathbf{H}(\mathbf{R})$ 的定义知 $E_1\in\mathbf{H}(\mathbf{R})$，所以 $\mu^*(E_1)\leqslant\mu^*(E)=0$，即 $\mu^*(E_1)=0$，由引理 3 知 $E_1\in\mathbf{R}^*$。

现在我们着重说明以下两方面的问题：

(i) 既然 $\mathbf{R}^*$ 是包含 $\mathbf{R}$ 的 σ 环，当然有 $\mathbf{R}^*\supset\mathbf{S}(\mathbf{R})$，且 μ^* 是限制在 $\mathbf{S}(\mathbf{R})$ 上的测度，但 $\mathbf{R}^*$ 与 $\mathbf{S}(\mathbf{R})$ 有什么关系呢，即 $\mathbf{R}^*$ 比 $\mathbf{S}(\mathbf{R})$“大”的程度如何？因为 $\mathbf{R}^*$ 的引出是来自

μ^*，所以需从 μ^* 的角度讨论这个问题。

(ii) $\mathbf{R}^*$ 上的 μ^* 测度是 $\mathbf{R}$ 上测度 μ 的扩张，在这个意义上也可将 $\mathbf{R}^*$ 上的 μ^* 仍记为 μ，那么在 $\mathbf{R}$ 上 μ 的 σ-有限方面的性质是否能推广到 μ^* 上呢？

实际上，以上两问题是有联系的。下面的几个引理和定理将给出说明。

引理 5 μ 是环 $\mathbf{R}$ 上的 σ-有限测度，那么 μ^* 必是 $\mathbf{R}^*$ 上的 σ-有限测度。

证明 对 $\mathbf{R}^*$ 中的任何集 E，由于 $E\in\mathbf{H}(\mathbf{R})$，故存在 $\mathbf{R}$ 中的集列 $\{E_i\}(i=1,2,\cdots)$，使 $E\subset\bigcup\limits_{i=1}^{\infty}E_i$。而又由诸 E_i 是 σ-有限的，又存在 $\mathbf{R}$ 中的集列 $\{E_i^j\}(j=1,2,\cdots)$ 使 $E_i\subset\bigcup\limits_{j=1}^{\infty}E_i^j(i=1,2,\cdots)$ 且 $\mu(E_i^j)<+\infty$，因此得到 $E\subset\bigcup\limits_{i=1}^{\infty}\bigcup\limits_{j=1}^{\infty}E_i^j$，而 $\mu^*(E_i^j)=\mu(E_i^j)<+\infty$，即说明 μ^* 是 σ-有限的。

引理 6 如果 $E\in\mathbf{R}^*$，$\mu^*(E)<+\infty$，则存在 $G\in\mathbf{S}(\mathbf{R})$，使 $G\supset E$，且 $\mu^*(G\setminus E)=0$。

证明 对任给 $\varepsilon>0$，由 μ^* 的定义，必有 $\mathbf{R}$ 中的集列 $\{E_i\}(i=1,2,\cdots)$ 使 $E\subset\bigcup\limits_{i=1}^{\infty}E_i$，且

$$\mu^*(E)+\varepsilon\geqslant\sum_{i=1}^{\infty}\mu(E_i),$$

故 $\mu^*(\bigcup\limits_{i=1}^{\infty}E_i)\leqslant\sum\limits_{i=1}^{\infty}\mu(E_i)\leqslant\mu^*(E)+\varepsilon$。

而 $\bigcup\limits_{i=1}^{\infty}E_i\in\mathbf{S}(\mathbf{R})$，即说明对于 $\mathbf{R}^*$ 中的任意集 E，均存在 $\mathbf{S}(\mathbf{R})$ 中的集 $\bigcup\limits_{i=1}^{\infty}E_i$ 使得 $E\subset\bigcup\limits_{i=1}^{\infty}E_i$，且二者测度的差可以任意小。

分别取 $\varepsilon=\dfrac{1}{n}(n=1,2,\cdots)$，得到 $\mathbf{S}(\mathbf{R})$ 中的一集列 F_n 满足：

$$E\subset F_n,$$

$$m^*(F_n)\leqslant m^*(E)+\varepsilon=m^*(E)+\frac{1}{n}。$$

令 $G=\bigcap\limits_{i=1}^{\infty}F_n$ 易知 $G\in\mathbf{S}(\mathbf{R})$，则 $m^*(G)\leqslant m^*(F_n)\leqslant m^*(E)+\dfrac{1}{n}$，且 $E\subset G$。

当 $n\to\infty$ 时，$m^*(G)\leqslant m^*(E)$，且 $E\subset G$，所以 $m^*(G)=m^*(E)$。

由 $m^*(G)=m^*(E)+m^*(G\setminus E)$，注意到 $\mu^*(E)<+\infty$，所以 $m^*(G\setminus E)=0$。

注 7 一个 μ^*-零集 E 一定是一个属于 $\mathbf{S}(\mathbf{R})$ 的 μ^*-零集的子集。这也说明 $\mathbf{S}(\mathbf{R})$ 上 μ^* 不一定是完全测度，而扩大到 $\mathbf{R}^*$ 之后，μ^* 便成了完全测度。

定理 1.11 如果 μ 是 $\mathbf{R}$ 上的 σ-有限测度，则：

(i) $\mathbf{R}^*$中任何集E必可表示成$\mathbf{S}(\mathbf{R})$中集G与一个μ^*-零集N的差:$E=G\setminus N$;

(ii) $\mathbf{R}^*$中任何集E必可表示成$\mathbf{S}(\mathbf{R})$中集F与一个μ^*-零集N的并:$E=F\bigcup N$。

证明

(i) 设$E\in\mathbf{R}^*$,由引理5知存在$\mathbf{R}^*$中的一列集$\{E_i\}(i=1,2,\cdots)$,使$E\subset\bigcup\limits_{i=1}^{\infty}E_i$,且$\mu^*(E_i)<+\infty(i=1,2,\cdots)$,不妨假定$E=\bigcup\limits_{i=1}^{\infty}E_i$(否则用$E\bigcap E_i$代替$E_i$即可)。由引理6知对每个$E_i\in\mathbf{R}^*$,存在$G_i\in\mathbf{S}(\mathbf{R})$,使得:

$$G_i\supset E_i,\quad \mu^*(G_i\setminus E_i)=0。$$

令$G=\bigcup\limits_{i=1}^{\infty}G_i$,则$G\in\mathbf{S}(\mathbf{R})$且$G\supset E$,故有

$$G\setminus E=(\bigcup_{i=1}^{\infty}G_i)\setminus(\bigcup_{i=1}^{\infty}E_i)\subset\bigcup_{i=1}^{\infty}(G_i\setminus E_i),$$

所以

$$\mu^*(G\setminus E)\leqslant\mu^*(\bigcup_{i=1}^{\infty}(G_i\setminus E_i))\leqslant\sum_{i=1}^{\infty}\mu^*(G_i\setminus E_i)=0,$$

故$\mu^*(G\setminus E)=0$,令$N=G\setminus E$,即

$$E=G\setminus N,\text{而 }N\text{ 是 }\mu^*\text{-零集。}$$

(ii) 由(i)知E可表示成:$E=G\setminus N_0$,其中$G\in\mathbf{S}(\mathbf{R})$,$N_0$是$\mu^*$-零集。由注7知存在$N_1\in\mathbf{S}(\mathbf{R})$,$N_1$是$\mu^*$-零集,$N_1\supset N_0$,令$F=G\setminus N_1$,则$F\in S(R)$,且$F\subset E$,$E\setminus F\subset N_1$。令$N=E\setminus F$,知$N$是$\mu^*$-零集,且$E=F\bigcup N$。

注8 从上述定理中知,当$\mathbf{R}$上的测度μ是σ-有限测度时,$\mathbf{R}^*$比之$\mathbf{S}(\mathbf{R})$实际上只是μ^*的完全化后的结果。

由于我们希望将环$\mathbf{R}$上的测度扩张到越大的环上越好,这样对于以后我们的积分会提供方便,但是对于固定在环$\mathbf{R}$上的测度,它最大的限度只能扩张到$\mathbf{R}^*$上,也就是说σ环$\mathbf{R}^*$是依赖于环$\mathbf{R}$上的测度μ的。例如,假设μ和ν是环$\mathbf{R}$上的两个测度,由此二测度扩张得到的σ环分别记作$\mathbf{R}_{\mu}^*$和$\mathbf{R}_{\nu}^*$,其上的测度分别记作μ^*和ν^*,那么ν^*在$\mathbf{R}_{\mu}^*$上和μ^*在$\mathbf{R}_{\nu}^*$上作比较可能没有意义。通常我们只把μ^*或是ν^*限制在$\mathbf{S}(\mathbf{R})$上,因为在$\mathbf{S}(\mathbf{R})$上μ^*和ν^*均是测度。从$\mathbf{S}(\mathbf{R})$的构造上看,$\mathbf{S}(\mathbf{R})$上是$\mathbf{R}$在集合的范围内按集合论的方法(与有无测度无关)引出的扩张,所以即便是在$\mathbf{S}(\mathbf{R})$上μ^*可能不再是完全测度,把$\mathbf{S}(\mathbf{R})$看做μ^*的定义域还是比较合适的。

现在给出测度唯一性定理。

定理1.12 设μ_1和μ_2是σ环$\mathbf{S}(\mathbf{R})$上的两个测度,且在$\mathbf{R}$上均是σ-有限的,

对任何 $E\in\mathbf{R}$，$\mu_1(E)=\mu_2(E)$，那么在 $\mathbf{S}(\mathbf{R})$ 上，$\mu_1=\mu_2$。

证明 我们先定义如下的集族 $\mathbf{M}$，$E\in\mathbf{M}$ 意指：

$E\in\mathbf{S}(\mathbf{R})$ 且满足以下两条件：

(i) 存在 $\mathbf{R}$ 中一集列 $\{E_n\}(n=1,2,\cdots)$，$\mu_1(E_n)<+\infty(n=1,2,\cdots)$，使 $E\subset\bigcup\limits_{i=1}^{\infty}E_i$；

(ii) 对一切 $A\in\mathbf{R}$，当 $\mu_1(A)<+\infty$ 时，$\mu_1(A\cap E)=\mu_2(A\cap E)$。

按集族 $\mathbf{M}$ 之定义，易知 $\mathbf{R}\subset\mathbf{M}$。事实上，当 $E\in\mathbf{R}$ 时，由于 μ_1 在 $\mathbf{R}$ 上是 σ- 有限的，所以 E 满足(i)。又由于 μ_1 和 μ_2 在 $\mathbf{R}$ 上是相等的，所以也满足(ii)，即 $E\in\mathbf{M}$。因此 $\mathbf{R}\subset\mathbf{M}$。下证在 $\mathbf{M}$ 上 $\mu_1=\mu_2$。

任给 $E\in\mathbf{M}$，由(i)存在 $\mathbf{R}$ 上集列 $\{E_n\}(n=1,2,\cdots)$ 使 $\mu_1(E_n)<+\infty(n=1,2,\cdots)$，且 $E\subset\bigcup\limits_{n=1}^{\infty}E_n$，显然可使得诸 $\{E_n\}$ 是两两不交的。由 $E=\bigcup\limits_{n=1}^{\infty}(E\cap E_n)$ 以及条件(ii)知，$\mu_1(E_n\cap E)=\mu_2(E_n\cap E)$，故得

$$\mu_1(E)=\sum_{n=1}^{\infty}\mu_1(E\cap E_n)=\sum_{n=1}^{\infty}\mu_2(E\cap E_n)=\mu_2(E)。$$

下证 $\mathbf{M}$ 是单调族。

设 $\{F_m\}$ 是 $\mathbf{M}$ 中一单调集列，由于每个 F_m 均满足条件(i)，所以有 $\mathbf{R}$ 中一列集 $\{E_n^m\}(n=1,2,\cdots)$ 使 $\mu_1(E_n^m)<+\infty$，且 $F_m\subset\bigcup\limits_{n=1}^{\infty}E_n^m$，故有 $\lim\limits_{m\to\infty}F_m\subset\bigcup\limits_{m=1}^{\infty}\bigcup\limits_{n=1}^{\infty}E_n^m$，即 $\lim\limits_{m\to\infty}F_m$ 满足条件(i)。又由诸 F_m 满足条件(ii)，即当 $A\in\mathbf{R}$，$\mu_1(A)<+\infty$ 时，

$$\mu_1(A\cap F_m)=\mu_2(A\cap F_m)。$$

由测度的上(下)连续性以及 $\mu_1(A)<+\infty$，

$$\begin{aligned}\lim_{m\to\infty}\mu_1(A\cap F_m)&=\mu_1(A\cap\lim_{m\to\infty}F_m)\\&=\lim_{m\to\infty}\mu_2(A\cap F_m)\\&=\mu_2(A\cap\lim_{m\to\infty}F_m)。\end{aligned}$$

故 $\lim\limits_{m\to\infty}F_m$ 满足条件(ii)。因此 $\lim\limits_{m\to\infty}F_m\in\mathbf{M}$，即 $\mathbf{M}$ 是单调族。再由定理 1.5 后面的推论知 $\mathbf{M}\supset\mathbf{S}(\mathbf{R})$。所以在 $\mathbf{S}(\mathbf{R})$ 上 $\mu_1=\mu_2$。

例 3 对于 $\mathbf{R}^n$ 中的环 $\mathbf{U}$ 上的测度 m_α，把 m_α 扩张到的集族 $\mathbf{U}^*$ 记为 $\mathbf{L}_\alpha$(或 $\mathbf{L}_\alpha^n$)，显然它是一 σ 环。m_α 在 $\mathbf{L}_\alpha$ 上是完全测度，称为 **Lebesgue-Stieltjes 测度**。称 $\mathbf{L}_\alpha$ 为 **$\mathbf{R}$ 中关于 $\alpha(x)$ 的 Lebesgue-Stieltjes 可测集类**。由于 $\mathbf{H}(\mathbf{U})$ 是 $\mathbf{R}^n$ 的所有子集的全体，所以 $\mathbf{L}_\alpha$ 也可以说成是 $\mathbf{R}^n$ 中 $\mathbf{m}_\alpha^*$ 可测集的全体。尤其是当 $\alpha(x)=x$ 时，$\mathbf{R}^n$ 中关于 m_α^* 可测集的全体即为第三章中已定义的 $\mathbf{R}^n$ 中的 Lebesgue 可测集族，其测度就是

Lebesgue 测度。

易知在 $\mathbf{S}(\mathbf{U})=\mathbf{B}$ 上，m^* 是测度，但不是完全测度，即存在着不是 Borel 集的可测集，在本节中给了理论上的一个合理的解释。

四、抽象可测函数与积分

（一）可测空间与可测函数

定义 1.12 设 X 是一个集合，$\mathbf{S}$ 是 X 的某些子集所组成的 σ 代数，则称 X 和 $\mathbf{S}$ 成一**可测空间**，记为 $(X,\mathbf{S})$。$\mathbf{S}$ 中的任一集 E，均称为该可测空间 $(X,\mathbf{S})$ 中的可测集。

定义 1.13 设 $(X,\mathbf{S})$ 为一可测空间，$E\in\mathbf{S}$，f 为 E 上的广义实函数，$\forall a\in\mathbf{R}^1$，若集合

$$E[f>a]$$

均为 $(X,\mathbf{S})$ 中的可测集，则称 f 为 E 上的**可测函数**。

可类似于第四章定义 4.1.4，定义可测空间中的可测集上的简单函数概念。

在上述定义之下，第四章 §4.2 中关于可测函数概念的定理 4.2.1，4.2.2，4.2.3 和 4.2.4 以及 §4.3 中关于可测函数性质除推论外的所有性质均成立，且其证明也完全类似，进而也可像 §4.4 中一样，在可测空间中建立可测函数列的几乎处处收敛和依测度收敛概念，且相关的 Egoroff 定理、Lebesgue 定理和 Riesz 定理均成立，其证明方法也类似。

（二）测度空间和抽象积分

定义 1.14 设 $(X,\mathbf{S})$ 为一可测空间，μ 是 S 上的一个测度，则称可测空间 $(X,\mathbf{S})$ 和测度 μ 成一**测度空间**，记为 $(X,\mathbf{S},\mu)$。

由测度 μ 的有限性、σ-有限性或完全性概念，可定义测度空间 $(X,\mathbf{S},\mu)$ 的有限性、σ-有限性和完全性概念。

可完全类似于第五章 §5.1 和 §5.2 在测度空间中定义关于非负可测函数和一般可测函数的积分概念：$\int_E f\mathrm{d}x$，然后，在 $(X,\mathbf{S},\mu)$ 是 σ-有限的完全测度空间条件下，也可建立相应的积分性质和极限定理（除关于积分的几何意义的结论外）。

在此基础上，利用已有的积分理论，可建立关于抽象测度的乘积测度概念和理论（此内容本书从略），进而建立抽象积分的 Fubini 定理。

以上即为抽象积分理论的最基本内容。

附录二 Lebesgue积分的另一种建立方式

本书第五章对 Lebesgue 积分的建立，采用了从非负简单函数的积分到非负可测函数的积分，最后到一般可测函数的积分的方式。事实上，Lebesgue 积分的建立尚有多种方式。我们在本附录中要讨论以下方式，即以 Riemann 积分的“分割、求和、取极限”的思想方法为基础（当然和 Riemann 积分有本质的不同之处）的方式。两种方式相比，我们在第五章中所采用的方式，论述简捷，且易于向抽象积分推广。因此，这一方式为近年来中、外许多实变函数著作所采用。但是，不能不看到，这一方式在一定程度上掩盖了 Lebesgue 积分和 Riemann 积分在积分的基本思想上的本质差别，不能使人们直接看到在积分的基本思想上，Lebesgue 积分对 Riemann 积分的改进之处、高明之处。因此，作为本书的附录，我们对后一方式作一补充阐述，以使读者对 Lebesgue 积分有更加深刻的认识。

一、在 $mE<+\infty$ 条件下，非负有界可测函数的积分

在本段中，若无特别声明，均设 $E\subset\mathbf{R}^n$，可测且 $mE<+\infty$，f 为 E 上的非负有界函数，即 $\exists M\in\mathbf{R}^1, M>0$，使

$$0\leqslant f(x)<M,\quad \forall x\in E。$$

（一）积分概念

1. 分划

设

$$E=\bigcup_{i=1}^{k}E_i \tag{1}$$

其中 $E_1,E_2,\cdots,E_k$ 为 E 的有限个两两不交的可测子集，则称 $E_1,E_2,\cdots,E_k$ 构成 E 的一个**分划**，或称式(1)为 E 的一个**分划**。为方便起见，以后我们用 D 表示 E 的分划。

设在集 E 上有两个分划：

$$D_1:E=\bigcup_{i=1}^{k_1}E_i^{(1)},$$

$$D_2:E=\bigcup_{j=1}^{k_2}E_j^{(2)}。$$

由这两个分划可构成一个新的分划 D：

$$E = E \cap E = \left(\bigcup_{i=1}^{k_1} E_i^{(1)}\right) \cap \left(\bigcup_{j=1}^{k_2} E_j^{(2)}\right)$$
$$= \bigcup_{i=1}^{k_1} \bigcup_{j=1}^{k_2} \left(E_i^{(1)} \cap E_j^{(2)}\right)。$$

令

$$E_i^{(1)} \cap E_j^{(2)} = E_{ij}, \quad i = 1,2,\cdots,k_1; j = 1,2,\cdots,k_2,$$

则分划 D 即为

$$E = \bigcup_{i=1}^{k_1} \bigcup_{j=1}^{k_2} E_{ij}。$$

称分划 D 为分划 D_1 和 D_2 的**合并**，记为

$$D = D_1 + D_2,$$

此时，也称分划 D 是比分划 D_1（或 D_2）**细密**的分划。

2. 大和与小和

设有分划

$$D: E = \bigcup_{i=1}^{k} E_i。$$

令

$$B_i = \sup_{x \in E_i} f(x), \quad b_i = \inf_{x \in E_i} f(x), \quad i = 1,2,\cdots,k,$$

则

$$0 \leqslant b_i \leqslant B_i \leqslant M, \quad i = 1,2,\cdots,k。$$

令

$$S_D = \sum_{i=1}^{k} B_i m E_i, \quad s_D = \sum_{i=1}^{k} b_i m E_i,$$

分别称 S_D 和 s_D 为 f 关于分划 D 的**大和**与**小和**，S_D 和 s_D 也记为 $S(D,f)$ 和 $s(D,f)$。

由大和与小和之定义，显然有

$$0 \leqslant s_D \leqslant S_D \leqslant MmE。$$

对所有分划所得到的大和全体$\{S_D\}$与小和全体$\{s_D\}$均为有界数集。

引理 1　设 D 和 D' 为 E 上的两个分划，D' 比 D 细密，则

$$s_D \leqslant s_{D'} \leqslant S_{D'} \leqslant S_D。$$

即：当分划变细时，小和单调增加，大和单调减少（此处之单调为不严格单调）。

证明　设分划 D 为

$$E = \bigcup_{i=1}^{k} E_i,$$

由已知,必存在分划 D^*:

$$E = \bigcup_{j=1}^{l} E_j^*,$$

使得

$$D' = D + D^* 。$$

则 D' 即为

$$E = \bigcup_{i=1}^{k}\bigcup_{j=1}^{l}(E_i \cap E_j^*) = \bigcup_{i=1}^{k}\bigcup_{j=1}^{l} E_{ij},$$

其中

$$E_{ij} = E_i \cap E_j^*, i = 1,2,\cdots,k; j = 1,2,\cdots,l。$$

注意此时有

$$E_{ij} \subset E_i, j = 1,2,\cdots,l; i = 1,2,\cdots,k。$$

$$E_{ij} \cap E_{ih} = \varnothing, j,h = 1,2,\cdots,l, j \neq h; i = 1,2,\cdots,k。$$

$$mE_i = \sum_{j=1}^{l} mE_{ij}, i = 1,2,\cdots,k。$$

由上述定义,

$$b_i = \inf_{x \in E_i} f(x), i = 1,2,\cdots,k,$$

$$b_{ij} = \inf_{x \in E_{ij}} f(x), j = 1,2,\cdots,l; i = 1,2,\cdots,k。$$

故由下确界的性质,有

$$b_i \leqslant b_{ij}, j = 1,2,\cdots,l; i = 1,2,\cdots,k。$$

从而

$$s_{D'} = \sum_{i=1}^{k}\sum_{j=1}^{l} b_{ij} mE_{ij} \geqslant \sum_{i=1}^{k}\sum_{j=1}^{l} b_i mE_{ij}$$

$$= \sum_{i=1}^{k} b_i mE_i = s_D 。$$

同理可证 $S_{D'} \leqslant S_D$。引理证毕。

推论 1 设 s_{D_1} 和 S_{D_2} 分别为 f 在 E 上的任一小和与任一大和,则

$$s_{D_1} \leqslant S_{D_2}$$

证明 取分划

$$D = D_1 + D_2,$$

由引理 1,即得

$$s_{D_1} \leqslant s_D \leqslant S_D \leqslant S_{D_2} 。$$

由推论 1 可直接得:

推论 2 设 s 和 S 分别为任一小和与任一大和,则

$$s \leqslant \sup_D \{s_D\} \leqslant \inf_D \{S_D\} \leqslant S。$$

3. 上、下积分

令

$$\underline{\int}_E f\,\mathrm{d}x = \sup_D \{s_D\},$$

$$\overline{\int}_E f\,\mathrm{d}x = \inf_D \{S_D\}。$$

分别称$\underline{\int}_E f\,\mathrm{d}x$ 和$\overline{\int}_E f\,\mathrm{d}x$ 为 f 在 E 上的**下积分**和**上积分**。

由该定义和推论 2，即有：

推论 3 设 s 和 S 分别为函数 f 在 E 上任一小和与任一大和，则

1) $s \leqslant \underline{\int}_E f\,\mathrm{d}x \leqslant \overline{\int}_E f\,\mathrm{d}x \leqslant S$;

2) $0 \leqslant \overline{\int}_E f\,\mathrm{d}x - \underline{\int}_E f\,\mathrm{d}x \leqslant S - s$。

4. 积分

定义 2.1 设 $mE < +\infty$，f 为 E 上的非负有界函数。若 f 在 E 上的上、下积分相等，则称 f 为 E 上的(测度有限函数非负有界意义下)**Lebesgue 可积函数**，或简称为可积函数，也称 f 在 E 上(非负有界)**可积**。称上、下积分的共同值为 f 在 E 上的 **Lebesgue 积分**或**积分**，记为(L)$\int_E f\,\mathrm{d}x$ 或$\int_E f\,\mathrm{d}x$，即

$$(\mathrm{L})\int_E f\,\mathrm{d}x = \int_E f\,\mathrm{d}x = \underline{\int}_E f\,\mathrm{d}x = \overline{\int}_E f\,\mathrm{d}x。$$

(二) 可积性的充要条件

定理 2.1(可积性充要条件 Ⅰ) 设 $mE < +\infty$，f 为 E 上的非负有界函数，则 f 在 E 上可积 $\Longleftrightarrow \forall \varepsilon > 0$，存在分划 D，使得

$$S_D - s_D < \varepsilon。$$

证明

证"$\Longrightarrow$"：由$\int_E f\,\mathrm{d}x$ 之定义，$\forall \varepsilon > 0$，存在分划 D_1，D_2，使得

$$\int_E f\,\mathrm{d}x - \frac{\varepsilon}{2} < s_{D_1}, \quad S_{D_2} < \int_E f\,\mathrm{d}x + \frac{\varepsilon}{2}。 \tag{2}$$

取分划 $D = D_1 + D_2$，则由引理 1 和推论 1，有

$$s_{D_1} \leqslant s_D \leqslant S_D \leqslant S_{D_2}。 \tag{3}$$

结合式(2)和(3)，即得

$$S_D - s_D < \varepsilon。$$

证"$\Longleftarrow$"：$\forall \varepsilon > 0$，由已知及推论 3，有

$$0 \leqslant \overline{\int_E} f\,\mathrm{d}x - \underline{\int_E} f\,\mathrm{d}x \leqslant S_D - s_D < \varepsilon。$$

由 ε 之任意性，得

$$\underline{\int_E} f\,\mathrm{d}x = \overline{\int_E} f\,\mathrm{d}x,$$

即得 f 之可积性。

由分划及其细密概念，不难推得下面的引理 2(由读者自证)。

引理 2 设有 E 的两个分划：

$$D_1 : E = \bigcup_{i=1}^{k_1} E_i^{(1)},$$

$$D_2 : E = \bigcup_{j=1}^{k_2} E_j^{(2)},$$

D_2 比 D_1 细密，则

1) D_2 中的任一 $E_j^{(2)}$ 必含于 D_1 中的某 $E_i^{(1)}$ 中；

2) 设 $x_0 \in E$，那么，$\exists\, i_0 (1 \leqslant i_0 \leqslant k_1)$，使得 $x_0 \in E_{i_0}^{(1)}$，并且 $\exists\, j_0 (1 \leqslant j_0 \leqslant k_2)$，使得 $x_0 \in E_{j_0}^{(2)}$，则此时必有

$$E_{i_0}^{(1)} \supset E_{j_0}^{(2)}。$$

定理 2.2（可积性充要条件 Ⅱ） 设 $mE < +\infty$，则

f 在 E 上(非负有界)可积 $\Longleftrightarrow f$ 在 E 上非负有界可测。

证明

证"$\Longleftarrow$"：$\forall \varepsilon > 0$，下面我们欲构造 E 的一个分划 D，使得

$$S_D - s_D < \varepsilon。 \tag{4}$$

由前面所设，

$$0 \leqslant f(x) < M, \quad \forall\, x \in E。$$

取 $K \in \mathbf{N}$，使得

$$\frac{M}{K} < \frac{\varepsilon}{mE + 1}。 \tag{5}$$

首先我们分割区间$[0, M)$：用分点

$$0, \frac{1}{K}M, \frac{2}{K}M, \cdots, \frac{i-1}{K}M, \frac{i}{K}M, \cdots, M,$$

将$[0, M)$分为 K 个左闭右开区间：

$$\left[0, \frac{1}{K}M\right), \left[\frac{1}{K}M, \frac{2}{K}M\right), \cdots, \left[\frac{i-1}{K}M, \frac{i}{K}M\right), \cdots, \left[\frac{K-1}{K}M, M\right)。$$

然后分割定义域 E：令

$$E_i = E\left[\frac{i-1}{K}M \leqslant f < \frac{i}{K}M\right], \quad i = 1,2,\cdots,K。$$

显然，诸 E_i 两两不交，且由 f 之可测性知，诸 E_i 均可测。从而我们得 E 的一个分划 D：

$$E = \bigcup_{i=1}^{K} E_i。$$

下面证明该分划 D 即为所求。事实上，由 E_i 之定义，必有

$$B_i - b_i \leqslant \frac{M}{K}, \quad i = 1,2,\cdots,K。$$

故有

$$\begin{aligned} S_D - s_D &= \sum_{i=1}^{K}(B_i - b_i)mE_i \\ &\leqslant \frac{M}{K}\sum_{i=1}^{K} mE_i \\ &= \frac{M}{K}mE。\end{aligned}$$

这样，由式(5)即得式(4)。由定理 2.1，即知 f 之可积性。

证"$\Longrightarrow$"：为证 f 之可测性，下面的基本思路是：将 f 表示为简单函数的极限。

（Ⅰ）由 f 之可积性和定理 2.1，$\forall n \in \mathbf{N}$，存在分划 D_n：

$$E = \bigcup_{i=1}^{k_n} E_i^{(n)},$$

使相应 D_n 的大和与小和满足

$$S_n - s_n < \frac{1}{n}, \quad n = 1,2,\cdots, \tag{6}$$

并且可使 D_{n+1} 比 D_n 细密，$n = 1,2,\cdots$。

（Ⅱ）按大和、小和的定义，

$$S_n = \sum_{i=1}^{k_n} B_i^{(n)} m E_i^{(n)}, \quad s_n = \sum_{i=1}^{k_n} b_i^{(n)} m E_i^{(n)}, \quad n = 1,2,\cdots。$$

其中

$$B_i^{(n)} = \sup_{x \in E_i^{(n)}} f(x), b_i^{(n)} = \inf_{x \in E_i^{(n)}} f(x), \quad i = 1,2,\cdots,k_n; n = 1,2,\cdots。$$

构造简单函数列 $\{B_n(x)\}$ 和 $\{b_n(x)\}$ 如下：$\forall n \in \mathbf{N}$，

$$B_n(x) = B_i^{(n)}, \forall x \in E_i^{(n)}, i = 1,2,\cdots,k_n,$$

$$b_n(x) = b_i^{(n)}, \forall x \in E_i^{(n)}, i = 1,2,\cdots,k_n。$$

则有

$$b_n(x) \leqslant b_{n+1}(x) \leqslant f(x) \leqslant B_{n+1}(x) \leqslant B_n(x), \quad \forall x \in E, \quad n = 1,2,\cdots。 \tag{7}$$

我们仅证其中的不等式

$$b_n(x) \leqslant b_{n+1}(x), \quad \forall x \in E, \quad n = 1,2,\cdots。 \tag{8}$$

其余由读者自证。

事实上，$\forall x_0 \in E, \forall n \in \mathbf{N}, \exists i_0 (1 \leqslant i_0 \leqslant k_n)$，使得 $x_0 \in E_{i_0}^{(n)}$，$\exists j_0 (1 \leqslant j_0 \leqslant k_{n+1})$ 使得 $x_0 \in E_{j_0}^{(n+1)}$。此时，

$$b_n(x_0) = b_{i_0}^{(n)}, \quad b_{n+1}(x_0) = b_{j_0}^{(n+1)}。$$

因 D_{n+1} 比 D_n 细密，由引理 2 知

$$E_{i_0}^{(n)} \supset E_{j_0}^{(n+1)}。$$

故由下确界性质，有

$$b_{i_0}^{(n)} \leqslant b_{j_0}^{(n+1)},$$

故式(8)成立。

(Ⅲ) 令

$$\underline{f}(x) = \lim_{n \to \infty} b_n(x), \quad \overline{f}(x) = \lim_{n \to \infty} B_n(x), \quad \forall x \in E。$$

则在 E 上有：

(i) $\underline{f}(x)$ 和 $\overline{f}(x)$ 均为可测函数。

(ii) $b_n(x) \leqslant \underline{f}(x) \leqslant f(x) \leqslant \overline{f}(x) \leqslant B_n(x), \quad n = 1,2,\cdots$。

(iii) $\forall \varepsilon > 0$，令

$$E(\varepsilon) = E[\overline{f} - \underline{f} \geqslant \varepsilon],$$

则 $mE(\varepsilon) = 0$。

(iv) $\underline{f} \overset{a.e.}{=\!=} \overline{f}$。

结论(i)和(ii)均显然，故我们仅证(iii)和(iv)。

证(iii)：首先，任意取定 $n \in \mathbf{N}$。令

$$I = \{i : 1 \leqslant i \leqslant k_n, E_i^{(n)} \cap E(\varepsilon) \neq \varnothing\}。$$

我们证明：$\forall i \in I$，有

$$B_i^{(n)} - b_i^{(n)} \geqslant \varepsilon。 \tag{9}$$

事实上，对该 $i \in I$，任取 $x_0 \in E_i^{(n)} \cap E(\varepsilon)$。这样，

由 $x_0 \in E(\varepsilon)$

$\Longrightarrow \overline{f}(x_0) - \underline{f}(x_0) \geqslant \varepsilon$　　　　($E(\varepsilon)$ 之定义)

$\Longrightarrow B_n(x_0) - b_n(x_0) \geqslant \varepsilon$。　　　　(结论(ii))　　　　(10)

由 $x_0 \in E_i^{(n)}$)

$$\Longrightarrow B_n(x_0) = B_i^{(n)}, \quad b_n(x_0) = b_i^{(n)}。 \tag{11}$$

式(10)和(11)结合,即得式(9)。

下面我们用反证法证明 $mE(\varepsilon)=0$。假如

$$mE(\varepsilon) = \delta > 0。$$

则

$$\begin{aligned} S_n - s_n &= \sum_{i=1}^{k_n}(B_i^{(n)} - b_i^{(n)})mE_i^{(n)} \\ &\geqslant \sum_{i=1}^{k_n}(B_i^{(n)} - b_i^{(n)})m(E_i^{(n)} \cap E(\varepsilon)) \\ &= \sum_{i\in I}(B_i^{(n)} - b_i^{(n)})m(E_i^{(n)} \cap E(\varepsilon)) \\ &\geqslant \varepsilon mE(\varepsilon) = \varepsilon\delta > 0, \quad n=1,2,\cdots。 \end{aligned}$$

与式(6)矛盾,故必有 $mE(\varepsilon)=0$。结论(iii)证毕。

证(iv):由(iii),有

$$mE[\overline{f} - \underline{f} \geqslant \frac{1}{p}] = 0, \quad p=1,2,\cdots,$$

又

$$E[\overline{f} \neq \underline{f}] = E[\overline{f} - \underline{f} > 0] = \bigcup_{p=1}^{\infty} E[\overline{f} - \underline{f} \geqslant \frac{1}{p}],$$

故

$$0 \leqslant mE[\overline{f} \neq \underline{f}] \leqslant \sum_{p=1}^{\infty} mE[\overline{f} - \underline{f} \geqslant \frac{1}{p}] = 0。$$

从而

$$mE[\overline{f} \neq \underline{f}] = 0,$$

即得结论(iv)。

(Ⅳ) 由(Ⅲ)中之结论(ii)和(iv),即得

$$在 E 上, f \overset{a.e.}{=\!=} \overline{f},$$

而 $\overline{f}$ 可测,故得 f 在 E 上之可测性。

定理证毕。

注 1 当 $mE < +\infty$ 时,因任何非负有界可测函数均(L)可积,故 E 的任何可测子集的特征函数以及 E 上的任何非负简单函数均(L)可积。这样,我们已经看到,许多 Riemann 不可积的函数,在 Lebesgue 意义下,都成为可积函数,其中,Dirichlet 函数就是一例,它是(R)不可积的,但却是(L)可积的。

注 2 该定理充分性的证明过程或者说证明思路是十分重要的,它充分体现

了 Lebesgue 积分的基本思想。这个基本思想就是：在对其定义域进行分划时，通过对其值域所在区间的分割，来分割定义域，将函数值相近的点合在一起，构成一个小的集合。这正是在积分的基本思想上，Lebesgue 积分与 Riemann 积分的根本不同之处。

（三）可积性和积分的几何意义

本段中我们将用下方图形概念，来建立可积性和积分的几何意义。通过这一几何意义，即可把积分理论中的某些问题化为测度理论的问题，从而以测度理论为工具进行解决。因此，本段中所建立的结论在积分理论中有重要意义。

定理 2.3 设 $mE<+\infty$，f 为 E 上的（非负有界）可积函数，则

1) $G(E,f)$ 可测；

2) $\int_E f\mathrm{d}x = mG(E,f)$。

证明

证 1)：由本附录定理 2.2 和定理 4.2.6，知在 E 上：

$$f(\text{非负有界})\text{可积} \Longrightarrow f\text{ 非负可测} \Longrightarrow G(E,f)\text{ 可测}。$$

证 2)：

（Ⅰ）由 f 之可积性和定理 2.2 的证明过程，可知：

(i) 存在一列分划 $\{D_n\}$：

$$D_n: E=\bigcup_{i=1}^{k_n} E_i^{(n)},\quad n=1,2,\cdots,$$

使得

1° D_{n+1} 比 D_n 细密；

2° $S_n - s_n \to 0(n\to\infty)$。 (12)

(ii) 存在一列简单函数 $\{b_n(x)\}$：

$$b_n(x)=b_i^{(n)},\forall x\in E_i^{(n)},\quad i=1,2,\cdots,k_n,$$

使得在 E 上有：

3° $b_n(x)\leqslant b_{n+1}(x)$，$n=1,2,\cdots$；

4° $b_n(x)\xrightarrow{a.e.} f(x)$。

（Ⅱ）由式(12)及 $\int_E f\mathrm{d}x$ 之定义，可知

$$s_n\to\int_E f\mathrm{d}x(n\to\infty)。\tag{13}$$

下面证明

$$s_n\to mG(E,f)。\tag{14}$$

事实上，由 s_n 之定义和§4.2下方图形的性质3有

$$s_n = \sum_{i=1}^{k_n} b_i^{(n)} m E_i^{(n)} = mG(E, b_n)。$$

由(Ⅰ)中 $b_n(x)$ 所满足的性质及下方图形的性质7，有

$$mG(E, b_n) \to mG(E, f)。$$

结合式(13)和(14)，即得结论2)。

定理证毕。

(四) 积分的初等性质

定理2.4 设 $mE < +\infty$。

(i) 设 f 在 E 上(非负有界)可积，则

$$0 \leqslant \int_E f \mathrm{d}x \leqslant MmE；$$

(ii) 若

$$f(x) \equiv c(c \in \mathbf{R}^1), \quad \forall x \in E,$$

则

$$\int_E f \mathrm{d}x = c\, mE；$$

(iii) $\int_E 1 \mathrm{d}x = mE$。

该定理由读者自证。

定理2.5(积分的单调性) 设 f 和 g 均在 E 上(非负有界)可积，且

$$f(x) \leqslant g(x), \quad \forall x \in E, \tag{15}$$

则

$$\int_E f \mathrm{d}x \leqslant \int_E g \mathrm{d}x。$$

证明 已知条件

$\Longrightarrow mG(E, f) \leqslant mG(E, g)$ (下方图形性质4)

$\Longrightarrow \int_E f \mathrm{d}x \leqslant \int_E g \mathrm{d}x$。 (定理2.3)

定理2.6(积分的可加性) 设 f 和 g 均在 E 上(非负有界)可积，则 $f+g$ 也在 E 上(非负有界)可积，且

$$\int_E (f+g) \mathrm{d}x = \int_E f \mathrm{d}x + \int_E g \mathrm{d}x。 \tag{16}$$

证明 由(非负有界)可积和非负有界可测的等价性，易知 $f+g$ 的可积性，下面证明式(16)。

$\forall \varepsilon > 0$，由积分定义，存在分划 D_1 和 D_2，使得

$$S(D_1, f) < \int_E f \mathrm{d}x + \frac{\varepsilon}{2},$$

$$S(D_2, g) < \int_E g \mathrm{d}x + \frac{\varepsilon}{2}。$$

取分划 $D = D_1 + D_2$，则由引理 1，有

$$S(D, f) < \int_E f \mathrm{d}x + \frac{\varepsilon}{2},$$

$$S(D, g) < \int_E g \mathrm{d}x + \frac{\varepsilon}{2}。$$

由大和之定义，不难证得

$$S(D, f+g) \leqslant S(D, f) + S(D, g)。$$

又由积分定义可知

$$\int_E (f+g) \mathrm{d}x \leqslant S(D, f+g)。$$

故得

$$\int_E (f+g) \mathrm{d}x < \int_E f \mathrm{d}x + \int_E g \mathrm{d}x + \varepsilon。$$

由 ε 之任意性，即有

$$\int_E (f+g) \mathrm{d}x \leqslant \int_E f \mathrm{d}x + \int_E g \mathrm{d}x。\tag{17}$$

同理，用小和可得

$$\int_E (f+g) \mathrm{d}x \geqslant \int_E f \mathrm{d}x + \int_E g \mathrm{d}x。\tag{18}$$

式(17)和(18)结合即得式(16)。

定理 2.7 设

$$E = E_1 \cup E_2, E_1 \cap E_2 = \varnothing,$$

其中 E_1, E_2 均可测且测度均有限。又设 f 在 E 上(非负有界)可积，则 f 在 E_1 和 E_2 上均(非负有界)可积，且

$$\int_E f \mathrm{d}x = \int_{E_1} f \mathrm{d}x + \int_{E_2} f \mathrm{d}x。\tag{19}$$

证明 f 在 E 上(非负有界)可积

$\Longrightarrow f$ 在 E 上非负有界可测 (定理 2.2)

$\Longrightarrow f$ 在 E_1 和 E_2 上均非负有界可测 (定理 4.3.2)

$\Longrightarrow f$ 在 E_1 和 E_2 上均(非负有界)可积 (定理 2.2)

由定理 2.3 及下方图形性质 2，有

$$mG(E,f)=mG(E_1,\ f)+mG(E_2,f)。$$

故再由定理 2.3，即得式(19)。证毕。

（五）(L) 积分与(R) 积分的关系（在 f 为非负有界函数条件下）

为对(L)积分和(R)积分进行比较，对(R) 积分，我们也设 f 为$[a,b]$上的非负有界函数。令 D_R，S_R 和 s_R 分别表示(R)积分中的分划、大和与小和，以$\{D_R\}$表示其分划的全体，以$\{S_R\}$和$\{s_R\}$分别表示在所有分划$\{D_R\}$之下其大和与小和的全体。以(R)$\overline{\int_a^b} f\mathrm{d}x$ 和(R)$\underline{\int_a^b} f\mathrm{d}x$ 分别表示(R)积分中的上积分和下积分，即

$$(\mathrm{R})\overline{\int_a^b} f\mathrm{d}x=\inf\{S_R\},(\mathrm{R})\underline{\int_a^b} f\mathrm{d}x=\sup\{s_R\}。$$

为便于比较，我们不取积分和的极限的形式作为(R)积分的定义，而取上、下积分相等，即

$$(\mathrm{R})\underline{\int_a^b} f\mathrm{d}x=(\mathrm{R})\overline{\int_a^b} f\mathrm{d}x$$

作为(R)可积性的定义；取上、下积分的共同值作为(R)积分值的定义，即

$$(\mathrm{R})\int_a^b f\mathrm{d}x=(\mathrm{R})\underline{\int_a^b} f\mathrm{d}x=(\mathrm{R})\overline{\int_a^b} f\mathrm{d}x。$$

与此相对应，在 $mE<+\infty$，f 非负有界的条件下，我们以 D_L，S_L 和 s_L 表示(L)积分中的分划、大和与小和，以$\{D_L\}$表示其分划的全体，以$\{S_L\}$和$\{s_L\}$分别表示在所有分划$\{D_L\}$之下其大和与小和的全体。因此，在这些记号之下，(L)积分的上、下积分可分别表示为

$$(\mathrm{L})\overline{\int_E} f\mathrm{d}x=\inf\{S_L\},(\mathrm{L})\underline{\int_E} f\mathrm{d}x=\sup\{s_L\}。$$

1. (L)积分与(R)积分的比较

比较两种积分的定义，我们看到，对于大、小和，上、下积分以及可积性和积分的定义，两种积分（在形式上）都是完全一致的，所不同的仅有两点：

(i) 积分区域不同。

(R) 积分的积分区域只能是区间，而(L)积分的积分区域可以是任意测度有限的可测集（以后将被扩大为任意可测集）。

(ii) 分划不同（对此，在定理 2.2 的注 2 中我们曾提过）。

在分划的定义中，(R)积分是将积分区域分为小的区间；而(L)积分是将积分区域分为小的可测集。

这样，(R)积分事实上只是把积分区域中一些距离相近的点放在一起构成一个小的集合，而(L)积分却可以做到：把积分区域中函数值相近的点放在一起构成

一个小的集合。在对其积分区域进行分划时，是以“其函数值相近”为原则，还是以“两点间其距离相近”为原则，这正是在积分的基本思想上，(L)积分与(R)积分的根本不同之处，也正是(L)积分比(R)积分的改进之处。

正是这个根本不同，使(L)积分的可积函数的范围比(R)积分得以大大的扩展。这个不同也是使(L)积分具有(R)积分所没有的许多好的性质的主要根源之一。

2.(L)积分与(R)积分的关系(在 $E=[a,b]$，f 非负有界条件下)

定理 2.8 设 f 为$[a,b]$上的非负有界函数，则在$[a,b]$上，

1) f(R) 可积 $\Longrightarrow f$(L) 可积；

2) 当 f(R) 可积时，两种积分值相等。

证明 首先，我们进一步分析(R)积分的分划，大、小和与(L)积分的分划，大、小和的关系。

设有(R)积分的分划 D_R：

$$a=x_0<x_1<\cdots<x_{i-1}<x_i<\cdots<x_n=b。$$

令

$$\Delta_i=[x_{i-1},x_i],\quad i=1,2,\cdots,n。$$

由此分划 D_R，得 Riemann 意义下的 B_i'和 $b_i'(i=1,2,\cdots,n)$ 与大和 S_R、小和 s_R 及上积分和下积分：

$$B_i'=\sup_{x\in\Delta_i}f(x),b_i'=\inf_{x\in\Delta_i}f(x),i=1,2,\cdots,n。$$

$$S_R=\sum_{i=1}^{n}B_i'(x_i-x_{i-1}),s_R=\sum_{i=1}^{n}b_i'(x_i-x_{i-1})。$$

$$(\mathrm{R})\overline{\int_a^b}f\,\mathrm{d}x=\inf\{S_R\},(\mathrm{R})\underline{\int_a^b}f\,\mathrm{d}x=\sup\{s_R\}。$$

由该(R)积分分划 D_R，我们可得$[a,b]$上的一个(L)积分的分划 D_L：

$$[x_0,x_1),\cdots,[x_{i-1},x_i),\cdots,[x_{n-1},x_n]。$$

令

$$E_i=[x_{i-1},x_i),i=1,2,\cdots,n-1。$$

$$E_n=[x_{n-1},x_n]。$$

故

$$E_i\subset\Delta_i,i=1,2,\cdots,n。\tag{20}$$

由分划 D_L，又可得 Lebesgue 意义下的 B_i 和 $b_i(i=1,2,\cdots,n)$ 与大和 S_L、小和 s_L 及上积分和下积分：

$$B_i = \sup_{x \in E_i} f(x), b_i = \inf_{x \in E_i} f(x), i = 1, 2, \cdots, n。$$

$$S_L = \sum_{i=1}^{n} B_i (x_i - x_{i-1}), s_L = \sum_{i=1}^{n} b_i (x_i - x_{i-1})。$$

$$(\mathrm{L}) \overline{\int}_{[a,b]} f \mathrm{d}x = \inf\{S_L\}, \quad (\mathrm{L}) \underline{\int}_{[a,b]} f \mathrm{d}x = \sup\{s_L\}。$$

这样，由式(20)及上、下确界的性质，可知

$$b_i' \leqslant b_i \leqslant B_i \leqslant B_i', i = 1, 2, \cdots, n。$$

故

$$s_R \leqslant s_L \leqslant S_L \leqslant S_R。$$

仍由上、下确界的性质，有

$$\sup\{s_R\} \leqslant \sup\{s_L\} \leqslant \inf\{S_L\} \leqslant \inf\{S_R\}。$$

即

$$(\mathrm{R}) \underline{\int}_a^b f \mathrm{d}x \leqslant (\mathrm{L}) \underline{\int}_{[a,b]} f \mathrm{d}x \leqslant (\mathrm{L}) \overline{\int}_{[a,b]} f \mathrm{d}x \leqslant (\mathrm{R}) \overline{\int}_a^b f \mathrm{d}x。$$

由此，

$$f(R) \text{ 可积} \Longrightarrow (\mathrm{R}) \underline{\int}_a^b f \mathrm{d}x = (\mathrm{R}) \overline{\int}_a^b f \mathrm{d}x$$

$$\Longrightarrow (\mathrm{L}) \underline{\int}_{[a,b]} f \mathrm{d}x = (\mathrm{L}) \overline{\int}_{[a,b]} f \mathrm{d}x$$

$$\Longrightarrow f(\mathrm{L}) \text{ 可积}。$$

因当 f(R) 可积时，两种积分的值均等于其上、下积分的共同值，因此，两种积分值必相等。

Dirichlet 函数就是(L)可积而(R)不可积函数的一例。

二、在 $mE < +\infty$ 条件下，非负可测函数的积分

本段在 $mE < +\infty$ 条件下，建立非负可测函数的积分的概念和性质。

(一) 截断函数

1. 截断函数概念

定义 2.2 设 $mE < +\infty$，f 为 E 上的非负函数，$\forall n \in \mathbf{N}$，在 E 上令

$$\{f(x)\}_n = \begin{cases} f(x), & \text{当 } x \text{ 使 } f(x) \leqslant n \text{ 时}, \\ n, & \text{当 } x \text{ 使 } f(x) > n \text{ 时}, \end{cases}$$

称 $\{f(x)\}_n$ 为 $f(x)$ 关于 n 的**截断函数**。

按此定义，当 f 满足定义 2.2 之要求时，我们即得一关于 f 的截断函数列：

$$\{f(x)\}_1, \{f(x)\}_2, \cdots, \{f(x)\}_n, \cdots。$$

注意，记号$\{f(x_0)\}_n$的含义为$\{f(x)\}_n \big|_{x=x_0}$。

2. 截断函数的性质

为建立非负函数的(L)积分，我们必须首先深刻认识、熟练掌握截断函数的各种性质。这些性质，虽然看起来比较简单，但却都是掌握好(L)积分概念所必需的基本技能。对这些性质，大部分由读者自证。以下均设 f, g 为 E 上的非负可测函数。

性质 1 $\forall n \in \mathbf{N}$，有

(i) $\{f(x)\}_n = \min\{f(x), n\}, \forall x \in E$。

(ii) $\forall x_0 \in E$，同时有：

$$\{f(x_0)\}_n \leqslant f(x_0) \text{ 和 } \{f(x_0)\}_n \leqslant n。$$

性质 2 当 f 为非负可测函数时，f 的任何截断函数均为 E 上的非负有界可测函数，因而也是 E 上的(非负有界)可积函数。

性质 3 若 f 为 E 上的(非负)有界函数，则当 n 充分大后，即有

$$\{f(x)\}_n \equiv f(x), \quad \forall x \in E。$$

性质 4 $\forall n \in \mathbf{N}$，有

(i) $\{f(x)\}_n \leqslant \{f(x)\}_{n+1}, \quad \forall x \in E$； (21)

(ii) $\lim\limits_{n \to \infty}\{f(x)\}_n = f(x), \quad \forall x \in E$； (22)

(iii) $\lim\limits_{n \to \infty}\int_E \{f\}_n \mathrm{d}x$ 存在(其值有限或为 $+\infty$)。

证明

证(i)：$\forall x_0 \in E$。

当 $f(x_0) \leqslant n+1$ 时，有

$$\{f(x_0)\}_n \leqslant f(x_0),$$
$$\{f(x_0)\}_{n+1} = f(x_0)。$$

故式(21)成立。

当 $f(x_0) > n+1$ 时，有

$$\{f(x_0)\}_n = n,$$
$$\{f(x_0)\}_{n+1} = n+1。$$

故式(21)也成立。(i)得证。

证(ii)：$\forall x_0 \in E$。

当 $f(x_0) < +\infty$ 时，则 $\exists m \in \mathbf{N}$，使得

$$\begin{aligned}&\{\{f(x_0)\}_n:n=1,2,\cdots\}\\&=\{1,2,\cdots,m,f(x_0),f(x_0),\cdots,f(x_0),\cdots\}。\end{aligned}$$

当 $f(x_0)=+\infty$ 时,则

$$\{\{f(x_0)\}_n:n=1,2,\cdots\}=\{1,2,\cdots\}。$$

故知式(22)总成立。(ii)得证。

证(iii):由(i)及积分的单调性即得。

性质 5 $\forall n\in\mathbf{N},\forall x\in E$,有

$$\begin{aligned}&\{f(x)+g(x)\}_n\\\leqslant&\{f(x)\}_n+\{g(x)\}_n\\\leqslant&\{f(x)+g(x)\}_{2n}。\end{aligned}$$

(二)积分概念

定义 2.3 设 $mE<+\infty$,f 为 E 上的非负可测函数,称

$$\lim_{n\to\infty}\int_E\{f\}_n\mathrm{d}x$$

为 f 在 E 上的 **Lebesgue 积分或积分**,记为(L)$\int_E f\mathrm{d}x$ 或 $\int_E f\mathrm{d}x$。若 f 在 E 上的积分值有限,则称 f 为 E 上的(测度有限函数非负意义下)**Lebesgue 可积函数**,或简称为**可积函数**,也称 f 在 E 上**可积**。

注 3 易知,若 f 在 E 上非负可测,则

$$0\leqslant\int_E f\mathrm{d}x\leqslant+\infty。$$

(三)积分的几何意义

定理 2.9 设 $mE<+\infty$,f 为 E 上的非负可测函数,则

$$\int_E f\mathrm{d}x=mG(E,f)。$$

证明

$$\begin{aligned}&\int_E f\mathrm{d}x\\&=\lim_{n\to\infty}\int_E\{f\}_n\mathrm{d}x &&\text{(定义 2.3)}\\&=\lim_{n\to\infty}mG(E,\{f\}_n) &&\text{(定理 2.3)}\\&=mG(E,f)。 &&\text{(截断函数性质 2 和 4,下方图形性质 7)}\end{aligned}$$

(四)积分的初等性质

定理 2.10(积分的可加性) 设 $mE<+\infty$,f 和 g 为 E 上的非负可测函数,则

$$\int_E(f+g)\mathrm{d}x=\int_E f\mathrm{d}x+\int_E g\mathrm{d}x。\tag{23}$$

证明　由 f 和 g 之非负可测性，知 $f+g$ 的非负可测性，故式(23)两端之各个积分均有意义。

由截断函数之性质 5，$\forall n\in\mathbf{N}$，有

$$\{f(x)+g(x)\}_n\leqslant\{f(x)\}_n+\{g(x)\}_n\leqslant\{f(x)+g(x)\}_{2n},\ \forall x\in E。$$

由(非负有界)可积的单调性和可加性，得

$$\int_E\{f+g\}_n\mathrm{d}x\leqslant\int_E\{f\}_n\mathrm{d}x+\int_E\{g\}_n\mathrm{d}x\leqslant\int_E\{f+g\}_{2n}\mathrm{d}x。$$

令 $n\to\infty$，有

$$\int_E(f+g)\mathrm{d}x\leqslant\int_E f\mathrm{d}x+\int_E g\mathrm{d}x\leqslant\int_E(f+g)\mathrm{d}x,$$

即得式(23)。证毕。

定理 2.11　设

$$E=E_1\cup E_2,E_1\cap E_2=\varnothing。$$

其中 E_1,E_2 均可测且测度有限，又设 f 为 E 上的非负可测函数，则

$$\int_E f\mathrm{d}x=\int_{E_1}f\mathrm{d}x+\int_{E_2}f\mathrm{d}x。$$

证明　由可测函数的性质(定理 4.3.3)知，f 在 E_1 和 E_2 上均非负可测，故

$$\begin{aligned}\int_E f\mathrm{d}x&=\lim_{n\to\infty}\int_E\{f\}_n\mathrm{d}x &&\text{(积分定义)}\\&=\lim_{n\to\infty}\left(\int_{E_1}\{f\}_n\mathrm{d}x+\int_{E_2}\{f\}_n\mathrm{d}x\right) &&\text{(定理 2.7)}\\&=\lim_{n\to\infty}\int_{E_1}\{f\}_n\mathrm{d}x+\lim_{n\to\infty}\int_{E_2}\{f\}_n\mathrm{d}x\\&=\int_{E_1}f\mathrm{d}x+\int_{E_2}f\mathrm{d}x。 &&\text{(积分定义)}\end{aligned}$$

定理 2.12　设 $mE<+\infty$，E_0 为 E 的可测子集，又设 f 是 E 上的非负可测函数，则

$$\int_{E_0}f\mathrm{d}x\leqslant\int_E f\mathrm{d}x。$$

证明　只要将 E 表示为

$$E=E_0\cup(E\setminus E_0),$$

然后用定理 2.11 和积分值的非负性，结论即可得证。

三、非负可测函数的积分

本段在一般可测集 E 上，建立非负可测函数的积分的概念、性质和极限定理。

(一) 点集的有限测度单调覆盖

定义 2.4 设 E 为 $\mathbf{R}^n$ 中的可测集，$\forall k\in\mathbf{N}$，令

$$E^k = E\cap\overline{O}(\theta,k)(\text{即 } E^k = E[\rho(x,\theta)\leqslant k]),$$

则称集列 $\{E^k\}$ 为 E 的**有限测度单调覆盖**。

例如，在 $\mathbf{R}^1$ 中，

$$E^k = E\cap[-k,k],\quad k=1,2,\cdots。$$

易证，E 的有限测度单调覆盖 $\{E^k\}$ 具有性质：

(i) E^k 均可测且

$$mE^k <+\infty,\quad k=1,2,\cdots;$$

(ii) $E^1\subset E^2\subset\cdots\subset E^k\subset\cdots$；

(iii) $E=\bigcup\limits_{k=1}^{\infty}E^k$；

(iv) $mE = \lim\limits_{k\to\infty} mE^k$；

(v) 若 f 在 E 上非负可测，则 f 在每一 E^k 上均非负可测，且

$$\int_{E^k} f\mathrm{d}x \leqslant \int_{E^{k+1}} f\mathrm{d}x,\quad k=1,2,\cdots,$$

$$\lim_{k\to\infty}\int_{E^k} f\mathrm{d}x \text{ 存在(其值有限或为 } +\infty)。$$

(二) 积分概念

定义 2.5 设 E 为 $\mathbf{R}^n$ 中的可测集，f 为 E 上的非负可测函数，称

$$\lim_{k\to\infty}\int_{E^k} f\mathrm{d}x$$

为 f 在 E 上的 **Lebesgue 积分**或**积分**，记为(L)$\int_E f\mathrm{d}x$ 或$\int_E f\mathrm{d}x$。若 f 在 E 上的积分值有限，则称 f 为 E 上的(非负)**Lebesgue 可积函数**，或简称为**可积函数**，也称 f 在 E 上(非负)**可积**。

注 4 易知，若 f 在 E 上非负可测，则

$$0\leqslant\int_E f\mathrm{d}x\leqslant+\infty。$$

(三) 积分的几何意义

定理 2.13 设 E 为 $\mathbf{R}^n$ 中的可测集，f 为 E 上的非负可测函数，则

(i) $\int_E f\mathrm{d}x = mG(E,f)$；

(ii) f 在 E 上(非负) 可积 $\Longleftrightarrow mG(E,f)<+\infty$。

证明

证(i)：

$$\begin{aligned}\int_E f\mathrm{d}x &= \lim_{k\to\infty}\int_{E^k} f\mathrm{d}x \qquad &(\text{积分定义})\\ &= \lim_{k\to\infty} mG(E^k,f) \qquad &(\text{定理 2.9})\\ &= mG(E,f)。 \qquad &(\text{下方图形性质 8})\end{aligned}$$

结论(ii)是显然的。

(四) 积分的初等性质

定理 2.14 设 E 为 $\mathbf{R}^n$ 中的可测集，则

$$\int_E 1\mathrm{d}x = mE。$$

证明 $\int_E 1\mathrm{d}x = mG(E,1) = mE$。

定理 2.15 设：

1° $E = \bigcup_{n=1}^{\infty} E_n$，其中诸 E_n 均可测且两两不交；

2° f 为 E 上的非负可测函数，

则

$$\int_E f\mathrm{d}x = \sum_{n=1}^{\infty}\int_{E_n} f\mathrm{d}x。$$

证明

$$\begin{aligned}\int_E f\mathrm{d}x &= mG(E,f) \qquad &(\text{积分的几何意义:定理 2.13})\\ &= \sum_{n=1}^{\infty} mG(E_n,f) \qquad &(\text{下方图形性质 2})\\ &= \sum_{n=1}^{\infty}\int_{E_n} f\mathrm{d}x \qquad &(\text{积分的几何意义:定理 2.9})\end{aligned}$$

定理 2.16 设 E 可测，E_0 为 E 的可测子集，又设 f 为 E 上的非负可测函数。则

$$\int_{E_0} f\mathrm{d}x \leqslant \int_E f\mathrm{d}x。$$

此定理由读者自证。

定理 2.17(积分的单调性) 设 f 和 g 均为可测集 E 上的非负可测函数，且

$$f(x) \leqslant g(x), \quad \forall\, x \in E,$$

则

$$\int_E f\mathrm{d}x \leqslant \int_E g\mathrm{d}x。$$

证明 用积分的几何意义和下方图形性质 4 即得证。

定理 2.18 设 f 和 g 均为可测集 E 上的非负可测函数，且

$$在 E 上，f \overset{a.e.}{=\!=} g,$$

则

$$\int_E f\mathrm{d}x = \int_E g\mathrm{d}x。$$

证明 用积分的几何意义和下方图形性质 6 即得证。

定理 2.19 设 f 和 g 均为可测集 E 上的非负可测函数，则

$$\int_E (f+g)\mathrm{d}x = \int_E f\mathrm{d}x + \int_E g\mathrm{d}x \tag{24}$$

证明 由 f 和 g 之非负可测性，即知 $f+g$ 之非负可测性，故式(24)左端之积分有意义。

$\forall k\in\mathbf{N}$，由定理 2.10 有

$$\int_{E^k}(f+g)\mathrm{d}x = \int_{E^k} f\mathrm{d}x + \int_{E^k} g\mathrm{d}x。$$

令 $k\to\infty$，由积分之定义，即得式(24)。

推论 4 设 f 和 g 均在集 E 上(非负)可积，则 $f+g$ 也在 E 上(非负)可积，且式(24)成立。

定理 2.20 设 f 为可测集 E 上的非负可测函数，$c\in\mathbf{R}^1$，$c\geqslant 0$，则

$$\int_E cf\mathrm{d}x = c\int_E f\mathrm{d}x。\tag{25}$$

证明 由 f 之非负可测性，知 cf 之非负可测性，故式(25)左端之积分有意义。不妨设 $c>0$。

(Ⅰ) 当 $c=2$ 时，由定理 2.19，结论显然成立。

(Ⅱ) $\forall n\in\mathbf{N}$，当 $c=n$ 时，由归纳法可证结论成立。

(Ⅲ) $\forall n\in\mathbf{N}$，当 $c=\dfrac{1}{n}$ 时，因 $\dfrac{1}{n}f$ 非负可测，故由(Ⅱ)，有

$$\int_E n\left(\frac{1}{n}f\right)\mathrm{d}x = n\int_E \frac{1}{n}f\mathrm{d}x,$$

因而

$$\int_E \frac{1}{n}f\mathrm{d}x = \frac{1}{n}\int_E f\mathrm{d}x。$$

(Ⅳ) 由上述结果，显然当 c 为正有理数时，结论成立。

(Ⅴ) 当 c 为正无理数时，存在有理数列 $\{r_n\}$ 和 $\{r_n'\}$，使得

$$r_n < c < r_n', \quad n = 1,2,\cdots,$$

且

$$r_n \to c, \quad r_n' \to c(n \to \infty)。$$

由

$$r_n f(x) \leqslant cf(x) \leqslant r_n' f(x), \forall x \in E, \quad n = 1,2,\cdots,$$

及积分的单调性，有

$$\int_E r_n f \mathrm{d}x \leqslant \int_E cf \mathrm{d}x \leqslant \int_E r_n' f \mathrm{d}x, \quad n = 1,2,\cdots。$$

由(Ⅳ)，有

$$r_n \int_E f \mathrm{d}x \leqslant \int_E cf \mathrm{d}x \leqslant r_n' \int_E f \mathrm{d}x, \quad n = 1,2,\cdots。$$

令 $n \to \infty$，得

$$c\int_E f \mathrm{d}x \leqslant \int_E cf \mathrm{d}x \leqslant c\int_E f \mathrm{d}x。$$

即得式(25)。

推论 5 若函数 f 在 E 上(非负)可积，则 $\forall c \in \mathbf{R}^1, c \geqslant 0, cf$ 均在 E 上可积，且式(25)成立。

定理 2.21 设 f 为可测集 E 上的非负可测函数，且

$$\int_E f \mathrm{d}x = 0$$

则

$$在 E 上, f \overset{a.e.}{=\!=} 0。$$

证明

(Ⅰ) $\forall \alpha \in \mathbf{R}^1, \alpha > 0$，令

$$E_\alpha = E[f \geqslant \alpha],$$

则必有

$$mE_\alpha = 0。 \tag{26}$$

事实上，由已知条件和本段中已建立的性质，不难证得

$$0 \leqslant \alpha mE_\alpha = \alpha\int_{E_\alpha} 1\mathrm{d}x = \int_{E_\alpha} \alpha \mathrm{d}x \leqslant \int_{E_\alpha} f \mathrm{d}x \leqslant \int_E f \mathrm{d}x = 0$$

从而得式(26)。

(Ⅱ) 因

$$E[f > 0] = \bigcup_{n=1}^{\infty} E[f > \frac{1}{n}],$$

又由(Ⅰ)知

$$mE\{f \geqslant \frac{1}{n}] = 0, \quad n = 1, 2, \cdots,$$

故有

$$mE[f > 0] = 0,$$

即在 E 上，$f \overset{a.e.}{=\!=} 0$。证毕。

（五）极限定理

可像§5.1 中一字不差地建立 Levi 定理、Lebesgue 逐项积分定理和 Fatou 引理。

四、一般可测函数的积分

此段内容与§5.2 相同。

符号索引

（右侧括号内的数字是该符号第一次出现或给出定义时的页码）

名词索引

（右侧括号内的数字是该名词第一次出现或给出定义时的页码）

字母

一画

二画

三画

四画

五画

六画

七画

八画

九画

十画

十一画

十二画以上

参考文献

[1] Намансон И П. 实变函数论[M]. 徐瑞云译. 北京:人民教育出版社,1958.

[2] Halmos P R. 测度论[M]. 王建华译. 北京:科学出版社,1958.

[3] 郭大钧,等.实变函数与泛函分析[M]. 济南:山东大学出版社,1986.

[4] 江泽坚,吴智泉. 实变函数论[M]. 2版. 北京:高等教育出版社,1994.

[5] 周民强. 实变函数[M]. 北京:北京大学出版社,1985.

[6] 胡适耕. 实变函数[M]. 北京:高等教育出版社,海德堡:施普林格出版社,1999.

[7] 夏道行,等. 实变函数与泛函分析[M]. 2版. 北京:高等教育出版社,1984.

[8] 郑维行,王声望. 实变函数与泛函分析概要[M]. 2版. 北京:高等教育出版社,1989.

[9] 卢同善. 泛函分析基础及应用[M]. 青岛:青岛海洋大学出版社,1997.

[10] 汪林. 实分析中的反例[M]. 北京:高等教育出版社,1989.

[11] Graves L M. Theory of Functions of Real Variables[M]. New York: McGraw-Hill Book Company,1956.

[12] Rudin W. Real and Complex Analysis[M]. New York:McGraw-Hill Book Company,1974.

[13] Lang S. Real Analysis[M]. London:Addison-Wesley Publishing Company,1983.